PL/SQL pour Oracle 10g

CHEZ LE MÊME ÉDITEUR

Dans la collection Les guides de formation Tsoft

R. Bizoï. – **SQL pour Oracle 10g**.
N°12055, 2007, 620 pages.

J.-F. Bouchaudy. – **Linux Administration. Tome 1 : Bases de l'administration système**.
N°12037, 2007, 240 pages.

J.-F. Bouchaudy, G. Goubet. – **Unix Administration**.
N°11053, 2ᵉ édition, 2002, 580 pages.

A. Berlat, J.-F. Bouchaudy, G. Goubet. – **Unix Shell**.
N°11147, 2ᵉ édition, 2002, 412 pages.

X. Pichot. – **Windows XP Professionnel : administration et support**.
N°11144, 2002, 384 pages.

A. Ounsy. – **Exchange Server 2003 – Tome 1. Configuration et déploiement**.
N°11623, 2005, 480 pages.

A. Ounsy. – **Exchange Server 2003 – Tome 2. Administration et support**.
N°11737, 2005, 680 pages.

J.-F. Rouquié. – **Lotus Domino 6 Administration**.
N°11387, 2003, 876 pages.

J.-F. Rouquié. – **Lotus Domino Designer 6**. *Les bases du développement*.
N°11396, 2004, 864 pages.

P. Morié, Y. Picot. – **Access 2003**.
N°11490, 2004, 400 pages.

Autres ouvrages

G. Briard. – **Oracle10g sous Windows**.
N°11707, 2006, 900 pages.

G. Briard. – **Oracle9*i* sous Windows**.
N°11220, 2003, 1040 pages + 1 DVD-Rom.

C. Soutou, O. Teste. – **SQL pour Oracle**.
N°11697, 2ᵉ édition 2005, 480 pages + DVD-Rom.

C. Soutou. – **De UML à SQL**. *Conception de bases de données*.
N°11098, mai 2002, 450 pages.

M. Kofler. – **MySQL 5**. *Guide de l'administrateur et du développeur*.
N°11633, 2005, 672 pages.

M. Israel. – **SQL Server 2000**.
N°11027, 2000, 1100 pages + CD-Rom PC.

Minasi. – **Windows Server 2003**.
N°11326, 2004, 1296 pages.

PL/SQL pour Oracle 10g

Razvan Bizoï

EYROLLES

ÉDITIONS EYROLLES
61, bd Saint-Germain
75240 Paris Cedex 05
www.editions-eyrolles.com

TSOFT
10, rue du Colisée
75008 Paris
www.tsoft.fr

DANGER
LE PHOTOCOPILLAGE TUE LE LIVRE

Le code de la propriété intellectuelle du 1er juillet 1992 interdit en effet expressément la photocopie à usage collectif sans autorisation des ayants droit. Or, cette pratique s'est généralisée notamment dans les établissements d'enseignement, provoquant une baisse brutale des achats de livres, au point que la possibilité même pour les auteurs de créer des œuvres nouvelles et de les faire éditer correctement est aujourd'hui menacée.

En application de la loi du 11 mars 1957, il est interdit de reproduire intégralement ou partiellement le présent ouvrage, sur quelque support que ce soit, sans autorisation de l'éditeur ou du Centre Français d'Exploitation du Droit de Copie, 20, rue des Grands-Augustins, 75006 Paris.

© Tsoft et Groupe Eyrolles, 2007, ISBN : 2-212-12056-7, ISBN 13 : 978-2-212-12056-1

À la mémoire de mon père

Pour Isabelle, Ioana et Luca,
mes trois étoiles qui m'aident à tenir le cap

Remerciements

Merci également à mon ami Pierre qui m'a aidé à concrétiser bien des projets. Sans lui ce guide n'aurait sûrement jamais vu le jour.

Avant-propos

Oracle est le système de base de données le plus utilisé au monde. Il fonctionne de façon relativement identique sur tout type d'ordinateur. Ce qui fait que les connaissances acquises sur une plate-forme sont utilisables sur une autre et que les utilisateurs et développeurs Oracle expérimentés constituent une ressource très demandée.

L'objectif de ce livre est de vous aider à tirer le meilleur parti de **PL/SQL**, langage procédural qui permet de traiter de manière conditionnelle les données retournées par un ordre SQL.

Un prérequis à la lecture de cet ouvrage est une bonne connaissance de SQL ainsi que des concepts et mécanismes nécessaires au développement et à l'administration d'applications dans le contexte d'Oracle 10g. Ce prérequis est traité dans un autre ouvrage du même auteur chez le même éditeur "SQL pour Oracle 10g"

Cet ouvrage et son prérequis "Oracle 10g SQL" chez le même éditeur ont été conçus dans le but de passer les examens de certification suivants :

- « `1Z0-007` » Introduction to Oracle9i: SQL®) (l'examen Oracle 10g n'étant pas encore disponible au jour de parution de cet ouvrage)
- « `1Z0-001` » Introduction to Oracle: SQL® and PL/SQL™
- « `1Z0-147` » Program with PL/SQL

Cet ouvrage vise surtout à être plus clair et plus agréable à lire que les documentations techniques exhaustives et nécessaires mais ingrates, dans lesquelles vous pourrez toujours vous plonger ultérieurement. Par ailleurs, l'auteur a aussi voulu éviter de ne fournir qu'une collection supplémentaire de "trucs et astuces", mais plutôt expliquer les concepts et les mécanismes avant d'indiquer les procédures pratiques.

Dans la mesure où l'on dispose du matériel informatique nécessaire, il est important d'installer Oracle Database 10g Express Edition et SQL Developer, deux outils livrés gratuitement par Oracle. La démarche d'installation et la mise en place de la base de données des ateliers sont détaillées dans une annexe "Installation BD ateliers". L'ensemble des travaux pratiques, qui sont indispensables à l'acquisition d'une compétence réelle, a été conçu dans cette configuration.

Avant-propos

Les ateliers de fin de chapitre contiennent des QCM dont vous pourrez trouver les corrigés sur le site www.tsoft.fr. Pour télécharger le fichier des corrigés, allez à la page de présentation du support *Oracle 10g PL/SQL*, puis cliquez sur l'onglet « Zone téléchargement » et choisissez le fichier *corrigé QCM*.

Table des matières

PRÉAMBULE 1

MODULE 1 : PRÉSENTATION DU PL/SQL 1-1
    Pourquoi PL/SQL 1-2
    Architecture PL/SQL 1-3
    La syntaxe PL/SQL 1-4
    Structure de bloc 1-6
    Bloc imbriqué 1-9
    Sortie à l'écran 1-10
    Oracle SQL Developer 1-12
    SQL Developer 1-16
    Atelier 1-18

MODULE 2 : LES VARIABLES 2-1
    Noms de variables 2-2
    Types de données 2-4
    Types de données scalaires 2-5
    Déclaration de variables 2-10
    Variables de liaison 2-13
    Visibilité des variables 2-16
    Atelier 1 2-18
    Types définis par l'utilisateur 2-20
    Les enregistrements 2-22
    Les collections 2-25
    Les tableaux associatifs 2-26
    Les tableaux pré-dimensionnés 2-30

Les attributs et les méthodes 2-31
Variables basées 2-32
Atelier 2 2-34

MODULE 3 : LES ORDRES SQL DANS PL/SQL 3-1

Interrogation 3-2
BULK COLLECT 3-4
Insertion des lignes 3-7
Modification des données 3-9
Suppression des données 3-11
Attributs des ordres LMD 3-12
INSERT RETURNING 3-14
RETURNING 3-15
Atelier 1 3-17
SQL dynamique 3-19
SQL dynamique 3-22
Atelier 2 3-24

MODULE 4 : LES STRUCTURES DE CONTRÔLE 4-1

Instructions de contrôle 4-2
Structures conditionnelles 4-3
CASE simple 4-7
CASE avec recherche 4-9
Structure répéter 4-11
Structure tant que 4-13
Structure pour 4-14
FORALL 4-16
Atelier 4-18

MODULE 5 : LES CURSEURS 5-1

L'exécution d'une interrogation 5-2
Les curseurs 5-4
Les curseurs explicites 5-5
Déclaration 5-7
Ouverture 5-9
Traitement des lignes 5-12
Statut d'un curseur 5-15
Fermeture 5-18
Atelier 1 5-20
Les boucles et les curseurs 5-22

Les curseurs FOR UPDATE 5-26
Accès concurrent et verrouillage 5-28
WHERE CURRENT OF 5-31
La variable curseur 5-33
Atelier 2 5-38

MODULE 6 : LES EXCEPTIONS 6-1

Gestion des erreurs 6-2
Les types d'exceptions 6-4
La section EXCEPTION 6-5
Les exceptions prédéfinies 6-8
Les exceptions anonymes 6-11
EXCEPTION_INIT 6-13
Les exceptions utilisateur 6-15
Propagation d'une exception 6-18
Atelier 6-20

MODULE 7 : LES SOUS-PROGRAMMES 7-1

Les sous-programmes 7-2
Les blocs nommés 7-3
Les blocs locaux 7-4
Le déboguage des blocs 7-9
Les procédures 7-12
Les fonctions 7-16
L'appel de fonction 7-21
La suppression des blocs 7-23
Les arguments 7-26
Les arguments IN 7-28
Les arguments OUT 7-29
Les arguments IN OUT 7-30
NOCOPY 7-31
Les valeurs par défaut 7-33
La surcharge de blocs 7-36
Atelier 7-38

MODULE 8 : LES PACKAGES 8-1

Utilisation des packages 8-2
Spécification de package 8-4
Packages sans corps 8-7
Corps de package 8-9

Curseur de package 8-13
Surcharge des sous-programmes 8-16
Elément Public ou Privé 8-19
Initialisation 8-21
Dépendances 8-22
Modification et Suppression 8-24
Atelier 8-26

MODULE 9 : LES DÉCLENCHEURS 9-1

Les types de triggers 9-2
La création 9-4
Les déclencheurs LMD 9-5
Le moment d'exécution 9-6
Le niveau d'exécution 9-11
L'utilisation :OLD et :NEW 9-14
Le déclenchement conditionnel 9-19
Les prédicats 9-21
Transaction autonome 9-23
Les déclencheurs INSTEAD OF 9-26
Atelier 9-29

MODULE 10 : L'APPROCHE OBJET 10-1

Evolution vers les objets 10-2
Objets 10-5
Classes 10-7
Attributs et Opérations 10-8
Relations entre les classes 10-9
Type d'objet 10-10
Initialisation d'objets 10-13
Méthodes des types d'objets 10-15
Méthode MAP et ORDER 10-19
Méthodes statiques 10-22
Héritage 10-24
Redéfinition des méthodes 10-28
Les tableaux imbriqués 10-31
Stockage d'un type objet 10-37
Table objet 10-42
Opérateurs et prédicats 10-46
Atelier 10-49

MODULE 11 : LES PACKAGES INTÉGRÉS 11-1
Les packages intégrés 11-2
DBMS_OUTPUT 11-3
Objet Répertoire 11-7
Ouverture et fermeture de fichiers...11-8
Entrées et Sorties 11-11
DBMS_JOB 11-14
DBMS_METADATA 11-17
Atelier 11-19

INDEX I-1

Préambule

Ce guide de formation a pour but de vous permettre d'acquérir une bonne connaissance du langage PL/SQL.

Cet ouvrage et son prérequis "SQL pour Oracle 10g " chez le même éditeur ont été conçus dans le but de passer les examens de certification suivants :

« **1Z0-007** » Introduction to Oracle9i: SQL® (l'examen Oracle10g n'étant pas encore disponible au jour de la parution du présent ouvrage)

« **1Z0-001** » Introduction to Oracle: SQL® and PL/SQL™

« **1Z0-147** » Program with PL/SQL

Support de formation

Ce guide de formation est idéal pour être utilisé comme support élève dans une formation se déroulant avec un animateur dans une salle de formation, car il permet à l'élève de suivre la progression pédagogique de l'animateur sans avoir à prendre beaucoup de notes. L'animateur, quant à lui, appuie ses explications sur les images figurant sur chaque page de l'ouvrage.

Cet ouvrage peut aussi servir de manuel d'autoformation car il est rédigé à la façon d'un livre, il est complet comme un livre, il va beaucoup plus loin qu'un simple support de cours. De plus, il inclut une quantité d'ateliers conçus pour vous faire acquérir une bonne pratique d'administration de la base de données.

Les ateliers

Le livre vise à donner la possibilité à chacun de manipuler et mettre en œuvre les fonctionnalités de ces deux langage sans pour autant avoir besoin d'un serveur Oracle classique qui nécessite des ressources, des droits (distribués avec parcimonie par les DBA) et surtout une licence (qui n'est pas de plus accessible).

Le choix de présenter l'installation et l'ensemble des ateliers avec Oracle Database 10g Express Edition, qui offre une compatibilité totale avec les produits de la famille Oracle Database, s'est imposé de lui-même, pour permettre de démarrer petit mais de voir grand.

Progression pédagogique

Ce cours comprend 11 chapitres, il est prévu pour durer cinq jours avec un animateur pour des personnes n'ayant pas nécessairement de connaissance préalable du sujet.

Suivant l'expérience des stagiaires et le but poursuivi, l'instructeur passera plus ou moins de temps sur chaque module.

Attention : l'apprentissage « par cœur » des chapitres n'est d'aucune utilité pour passer les examens. Une bonne pratique et beaucoup de réflexion seront réellement utiles ainsi que la lecture des aides en ligne.

Bases du langage PL/SQL

Ce module présente l'environnement de développement et l'intégration du PL/SQL, dans Oracle ainsi que SQL Developer.

Les variables

Dans ce module, vous pouvez découvrir les différents types de données utilisables, ainsi que les façons de les nommer, la création et l'utilisation de types utilisateur, la durée de vie des variables et l'affectation des valeurs.

Les ordres SQL dans PL/SQL

Nous allons traiter dans ce module les différences entres la syntaxe SQL et PL/SQL pour l'ordre SELECT, la mise à jour des données dans la base à l'aide des ordres LMD dans PL/SQL ainsi que les informations concernant les enregistrements traités dans la base

Ce module présente également le traitement du code SQL dynamiquement et utiliser les ordres LDD dans PL/SQL.

Les structures de contrôle

Les structures qui permettent de contrôler le flux d'exécution sont essentielles dans n'importe quel langage de programmation. Le langage PL/SQL offre les structures de contrôle, conditionnelles et itératives, présentes dans tous les langages de programmation.

Les curseurs

L'une des plus importantes caractéristiques du PL/SQL est la possibilité de manipuler les curseurs qui sont un mécanisme permettant de nommer un ordre SQL et de manipuler les données qu'elle contient ligne par ligne.

Dans ce module nous allons traiter les curseurs, la vie d'un curseur, les boucles FOR avec les curseurs, les mises à jour avec les curseurs et la possibilité d'écrire des requêtes dynamiques avec des curseurs.

Les exceptions

La technique des exceptions permet aux programmes de traiter ces événements inattendus sans que le programmeur ait à tester leurs occurrences à chaque étape du programme.

Ce module explique comment définir, déclencher et traiter les exceptions en PL/SQL.

Les sous-programmes

Le langage PL/SQL est un langage algorithmique complet; il bénéficie de la possibilité de structuration du code, avec un procédé de décomposition de gros blocs de code en plus petits modules qui peuvent être appelés par d'autres modules.

Les packages

Un package est une structure PL/SQL qui permet de stocker ensemble des objets logiquement associés et comprend deux parties distinctes : la spécification et le corps, qui sont stockés séparément dans le dictionnaire de données.

Les déclencheurs

Les déclencheurs sont des blocs PL/SQL nommés comprenant des sections déclaratives, exécutables et de gestion des exceptions et ils doivent être stockés dans la base de données sous forme d'objets autonomes.

L'approche objet

Ce module explique une approche de la programmation orientée objet comment les concepts objet sont prise en compte par PL/SQL ainsi qu'un bref aperçu des caractéristiques et les composants d'un objet

Nous examinerons tout particulièrement la mise en œuvre des types objets et les instanciés, déclarer des méthodes pour trier et comparer des types objets, effectuer des types objets hérités et surcharger leurs méthodes ainsi que les stocker dans la base de données.

Les packages intégrés

Les bases de données Oracle sont livrées avec des packages spécifiques qui les aident à construire des applications. Il permet d'afficher ou de transmettre des informations entre les programmes, de réaliser des opérations telles que soumettre des travaux, lire et écrire dans des fichiers du système d'exploitation ou encore créer des tables ou des utilisateurs de vos bases de données.

Dans ce module nous examinerons comment envoyer des informations entre les blocs de la même session, créer, lire et écrire des fichiers physiques, lancer des travaux pour une exécution répétitive ou récupérer les descriptions des objets de la base en SQL ou XML.

Préambule

Conventions utilisées dans l'ouvrage

« MAJUSCULES »	Les ordres SQL ou tout identifiant ou mot clé. Utilisé pour les mots clé, les noms des tables, les noms des champs, les noms des blocs etc....
[ ]	L'information qui se trouve entre les crochets est facultative.
[, . . .]	L'argument précédent peut être répété plusieurs fois.
{ }	Liste de choix exclusive.
|	Séparateur dans une liste de choix.
. . .	La suite est non significative pour le sujet traité.

 La définition suivante est valable uniquement dans la version Oracle8i.

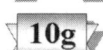 La définition est valable pour la version Oracle9i mais également dans les versions suivantes.

 La définition est valable à partir de la version Oracle10g.

 La définition uniquement valable pour l'environnement de travail UNIX/Linux.

 La définition uniquement valable pour l'environnement de travail Windows.

 Ce sigle introduit un exemple de code avec la description complète telle qu'elle est présente à l'écran dans l'outil de commande.

 Une note qui présente des informations intéressantes en rapport avec le sujet traité.

 Un encadré. Attention met en évidence les problèmes potentiels et vous aide à les éviter. Il peut être également une mise en garde ou une définition critique.

 Une Astuce, apporte une suggestion ou propose une méthode plus simple pour effectuer une action donnée.

Un Conseil, une démarche impérative à suivre pour pouvoir résoudre le problème.

- *L'architecture PL/SQL*
- *Le jeu de caractères*
- *Le bloc PL/SQL*
- *Sortie à l'écran*
- *Déboguage*

1

Présentation du PL/SQL

Objectifs

A la fin de ce module, vous serez à même d'effectuer les tâches suivantes :
- Décrire la syntaxe PL/SQL.
- Écrire un bloc PL/SQL.
- Afficher les informations de déboguage.
- Utiliser Oracle SQL Developer pour écrire des programmes SQL et PL/SQL.

Contenu

Pourquoi PL/SQL	Sortie à l'écran
Architecture PL/SQL	Oracle SQL Developer
La syntaxe PL/SQL	SQL Developer
Structure de bloc	Atelier
Bloc imbriqué	

Pourquoi PL/SQL

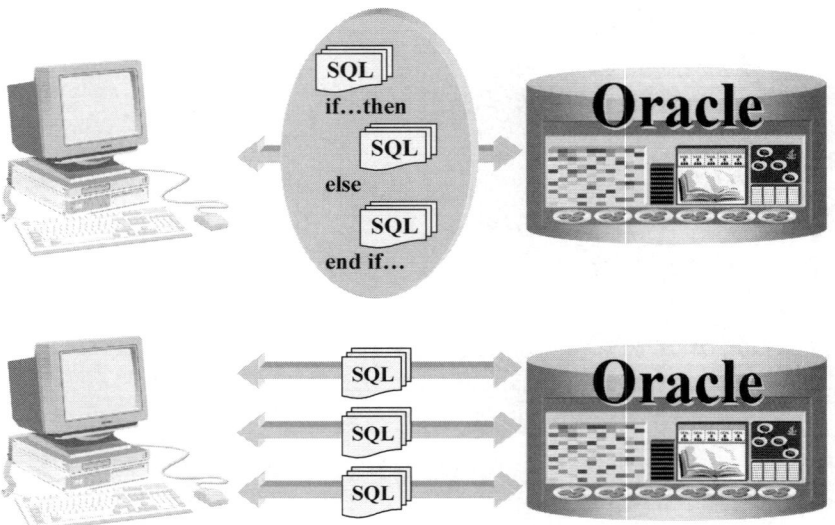

Le langage SQL est un langage "ensembliste", c'est-à-dire qu'il ne manipule qu'un ensemble de données satisfaisant des critères de recherche. PL/SQL est un langage "procédural", il permet de traiter de manière conditionnelle les données retournées par un ordre SQL.

Le langage PL/SQL, abréviation de "Procedural Language extensions to SQL", comme son nom l'indique, étend SQL en lui ajoutant des éléments, tels que :

- Les variables et les types.
- Les structures de contrôle et les boucles.
- Les procédures et les fonctions.
- Les types d'objets et les méthodes.

Ce ne sont plus des ordres SQL qui sont transmis un à un au moteur de base de données Oracle, mais un bloc de programmation. Le traitement des données est donc interne à la base, ce qui réduit considérablement le trafic entre celle-ci et l'application. Combiné à l'optimisation du moteur PL/SQL, cela diminue les échanges réseau et augmente les performances globales de vos applications.

Toutes les bases de données Oracle comportent un moteur d'exécution PL/SQL. Comme Oracle est présent sur un très grand nombre de plates-formes matérielles, le PL/SQL permet une grande portabilité de vos applications.

Le langage PL/SQL est simple d'apprentissage et de mise en œuvre. Sa syntaxe claire offre une grande lisibilité en phase de maintenance de vos applications. De nombreux outils de développement, en dehors de ceux d'Oracle, autorisent la programmation en PL/SQL dans la base de données.

Ce chapitre présente l'environnement de développement et l'intégration du PL/SQL dans Oracle.

Architecture PL/SQL

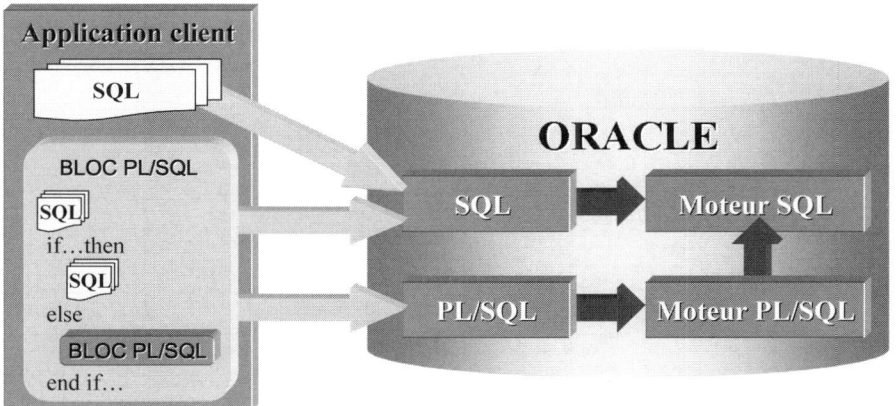

Le moteur de base de données, Oracle, coordonne tous les appels en direction de la base. Le SQL et le PL/SQL comportent chacun un "moteur d'exécution" associé, respectivement le SQL STATEMENT EXECUTOR et le PROCEDURAL STATEMENT EXECUTOR.

Lorsque le serveur reçoit un appel pour exécuter un programme PL/SQL, la version compilée du programme est chargée en mémoire puis exécutée par les moteurs PL/SQL et SQL. Le moteur PL/SQL gère les structures mémoire et le flux logique du programme, tandis que le moteur SQL transmet à la base les requêtes de données.

Le PL/SQL est utilisé dans de nombreux produits Oracle, parmi lesquels :

- Oracle Forms et Oracle Reports ;
- Oracle Application Express
- Oracle Warehouse Builder ;

Les programmes PL/SQL peuvent être appelés à partir des environnements de développement Oracle suivants :

- SQL*Plus ;
- Oracle Enterprise Manager;
- les précompilateurs Oracle (tels que Pro*C, Pro*COBOL, etc.) ;
- Oracle Call Interface (OCI) ;
- Server Manager;
- Java Virtual Machine (JVM).

Un bloc PL/SQL peut être traité dans un outil de développement Oracle (SQL*Plus, Oracle Forms, Oracle Reports). Dans ce cas, seules les instructions sont traitées par le moteur PL/SQL embarqué dans l'outil de développement, les ordres SQL incorporés dans les blocs PL/SQL sont toujours traités par la base de données.

La syntaxe PL/SQL

Tout langage de programmation possède une syntaxe, un vocabulaire et un jeu de caractères. Cette section présente les caractères valides en PL/SQL ainsi que les opérateurs arithmétiques et relationnels qu'il accepte.

Un programme PL/SQL est une série de déclarations, chacune composée d'une ou plusieurs lignes de texte. Une ligne de texte est faite de combinaisons des caractères décrits ci-après :

- Les lettres majuscules et minuscules : **A÷Z** et **a÷z**

- Les chiffres entre **0÷9**

- Les symboles suivants :
  ( ) + - * / < > = ! ~ ; : . @ % " ' # ^ & _ | { } ? [ ]

	Les mots réservés
A	ALL, ALTER, AND, ANY, ARRAY, ARROW, AS, ASC, AT
B	BEGIN, BETWEEN, BY
C	CASE, CHECK, CLUSTERS, CLUSTER, COLAUTH, COLUMNS, COMPRESS, CONNECT, CRASH, CREATE, CURRENT
D	DECIMAL, DECLARE, DEFAULT, DELETE, DESC, DISTINCT, DROP
E	ELSE, END, EXCEPTION, EXCLUSIVE, EXISTS
F	FETCH, FORM, FOR, FROM
G	GOTO, GRANT, GROUP
H	HAVING
I	IDENTIFIED, IF, IN, INDEXES, INDEX, INSERT, INTERSECT, INTO, IS
L	LIKE, LOCK
M	MINUS, MODE
N	NOCOMPRESS, NOT, NOWAIT, NULL
O	OF, ON, OPTION, OR, ORDER, OVERLAPS

P	PRIOR, PROCEDURE, PUBLIC
R	RANGE, RECORD, RESOURCE, REVOKE
S	SELECT, SHARE, SIZE, SQL, START, SUBTYPE
T	TABAUTH, TABLE, THEN, TO, TYPE
U	UNION, UNIQUE, UPDATE, USE
V	VALUES, VIEW, VIEWS
W	WHEN, WHERE, WITH

Note

Dans le langage PL/SQL comme dans SQL, les majuscules sont traitées de la même manière que les minuscules, excepté lorsqu'elles représentent la valeur d'une variable ou une constante de type chaîne de caractères.

Certains de ces caractères, qu'ils soient seuls ou combinés à d'autres, ont une signification spéciale en PL/SQL.

Le langage PL/SQL propose deux types de commentaires :

Un commentaire mono-ligne commence par deux tirets « `--` » et prend fin par la fin de la ligne.

```
SQL> SELECT NOM_CATEGORIE -- Commentaire mono-ligne
  2  FROM CATEGORIES;

NOM_CATEGORIE
------------------------
Boissons
Condiments
...
```

Un commentaire multi-lignes commence par « `/*` » et finit par « `*/` ». Tous les caractères compris entre ces deux symboles sont ignorés par le compilateur.

```
SQL> SELECT NOM_CATEGORIE /*
  2                         Commentaire muti-lignes
  3                         suite commentaire */
  4  FROM CATEGORIES;

NOM_CATEGORIE
------------------------
Boissons
Condiments
...
```

Attention

Le langage PL/SQL est une série de déclarations et instructions. Chaque instruction se termine par « `;` » elle peut être répartie sur plusieurs lignes, afin de la rendre plus lisible.

Il est préférable de ne pas avoir plus d'une instruction ou déclaration par ligne.

Structure de bloc

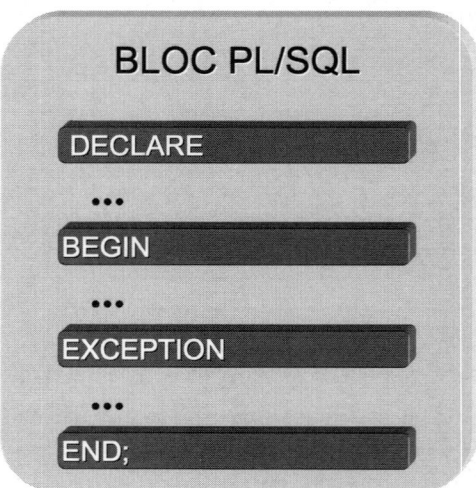

Le **PL/SQL** est un langage structuré. Chaque élément de base de votre application est une entité cohérente. Le bloc **PL/SQL** vous permet de refléter cette structure logique dans la conception physique de vos programmes.

Les programmes **PL/SQL** sont écrits sous forme de blocs de code définissant plusieurs sections comme la déclaration de variables, le code exécutable et la gestion d'exceptions (erreurs). Le code PL/SQL peut être stocké dans la base sous forme d'un sous-programme doté d'un nom ou il peut être codé directement dans SQL*Plus en tant que "bloc de code anonyme", c'est-à-dire sans nom. Lorsqu'il est stocké dans la base, le sous-programme inclut une section d'en-tête dans laquelle il est nommé, mais qui contient également la déclaration de son type et la définition d'arguments optionnels.

La structure type d'un bloc PL/SQL est la suivante :

```
[DECLARE]
      ...
BEGIN
      ...
[EXCEPTION]
      ...
END ;
```

DECLARE La section « **DECLARE** » contient la définition et l'initialisation des structures et des variables utilisées dans le bloc. Elle est facultative si le programme n'a aucune variable.

BEGIN La section corps du bloc contient les instructions du programme et la section de traitement des erreurs. Cette section est obligatoire et elle se termine par le mot clé « **END** ».

Module 1 : Présentation du PL/SQL

EXCEPTION   La section « **EXCEPTION** » contient l'instruction de gestion des erreurs. Elle est facultative.

Lorsque vous exécutez une instruction SQL dans SQL*Plus, elle se termine par un point-virgule. Il ne s'agit que de la terminaison de l'instruction, non d'un élément qui en est constitutif. A la lecture du point-virgule, SQL*Plus est informé que l'instruction est complète et l'envoie à la base de données.

Dans un bloc PL/SQL, tout au contraire, le point-virgule n'est pas un simple indicateur de terminaison, mais fait partie de la syntaxe même du bloc. Lorsque vous spécifiez le mot-clé « **DECLARE** » ou « **BEGIN** », SQL*Plus détecte qu'il s'agit d'un bloc PL/SQL et non d'une instruction SQL. Il doit cependant savoir quand se termine le bloc. La barre oblique « **/** », raccourci de la commande SQL*Plus « **RUN** », lui en fournit l'indication.

Instruction « **NULL** » précise qu'aucune action ne doit être entreprise et que l'exécution du programme se poursuit normalement. C'est un moyen de réserver la place pour un ensemble de traitements futurs.

```
SQL> begin
  2    null;
  3  end;
  4  /
```

Procédure PL/SQL terminée avec succès.

Dans l'exemple précédent, le bloc PL/SQL n'effectue aucune opération.

```
SQL> begin
  2     DELETE DETAILS_COMMANDES WHERE NO_COMMANDE > 11070;
  3     INSERT INTO CATEGORIES VALUES
  4                 ( 9,'Cosmétiques','Produits beautés' );
  5     COMMIT;
  6  end;
  7  /
```

Procédure PL/SQL terminée avec succès.

Attention

Le langage PL/SQL peut contenir les instructions SQL de type **L**angage de **M**anipulation de **D**onnées, mais il ne peut comporter aucune instruction du **L**angage de **D**éfinition de **D**onnées.

De plus, la gestion de la transaction est identique qu'on travaille en SQL ou en PL/SQL.

Le mot clé PRAGMA

Le mot clé « **PRAGMA** » signifie que le reste de l'ordre PL/SQL est une directive de compilation. Les pragmas sont évaluées lors de la compilation, elles ne sont pas exécutables.

Une pragma est une instruction spéciale pour le compilateur. Egalement appelée pseudo-instruction, la pragma ne change pas la sémantique d'un programme. Elle ne fait que donner une information au compilateur.

Le langage PL/SQL contient les pragmas suivantes :

« **EXCEPTION_INIT** » indique au compilateur que l'on souhaite associer une exception déclarée dans un programme à un code d'erreur spécifique.

« **RESTRICT_REFERENCES** » indique au compilateur un certain degré de pureté pour pouvoir exécuter une fonction stockée complexe directement dans un ordre SQL.

« **SERIALLY_REUSABLE** » indique au moteur PL/SQL que les données de niveau package ne sont pas persistantes.

« **AUTONOMOUS_TRANSACTION** » indique au compilateur que le bloc s'exécute dans une transaction indépendante, une instruction « **COMMIT** » ou « **ROLLBACK** » exécutée dans le bloc n'impacte pas les autres transactions.

L'exemple suivant montre l'utilisation du bloc PL/SQL qui s'exécute dans une transaction indépendante. La première commande SQL efface les enregistrements de la table DETAILS_COMMANDES pour les numéros de commandes supérieurs à 11070. Le bloc PL/SQL insère un enregistrement dans la table CATEGORIES ; l'insertion effectuée dans une transaction indépendante est ensuite validée.

L'annulation de l'effacement des enregistrements de la table DETAILS_COMMANDES peut encore être effectuée.

```
SQL> DELETE DETAILS_COMMANDES WHERE NO_COMMANDE > 11070;

40 ligne(s) supprimée(s).

SQL> declare
  2     pragma autonomous_transaction;
  3  begin
  4     INSERT INTO CATEGORIES VALUES
  5                ( 9,'Cosmétiques','Produits beautés' );
  6     COMMIT;
  7  end;
  8  /

Procédure PL/SQL terminée avec succès.

SQL> ROLLBACK;

Annulation (ROLLBACK) effectuée.

SQL> SELECT COUNT(*) FROM DETAILS_COMMANDES
  2  WHERE NO_COMMANDE > 11070;

  COUNT(*)
----------
        40
```

Bloc imbriqué

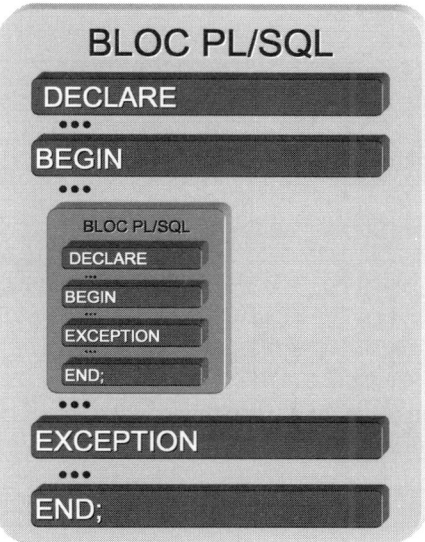

Le PL/SQL permet d'imbriquer ou d'encapsuler des blocs anonymes dans d'autres blocs PL/SQL. On peut également imbriquer des blocs anonymes dans d'autres blocs anonymes à plusieurs niveaux.

Un bloc PL/SQL imbriqué à l'intérieur d'un autre bloc PL/SQL peut être appelé :

- Bloc imbriqué
- Bloc secondaire
- Bloc enfant
- Sous-bloc

Un bloc PL/SQL qui appelle un autre bloc PL/SQL peut être appelé bloc principal ou bien bloc parent.

Le principal avantage, et l'une des raisons de l'utiliser, du bloc imbriqué est qu'il fournit une portée à tous les objets et à toutes les commandes de ce bloc. Vous pouvez utiliser cette portée pour améliorer le contrôle que vous avez sur les actions effectuées par votre programme.

Sortie à l'écran

Le langage PL/SQL ne dispose d'aucune gestion intégrée des entrées/sorties. Il s'agit en fait d'un choix de conception, car l'affichage des valeurs de variables ou de structures de données n'est pas une fonction utile à la manipulation des données stockées dans la base.

La possibilité de gérer les sorties a toutefois été introduite, sous la forme d'une application intégrée « **DBMS_OUTPUT** » ; elle est décrite en détail dans le chapitre concernant les applications standards Oracle.

L'application « **DBMS_OUTPUT** » permet d'envoyer des messages depuis un bloc PL/SQL. La procédure « **PUT_LINE** » de cette application permet de placer des informations dans un tampon qui pourra être lu par un autre bloc PL/SQL. Le principal intérêt de ce package est de faciliter la mise au point des programmes.

SQL*Plus, possède le paramètre « **SERVEROUTPUT** » qu'il faut activer, pour connaître les informations qui ont été écrites dans le tampon, à l'aide de la commande :

SET SERVEROUTPUT ON [size taille]

Dans l'exemple suivant, vous pouvez remarquer que, dans le bloc PL/SQL, il y a quatre ordres qui se terminent par un point virgule. La procédure « **PUT_LINE** » accepte comme argument, soit une expression de type chaîne de caractères, soit une expression numérique ou une expression de type date.

```
SQL> SHOW SERVEROUTPUT
serveroutput OFF
SQL> begin
  2      dbms_output.put_line( 'Bonjour');
  3  end;
  4  /

Procédure PL/SQL terminée avec succès.

SQL> SET SERVEROUTPUT ON
```

```
SQL> begin
  2       dbms_output.put_line( 'Bonjour utilisateur '||user||
  3             ' aujourd''hui est le '||
  4              to_char(sysdate,'dd month yyyy'));
  5       dbms_output.put_line( uid);
  6       dbms_output.put_line( user);
  7       dbms_output.put_line( sysdate);
  8  end;
  9  /
Bonjour utilisateur STAGIAIRE aujourd'hui est le 29 mai 2006
64
STAGIAIRE
29/05/06

Procédure PL/SQL terminée avec succès.
```

Attention

Vous pouvez visualiser le paramètre « **SERVEROUTPUT** » par la commande SQL*Plus « **SHOW** ». Ce paramètre est positionné par défaut à « **OFF** ».

Attention, si les informations contenues dans le tampon dépassent la taille du tampon, le bloc va être rejeté avec un message d'erreur.

Oracle SQL Developer

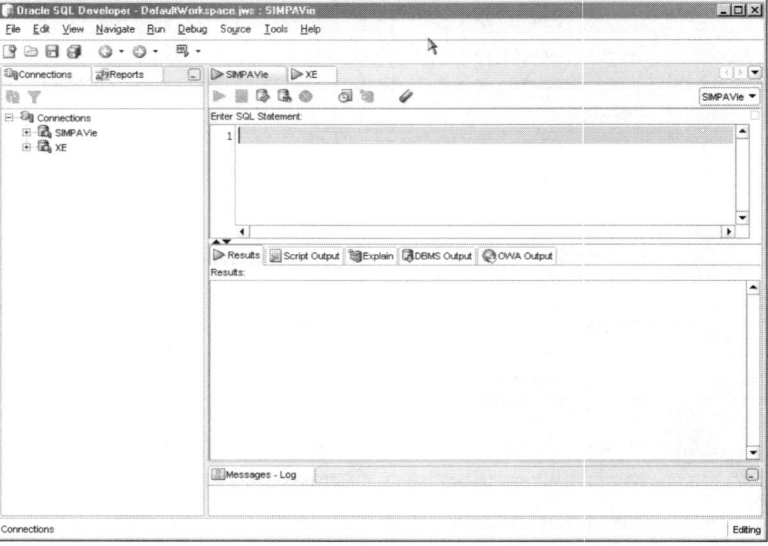

Il y a plusieurs outils qui permettent le développement et le déboguage d'une application PL/SQL, chacun étant diversement doté d'avantages et d'inconvénients.

Oracle SQL Developer est un environnement de développement livré gratuitement par Oracle. Vous pouvez télécharger le produit à l'adresse suivante :

http://www.oracle.com/technology/products/database/sql_developer/index.html

SQL Developer est doté des fonctionnalités suivantes :

- l'auto-formatage des instructions PL/SQL et SQL ;
- un débogueur PL/SQL ;
- un navigateur de base de données ;
- le support des types d'objets d'Oracle;
- des modèles de code ;

Connexion à la base de données

SQL Developer peut supporter plusieurs connexions de base de données simultanées. Lorsque vous le lancez pour la première fois, vous établirez une connexion à partir de menu `File` et `New`.

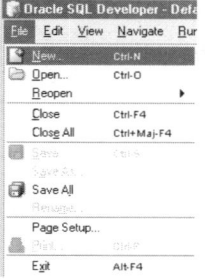 

Dès qu'elle est établie, une connexion demeure active jusqu'à ce que vous la fermiez explicitement en sélectionnant 'File' et 'Close'.

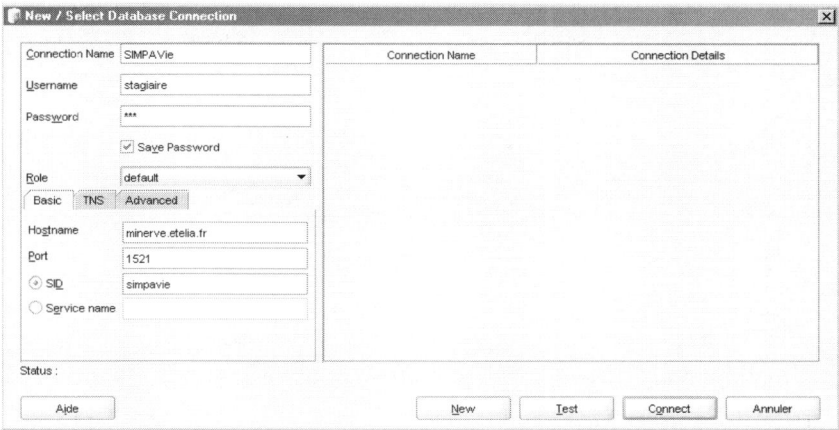

Une invite de connexion à la base de données dans lequel vous pouvez mémoriser différents profils de connexion en y stockant l'identifiant utilisateur et les informations de connexion.

Les profils de connexion sont automatiquement mémorisés pour un usage ultérieur, il est possible d'avoir en simultané des connexions multiples à différentes bases de données.

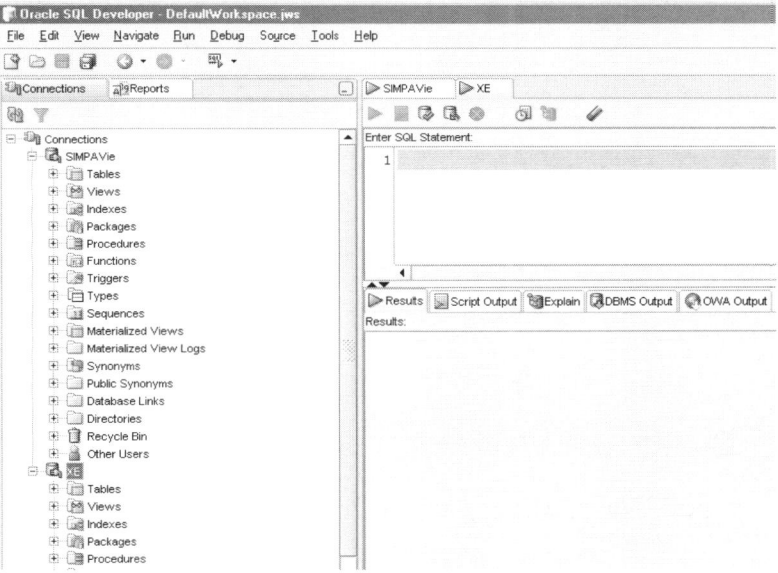

Vous utiliserez la fenêtre du navigateur d'objets pour visualiser les informations concernant les objets de base de données. Vous pourrez, si vous le souhaitez, ouvrir plusieurs fenêtres SQL*Plus pour chaque connexion.

Vous pouvez également fermer un éditeur SQL*Plus ou un autre éditeur comme tout document dans un environnement multi-documents.

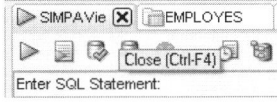

Module 1 : Présentation du PL/SQL

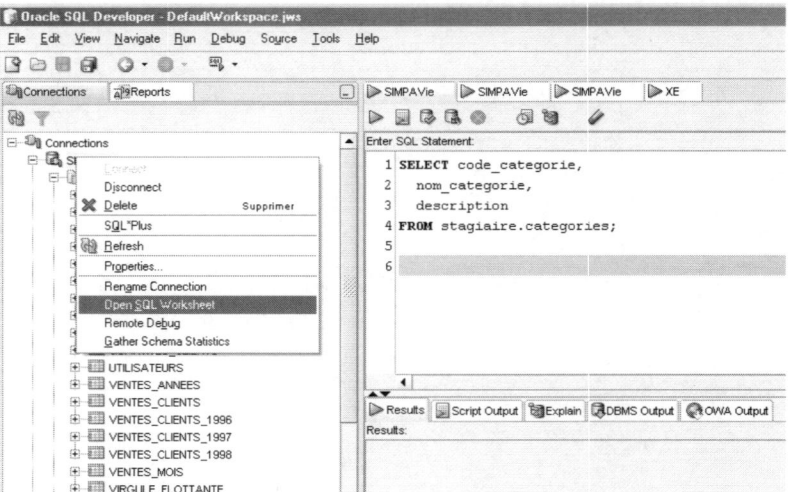

Navigation parmi les objets de base de données

SQL Developer vous permet de naviguer parmi les objets types d'Oracle tels que les tables, les vues, les procédures, les packages etc. La sélection des types d'objets dans le panneau situé à gauche, déclenche leur affichage dans le panneau de droite qui montre le détail.

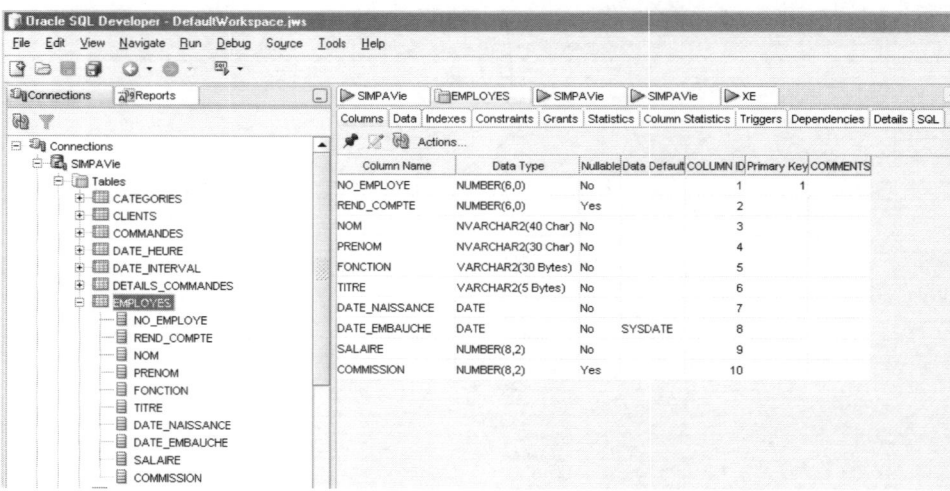

Vous pouvez modifier une table en cliquant sur le bouton :

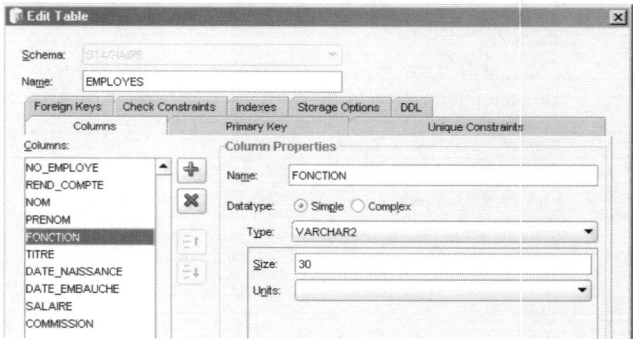

Module 1 : Présentation du PL/SQL

Il est également possible de modifier les données d'une table.

Vous pouvez aussi récupérer l'ordre **LDD** qui permet la création de l'objet.

```
REM STAGIAIRE EMPLOYES

  CREATE TABLE "STAGIAIRE"."EMPLOYES"
   ( "NO_EMPLOYE" NUMBER(6,0) NOT NULL ENABLE,
     "REND_COMPTE" NUMBER(6,0),
     "NOM" NVARCHAR2(40) NOT NULL ENABLE,
     "PRENOM" NVARCHAR2(30) NOT NULL ENABLE,
     "FONCTION" VARCHAR2(30 BYTE) NOT NULL ENABLE,
     "TITRE" VARCHAR2(5 BYTE) NOT NULL ENABLE,
     "DATE_NAISSANCE" DATE NOT NULL ENABLE,
     "DATE_EMBAUCHE" DATE DEFAULT SYSDATE NOT NULL ENABLE,
     "SALAIRE" NUMBER(8,2) NOT NULL ENABLE,
     "COMMISSION" NUMBER(8,2),
      CONSTRAINT "PK_EMPLOYES" PRIMARY KEY ("NO_EMPLOYE") ENABLE,
      CONSTRAINT "FK_EMPLOYES_EMPLOYES" FOREIGN KEY ("REND_COMPTE")
       REFERENCES "STAGIAIRE"."EMPLOYES" ("NO_EMPLOYE") ENABLE
   ) ;
```

Module 1 : Présentation du PL/SQL

SQL Developer

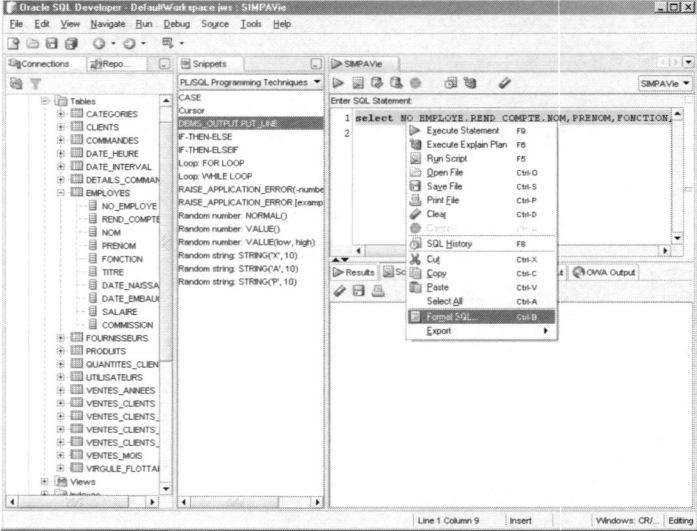

SQL Developer vous permet d'ouvrir plusieurs 'SQL*Worksheet', des fenêtres d'édition permettant de concevoir et d'exécuter des commandes SQL et PL/SQL.

Un assistant de code 'Snippets', accessible via le menu 'View', met à votre disposition une bibliothèque de structures SQL et PL/SQL d'utilisation courante. Lorsque vous sélectionnez une structure particulière, vous pouvez la faire glisser-déposer dans la fenêtre d'édition disponible.

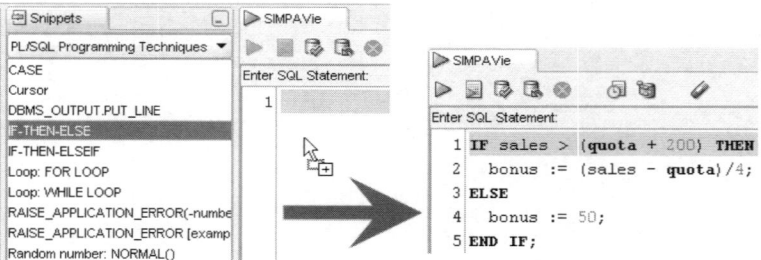

De la même manière, vous pouvez insérer le nom d'une colonne ou la requête complète d'interrogation d'une table dans la fenêtre d'édition disponible.

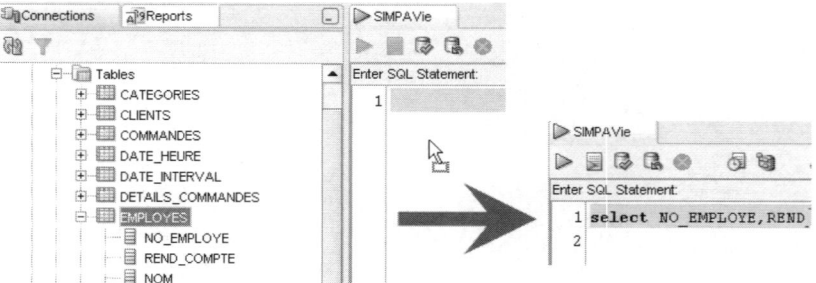

L'environnement de travail est un éditeur contextuel qui vous permet d'avoir des aides contextuels pour l'écriture du code.

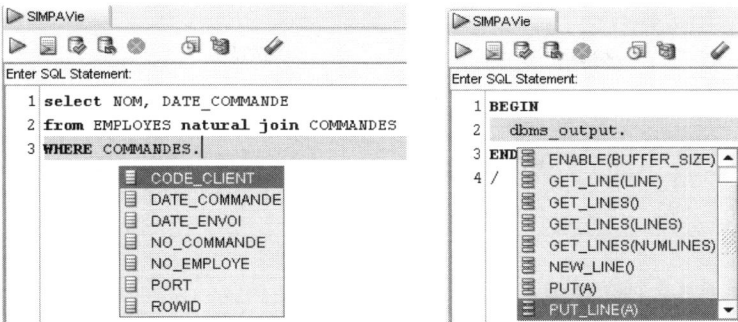

Vous pouvez exécuter un script SQL globalement ou tout simplement une partie de ce script en effectuant une sélection de la partie qu'on veut exécuter.

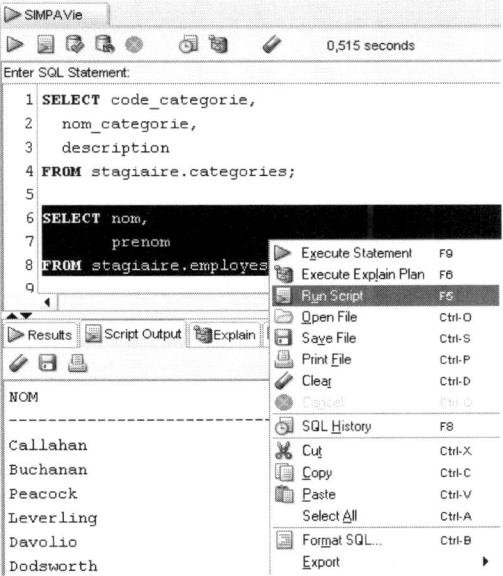

Vous pouvez également exécuter un script PL/SQL mais pour afficher le tampon, il faut activer le paramètre « **SERVEROUTPUT** » pour connaître les informations qui ont été écrites dans le tampon.

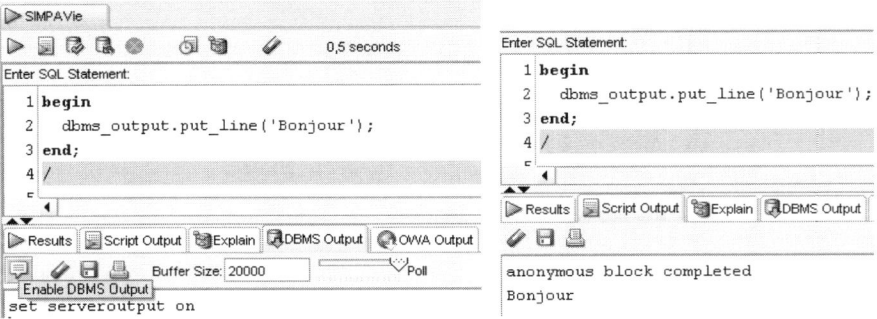

Module 1 : Présentation du PL/SQL

Atelier

- La présentation du PL/SQL

 Durée : 10 minutes

Questions

1-1. Quelles sont les sections qui font partie d'un bloc ?

1-2. Quel est le rôle de la section « **DECLARE** » ?

1-3. Quelles sont les syntaxes incorrectes ?

A. `declare begin NULL;begin NULL;begin NULL; end;end;end;`

B. `declare NULL;begin NULL;begin NULL;end;end;end;`

C. `declare begin NULL;begin NULL;begin NULL;end;end;`

D. `declare begin NULL;begin begin NULL;end;end;end;`

E. `declare begin NULL;begin NULL;begin NULL; end;NULL;end;NULL;end;`

1-4. Quel est le symbole de fin d'instruction en PL/SQL ?

A. `.`

B. `:`

C. `;`

D. `!`

1-5. Quelles sont les syntaxes qui représentent des commentaires en PL/SQL ?

A. `/* Commentaire */`

B. `-- Commentaire --`

C. ' Commentaire '

D. " Commentaire "

1-6. Quelle est la signification la syntaxe suivante :
« **PRAGMA AUTONOMOUS_TRANSACTION** » ?

Exercice n°1   La présentation du PL/SQL

Créez un bloc PL/SQL qui affiche la description suivante :

`Utilisateur : STAGIAIRE aujourd'hui est le 17 juillet 2006`

Retrouvez le script créé pour l'Atelier 13 dans l'exercice 2, la mise à jour du modèle étoile permettent d'alimenter les quatre tables `DIM_EMPLOYES`, `DIM_PRODUITS`, `DIM_CLIENTS` et à la fin `INDICATEURS`. Utilisez ce script pour créer un bloc PL/SQL qui effectue la mise à jour.

Utilisant les propriétés d'un bloc PL/SQL, vous devez effectuer la série des opérations suivantes :

– Augmenter les salaires des représentants de 10%.

– Insérer une novelle catégorie de produits avec le nom et la description suivante : `'Produits cosmétiques'`. Faites en sorte que l'insertion soit permanente.

– Annuler la modification de la table `EMPLOYES`.

– Vérifier que la nouvelle catégorie soit toujours en place.

- *Les variables PL/SQL*
- *Les enregistrements*
- *Les tableaux associatifs*
- *La visibilité des variables*
- *Les variables de liaison*

Les variables

Objectifs

A la fin de ce module, vous serez à même d'effectuer les tâches suivantes :
- Décrire les types de données.
- Déclarer des variables PL/SQL.
- Gérer la visibilité des variables.
- Affecter des variables.

Contenu

Noms de variables	Les enregistrements
Types de données	Les collections
Types de données scalaires	Les tableaux associatifs
Déclaration de variables	Les tableaux pré-dimensionnés
Variables de liaison	Les attributs et les méthodes
Visibilité des variables	Variables basées
Atelier 1	Atelier 2
Types définis par l'utilisateur	

Module 2 : Les variables

Noms de variables

Ce chapitre décrit les différents types de données utilisables, ainsi que les façons de les nommer.

Dans un programme **PL/SQL** vous avez besoin de manipuler des chaînes de texte, nombres, valeurs booléennes, enregistrements, tableaux, dates, etc. La manipulation est possible grâce à des conteneurs pour ces valeurs de travail, ces conteneurs sont des variables.

L'utilisation des variables est diverse; elles peuvent servir à stocker des données récupérées dans les colonnes de tables, ou à conserver des résultats de calculs internes au programme. Les variables peuvent être scalaires (une valeur simple) ou composées (de valeurs ou composants divers).

La variable est une zone mémoire nommée permettant de stocker une valeur, elle est définie par son nom, son type et sa valeur.

Le nom d'une variable **PL/SQL** (également appelé son identifiant) doit respecter les conditions suivantes :

- La longueur ne doit pas dépasser trente caractères.
- Il est composé des lettres **A÷Z** et **a÷z**, chiffres **0÷9**, « **$** », « **_** » ou « **#** ».
- Il doit commencer par une lettre, mais peut être suivi par un des caractères autorisés.
- Il n'est pas un mot réservé.

Attention

Les variables doivent être obligatoirement déclarées avant leur utilisation.

En effet la section de déclaration « **DECLARE** » d'un bloc **PL/SQL** est optionnelle. Toutefois, vous devez déclarer toutes les variables et les constantes auxquelles se réfèrent les instructions.

Comme pour toutes les instructions, chaque déclaration de variable et de constante doit se terminer par un point-virgule « ; ».

Voici une série des noms de variable autorisés :

```
Nom_employe
prénom
num#
var01
```

Conseil

Vous pouvez utiliser les caractères accentués mais il faut savoir que tous les environnements SQL*Plus ne les acceptent pas.

Ainsi il est préférable de ne pas les utiliser pour pouvoir avoir des scripts compatibles à tous les environnements.

Voici une série des noms de variable non autorisés :

```
#Nom_employe
nom-prénom
num var01
01nom
oui/non
```

Module 2 : Les variables

Types de données

- Scalaires
- Composés
- Références
- Grand objets

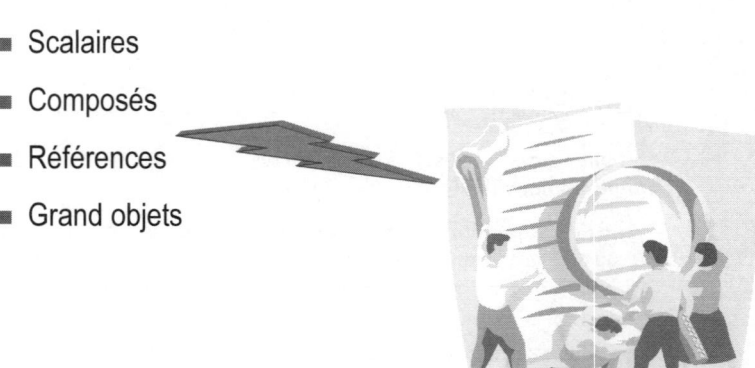

Toute constante, toute variable utilisée dans un programme possède un type. Le type de données définit le format de stockage, les restrictions d'utilisation de la variable, et les valeurs qu'elle peut prendre.

Le programmeur PL/SQL dispose de l'ensemble des types utilisables dans la définition des colonnes des tables dans le but de faciliter les échanges de données entre les tables et les blocs de code.

Le langage PL/SQL est structuré en quatre catégories de types de données :

`Scalaires`	Un type scalaire est atomique; il n'est pas composé d'autres types de données, c'est un des types de colonne des tables.
`Composés`	Un type composé comprend plus d'un élément ou composant, un groupe d'éléments, pour chacun une valeur propre est allouée.
`Références`	Un type qui contient une valeur qui référence un autre programme. Le type référence ou pointeur n'est pas détaillé dans ce module.
`Grands objets`	Un type de données qui spécifient la localisation des grands objets.

Types de données scalaires

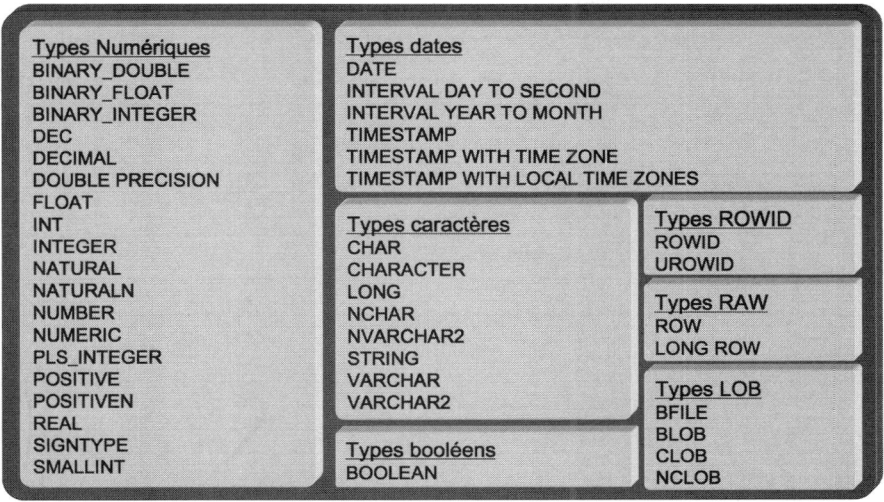

Le langage PL/SQL offre un ensemble de types de données prédéfinis scalaires, identiques au langage SQL, pour l'échange de données entre les objets de la base de données et les blocs PL/SQL. Il dispose également d'un ensemble de types propres, principalement pour gérer les données numériques avec une plus grande précision.

Types numériques

`NUMBER (P,S)`

Une variable acceptant la valeur zéro ainsi que des nombres négatifs et positifs. La précision maximum de « **NUMBER** », est de 38 chiffres de $10^{-130} \div 10^{126}$.

Valeur d'affectation	*Déclaration*	*Valeur stocke dans la table*
7456123.89	NUMBER	7456123.89
7456123.89	NUMBER(9)	7456124
7456123.89	NUMBER(9,2)	7456123.89
7456123.89	NUMBER(9,1)	7456123.9
7456123.89	NUMBER(6)	précision trop élevée
7456123.89	NUMBER(7,-2)	7456100
7456123.89	NUMBER(7,2)	précision trop élevée
.01234	NUMBER(4,5)	.01234
.00012	NUMBER(4,5)	.00012
.000127	NUMBER(4,5)	.00013
.0000012	NUMBER(2,7)	.0000012
.00000123	NUMBER(2,7)	.0000012

Module 2 : Les variables

BINARY_FLOAT

Nombre réel à virgule flottante encodé sur 32 bits.

BINARY_DOUBLE

Nombre réel à virgule flottante encodé sur 64 bits.

	BINARY_FLOAT	*BINARY_DOUBLE*
L'entier maximum	1.79e308	3.4e38
L'entier minimum	-1.79e308	-3.4e38
La plus petite valeur positive	2.3e-308	1.2e-38
La plus petite valeur négative	-2.3e-308	-1.2e-38

Pour traiter les valeurs numériques à virgule flottante, Oracle fournit un ensemble de constantes.

Constante	*Description*
BINARY_FLOAT_NAN	Pas un numérique
BINARY_FLOAT_INFINITY	Infini
BINARY_FLOAT_MAX_NORMAL	3.40282347e+38
BINARY_FLOAT_MIN_NORMAL	1.17549435e-038
BINARY_FLOAT_MAX_SUBNORMAL	1.17549421e-038
BINARY_FLOAT_MIN_SUBNORMAL	1.40129846e-045
BINARY_DOUBLE_NAN	Pas un numérique
BINARY_DOUBLE_INFINITY	Infini
BINARY_DOUBLE_MAX_NORMAL	1.7976931348623157E+308
BINARY_DOUBLE_MIN_NORMAL	2.2250738585072014E-308
BINARY_DOUBLE_MAX_SUBNORMAL	2.2250738585072009E-308
BINARY_DOUBLE_MIN_SUBNORMAL	4.9406564584124654E-324

BINARY_INTEGER

Nombre entier signé compris entre -2 147 483 647 ÷ +2 147 483 647.

Il y a plusieurs types dérivés qui possèdent le même format de stockage que BINARY_INTEGER, mais n'autorisent qu'un sous-ensemble des valeurs.

Type dérivés	*Valeurs autorisées*
NATURAL	0 ÷ 2 147 483 647
NATURALN	0 ÷ 2 147 483 647 NOT NULL
POSITIVE	1 ÷ 2 147 483 647
POSITIVEN	1 ÷ 2 147 483 647 NOT NULL
SIGNTYPE	-1 , 0 ,1

PLS_INTEGER

Nombre entier compris entre -2 147 483 647 ÷ +2 147 483 647.

Types caractères

À partir de la version Oracle9i il est possible d'utiliser dans la déclaration d'une variable de type chaîne de caractères l'argument « `BYTE` » ou l'argument « `CHAR` ». Pour des jeux de caractères où le codage d'un caractère correspond à un byte, il n'y a aucune différence. En revanche pour des jeux de caractères où le codage est supérieur à un byte, il faut utiliser l'argument « `CHAR` ». Il vous permet de définir le nombre de caractères que vous voulez stocker et Oracle ajuste automatiquement la taille suivant le jeu de caractères national.

L'argument « `BYTE` » est utilisé uniquement dans le cas où vous utilisez un jeu de caractères classiques et pour la compatibilité. Par contre, c'est l'argument par défaut.

`VARCHAR2(L [CHAR | BYTE])`

Chaîne de caractères de longueur variable comprenant au maximum 4000 bytes. `L` représente la longueur maximale de la variable. `CHAR` ou `BYTE` spécifie respectivement si `L` est mesuré en caractères ou en bytes.

`CHAR(L [CHAR | BYTE])`

Chaîne de caractères de longueur fixe avec L comprenant au maximum 2000 bytes. Si aucune taille maximale n'est précisée alors la valeur utilisée par défaut est `1`. L'option « `BYTE` » est identique à celle de « `VARCHAR2` ».

`NCHAR(L [CHAR | BYTE])`

Chaîne de caractères de longueur fixe pour des jeux de caractères multi octets pouvant atteindre 4000 bytes selon le jeu de caractères national.

`NVARCHAR2(L [CHAR | BYTE])`

Chaîne de caractères de longueur variable pour des jeux de caractères multi octets pouvant atteindre 4000 bytes selon le jeu de caractères national.

Grand objets

`BLOB`

Binary Large Object (grand objet binaire), données binaires non structurées avec une longueur maximale d'enregistrement pouvant atteindre (4Gb – 1) * (la taille du bloc).

`CLOB`

Character Large Object (grand objet caractère), chaîne de caractères avec une longueur maximale d'enregistrement pouvant atteindre (4Gb – 1) * (la taille du bloc).

`NCLOB`

Type de donnée « `CLOB` » pour des jeux de caractères multi-octets avec une longueur maximale d'enregistrement pouvant atteindre (4Gb – 1) * (la taille du bloc).

`BFILE`

Fichier binaire externe dont la taille maximale d'un enregistrement peut atteindre 4Gb. Il est stocké dans des fichiers extérieurs à la base de données.

`LONG`

Champ de longueur variable pouvant atteindre 2 Gb.

`LONG RAW`

Champ de longueur variable utilisé pour stocker des données binaires et pouvant atteindre 2 Gb.

Module 2 : Les variables

> **Attention**
> Les types de données « **LONG** » et « **LONG RAW** » étaient utilisés auparavant pour les données non structurées, telles que les images binaires, les documents ou les informations géographiques, et sont principalement fournis à des fins de compatibilité descendante.

Types date/heure

DATE

Une variable de longueur fixe de **7** octets utilisée pour stocker n'importe quelle date, incluant l'heure.

INTERVAL DAY TO SECOND

Intervalle de temps fixé à 11 octets et exprimé en jours, heures, minutes et secondes. Un littéral entier entre 0 et 9 doit être utilisé pour spécifier le nombre de chiffres acceptés pour représenter les jours et les secondes (2 et 6 étant respectivement les valeurs par défaut).

INTERVAL YEAR TO MONTH

Intervalle de temps fixé à 5 octets et exprimé en années et en mois. Un littéral entier entre 0 et 4 doit être utilisé pour spécifier le nombre de chiffres acceptés pour représenter les années (2 étant la valeur par défaut).

TIMESTAMP[(P)]

Valeur de 7 à 11 octets représentant une date et une heure, incluant des fractions de seconde, et se fondant sur la valeur d'horloge du système d'exploitation. Une valeur de précision **P** un entier de 0 à 9 (6 étant la précision par défaut) - permet de choisir le nombre de chiffres voulus dans la partie décimale des secondes.

TIMESTAMP[(P)] WITH TIME ZONE

Valeur fixée à 13 octets représentant une date et une heure, avec un paramètre de zone horaire associé. La zone horaire peut être exprimée sous la forme d'un décalage par rapport à l'heure universelle (UTC), tel que "-5:0", ou d'un nom de zone, tel que "US/Pacific".

TIMESTAMP[(P)] WITH LOCAL TIME

Valeur de 7 à 11 octets semblable à TIMESTAMP WITH TIME ZONE, sauf que la date est ajustée par rapport à la zone horaire de la base de données lorsqu'elle est stockée, puis adaptée à celle du client lorsqu'elle est extraite.

Type booléen

BOOLEAN

Stocke des valeurs logiques « **TRUE** », « **FALSE** » ou la valeur « **NULL** ».

Types ROWID

ROWID

Le type « **ROWID** » est une chaîne de caractères encodés en base 64 généralement utilisé pour représenter un identifiant de ligne. Le « **ROWID** » désigne également une pseudocolonne qui contient l'adresse physique de chaque enregistrement.

Les données de type « **ROWID** » s'affichent en utilisant un schéma d'encodage en base 64 qui se décompose comme suit :

SSSSSS   Indique les six positions pour le numéro du segment.

FFF	Indique les trois positions pour le numéro de fichier relatif du tablespace.
BBBBBB	Indique les six positions pour le numéro de bloc dans le fichier de données. Le numéro du bloc est relatif au fichier de données et pas au tablespace.
RRR	Indique le déplacement dans le bloc sur trois positions.

Ce schéma utilise les caractères « **A÷Z** », « **a÷z** », « **0÷9** », « **+** » et « **/** », soit un total de 64 caractères.

UROWID [(P)]

Le type Universal Rowids « **UROWID** » est une chaîne de caractères encodés en base 64 pouvant atteindre 4000 bytes, utilisée pour adresser des données. Il supporte des « **ROWID** » logiques et physiques, ainsi que des « **ROWID** » de tables étrangères accessibles via une passerelle. Il est également utilisé pour les tables organisées en index.

Module 2 : Les variables

Déclaration de variables

Les variables sont déclarées dans la section DECLARE du bloc PL/SQL à l'aide de la syntaxe suivante :

```
Nom_Variable [CONSTANT] TYPE [NOT NULL]
                       [{DEFAULT | :=} VALEUR] ;
```

Nom_Variable	Nom de la variable ; il doit être unique dans le bloc.
TYPE	Le type de la variable qui peut être un des types scalaires décrits auparavant ou un type composite.
CONSTANT	La variable est une constante sa valeur ne change plus dans le bloc.
NOT NULL	La variable doit être automatiquement renseignée, sinon une erreur est affichée à la compilation du bloc.
:= VALUE	La variable est affectée avec VALEUR. Il faut respecter le type et la précision de la variable.

```
SQL> declare
  2     utilisateur_id number       := UID;
  3     utilisateur    varchar2(12) := USER;
  4     date_du_jour   date         := SYSDATE;
  5  begin
  6     dbms_output.put_line( ' L''identifiant de l''utilisateur : '
  7                          ||uid||' Utilisateur : '||utilisateur);
  8     dbms_output.put_line( ' Aujourd''hui : '||date_du_jour);
  9     utilisateur       := 'Razvan BIZOI';
 10     dbms_output.put_line( ' Utilisateur : '||utilisateur);
 11  end;
 12  /
L'identifiant de l'utilisateur : 64 Utilisateur : STAGIAIRE
Aujourd'hui : 29/05/06
```

Module 2 : Les variables

```
Utilisateur : Razvan BIZOI

Procédure PL/SQL terminée avec succès.
```

Dans l'exemple précédent vous pouvez voir la déclaration des trois variables de type numérique, chaîne de caractères et date. Les variables ont été initialisées directement dans la commande de déclaration. La première ligne affichée est une concaténation de l'ensemble des trois variables avec plusieurs constantes de chaînes de caractères.

La variable utilisateur est assignée avec une nouvelle valeur, vous pouvez remarquer que l'opérateur d'affectation est « := ».

```
SQL> declare
  2    utilisateur CONSTANT varchar2(12) DEFAULT 'Razvan BIZOI';
  3  begin
  4    utilisateur := USER;
  5    dbms_output.put_line( ' Utilisateur : '||utilisateur);
  6  end;
  7  /
  utilisateur := USER;
  *
ERREUR à la ligne 4 :
ORA-06550: Ligne 4, colonne 3 :
PLS-00363: expression 'UTILISATEUR' ne peut être utilisée comme
cible
d'affectation
ORA-06550: Ligne 4, colonne 3 :
PL/SQL: Statement ignored
```

Dans l'exemple précédent, la variable utilisateur est « **CONSTANT** », elle ne peut pas être modifiée.

```
SQL> declare
  2    utilisateur_id number NOT NULL := UID;
  3    utilisateur    varchar2(12);
  4  begin
  5    utilisateur     := 'Razvan BIZOI';
  6    utilisateur_id  := NULL;
  7    dbms_output.put_line( ' Utilisateur : '
  8                          ||utilisateur||utilisateur_id);
  9  end;
 10  /
  utilisateur_id   := NULL;
                   *
ERREUR à la ligne 6 :
ORA-06550: Ligne 6, colonne 23 :
PLS-00382: expression du mauvais type
ORA-06550: Ligne 6, colonne 3 :
PL/SQL: Statement ignored
```

Dans l'exemple précédent, la variable utilisateur_id qui comporte l'option « **NOT NULL** » dans sa déclaration ne peut pas être mise à « **NULL** ».

```
SQL> declare
  2    utilisateur_id number NOT NULL;
  3  begin
  4    utilisateur_id  := 13;
  5    dbms_output.put_line( ' Utilisateur : '||utilisateur_id);
  6  end;
```

```
  7  /
   utilisateur_id number NOT NULL;
                  *
ERREUR à la ligne 2 :
ORA-06550: Ligne 2, colonne 18 :
PLS-00218: une variable déclarée NOT NULL doit avoir une affectation
d'initialisation
```

L'option « **NOT NULL** » implique automatiquement, pour une variable, l'affectation dans sa déclaration.

```
SQL> declare
  2     var1 varchar2(10) := var2;
  3     var2 varchar2(10) := 'Valeur variable';
  4  begin
  5     dbms_output.put_line( var1||var2);
  6  end;
  7  /
   var1 varchar2(10) := var2;
                         *
ERREUR à la ligne 2 :
ORA-06550: Ligne 2, colonne 24 :
PLS-00320: déclaration de type de cette expression est incomplète ou
mal
structurée
ORA-06550: Ligne 2, colonne 8 :
PL/SQL: Item ignored
ORA-06550: Ligne 5, colonne 25 :
PLS-00320: déclaration de type de cette expression est incomplète ou
mal structurée
ORA-06550: Ligne 5, colonne 3 :
PL/SQL: Statement ignored
```

L'utilisation d'une variable dans une expression nécessite la déclaration préalable de cette variable.

```
SQL> declare
  2     var1, var2, var3 varchar2(10);
  4  begin
  5     dbms_output.put_line( var1||var2);
  6  end;
  7  /
   var1, var2, var3 varchar2(10);
       *
ERREUR à la ligne 2 :
ORA-06550: Ligne 2, colonne 7 :
PLS-00103: Symbole "," rencontré à la place d'un des symboles
suivants :
...
```

Le langage PL/SQL ne permet pas la déclaration de plusieurs variables à la fois, chaque variable doit avoir sa propre déclaration.

Variables de liaison

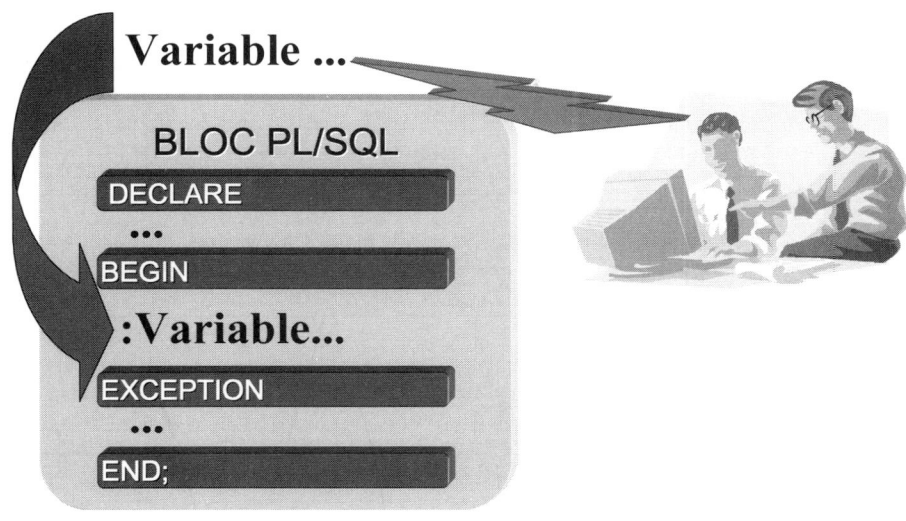

SQL*Plus prévoit deux types de variables : les variables de substitution et les variables de liaison, qui vous seront utiles pour recevoir les entrées utilisateur et stocker des informations à travers plusieurs exécutions successives.

Comme on l'a déjà vu précédemment, aucune mémoire n'est allouée aux variables de substitution. SQL*Plus peut néanmoins allouer un espace mémoire sous forme d'une variable de liaison, dont le contenu est utilisable à l'intérieur d'un bloc PL/SQL ou d'une instruction SQL. Etant donné que l'espace alloué est extérieur au bloc, son contenu peut être utilisé successivement par plusieurs blocs ou instructions et faire l'objet d'un affichage en fin de traitement.

```
SQL> SELECT NOM, FONCTION
  2  FROM EMPLOYES
  3  WHERE NOM LIKE &var_subst;
Entrez une valeur pour var_subst : 'D%'
ancien    3 : WHERE NOM LIKE &var_subst
nouveau   3 : WHERE NOM LIKE 'D%'

NOM                                         FONCTION
------------------------------------------  ----------------------
Davolio                                     Représentant(e)
Dodsworth                                   Représentant(e)

SQL> /
Entrez une valeur pour var_subst : '%' AND FONCTION LIKE 'Rep%'
ancien    3 : WHERE NOM LIKE &var_subst
nouveau   3 : WHERE NOM LIKE '%' AND FONCTION LIKE 'Rep%'

NOM                                         FONCTION
------------------------------------------  ----------------------
Peacock                                     Représentant(e)
Leverling                                   Représentant(e)
```

```
Davolio                              Représentant(e)
Dodsworth                            Représentant(e)
King                                 Représentant(e)
Suyama                               Représentant(e)
```

Dans l'exemple précédent vous pouvez voir l'utilisation d'une variable de substitution. La première exécution on substitue la variable avec la chaine 'D%' ce qui retrouve tous les employés qui ont un nom qui commence par la lettre 'D'. Dans la deuxième exécution de la même requête on substitue la variable par la chaîne suivante '%' AND FONCTION LIKE 'Rep%' qui retourne tous les employés qui sont des 'Représentant(e)'.

Attention

En effet, vous pouvez remarquer que les variables de substitution vous permettent de leur substituer une chaîne de caractères aussi complexe que nécessaire mais il ne s'agit en aucun cas d'une variable.

L'allocation d'une variable de liaison est réalisée au moyen de la commande « **VARIABLE** » de SQL*Plus. Sachez que celle-ci n'est valide qu'à partir de l'invite de commande de SQL*Plus et pas à l'intérieur d'un bloc PL/SQL. A l'intérieur d'un tel bloc, la variable de liaison est introduite par le signe « **:** ». La commande « **PRINT** » affiche la valeur de la variable après exécution du bloc.

```
SQL> VARIABLE utilisateur varchar2(12)
SQL> begin
  2    :utilisateur := user;
  3    dbms_output.put_line(:utilisateur);
  4  end;
  5  /

Procédure PL/SQL terminée avec succès.

SQL> PRINT utilisateur

UTILISATEUR
--------------------------------
STAGIAIRE
```

Dans l'exemple précédent, vous pouvez remarquer que la variable de liaison utilisateur bénéficie d'une allocation mémoire dans laquelle on peut stocker une valeur du même type que la variable, en occurrence le nom de l'utilisateur SQL.

```
SQL> VAR v_liaison VARCHAR2(20)
SQL> declare
  2      v_plsql VARCHAR2(20) := 'Tintin';
  3  begin
  4  :v_liaison       := v_plsql;
  5  &&v_substitution := USER;
  6  dbms_output.put_line( 'v_plsql            = '||
  7                         v_plsql);
  8  dbms_output.put_line( 'v_liaison          = '||
  9                         :v_liaison);
 10  dbms_output.put_line( '&&v_substitution = '||
 11                         &&v_substitution);
 12  end;
 13  /
```

Procédure PL/SQL terminée avec succès.

Dans l'exemple précédent, vous pouvez voir la création des trois blocs imbriqués. Dans chaque bloc, il y a une déclaration et un affichage de la variable utilisateur. La variable utilisateur affichée dans chaque bloc est la variable définie dans le bloc respectif. Vous pouvez voir également que la variable de liaison peut être utilisée même dans les blocs imbriqués.

```
SQL> declare
  2     date_du_jour date;
  3  begin
  4     begin
  5        date_du_jour := SYSDATE;
  6     end;
  7     dbms_output.put_line( date_du_jour);
  8  end;
  9  /
30/05/06
```

Procédure PL/SQL terminée avec succès.

Dans l'exemple précédent, la variable date_du_jour est définie dans le bloc principal et elle peut être référencée dans le bloc secondaire.

```
SQL> declare
  2     salaire NUMBER(8,2) := 2500;
  3  begin
  4     UPDATE EMPLOYES SET
  5        SALAIRE = salaire
  6     WHERE NO_EMPLOYE = 8;
  7  end;
  8  /
```

Procédure PL/SQL terminée avec succès.

```
SQL> SELECT NO_EMPLOYE, NOM, SALAIRE
  2  FROM EMPLOYES
  3  WHERE NO_EMPLOYE = 8;

NO_EMPLOYE NOM                                        SALAIRE
---------- ------------------------------------------ ----------
         8 Callahan                                         2000
```

Lors des exécutions des ordres SQL comme « **SELECT** », « **INSERT** », « **UPDATE** » ou « **DELETE** » les noms des colonnes de la table sont prioritaires au détriment des variables du même nom.

Module 2 : Les variables

Atelier 1

- La déclaration des variables

   Durée : 10 minutes

Questions

2.1-1.   Quelles sont les déclarations invalides ?

```
A. nom_varA          NUMBER(8) DEFAULT 10 ;
B. nom_var1, nom_var2 DATE;
C. nom_var           VARCHAR2(20) NOT NULL ;
D. nom_var           BOOLEAN := 1;
E. nom_var           BINARY_INTEGER;
F. 2nom_var          BINARY_INTEGER;
G. a$nom_varG        DATE := '01/01/2006';
H. B#a$nom_var       DATE NOT NULL := SYSDATE;
I. nom_varI          NUMBER(3):= 123.45678;
J. nom_var           NUMBER(3) := 1234.5678;
K. nom_varK CONSTANT NUMBER(12,3) := 1234.5678;
```

2.1-2.   Quel est le résultat de la requête suivante ?

```
SQL> declare
  2     utilisateur varchar2(50) := '1 :'||USER;
  3  begin
  4     declare
  5        utilisateur varchar2(50) := '2 :'||USER;
  6     begin
  7        declare
  8            utilisateur varchar2(50) := '3 :'||USER;
  9        begin
```

```
10          dbms_output.put_line( utilisateur);
11       end;
12   end;
13 end;
14 /
```

- A. '1 :STAGIAIRE'
- B. '2 :STAGIAIRE'
- C. '3 :STAGIAIRE'

2.1-3. Quelles sont les syntaxes correctes ?

- A. `declare v_1 NUMBER(8,2) := 2500;`
  `begin v_1 = v_1 * 2; end;`
- B. `declare v_1 date;`
  `begin v_1 := sysdate; end;`
- C. `declare v_1 constant date;`
  `begin v_1 := sysdate; end;`
- D. `declare v_1 constant date := sysdate;`
  `begin null; end;`
- E. `declare v_1 NUMBER := v_2; begin null; end;`

Exercice n°1   La déclaration des variables

Créez un bloc PL/SQL dans lequel vous déclarez les variables de la question 24.1-1 les points : A, G, I, K. Affichez les informations stockées dans ces variables.

Déclarez une variable de liaison de type « **VARCHAR2** ». Créez un premier bloc qui alimente la variable avec la valeur de l'utilisateur courant concaténée avec la date du jour. Créez un deuxième bloc qui affiche la variable.

Types définis par l'utilisateur

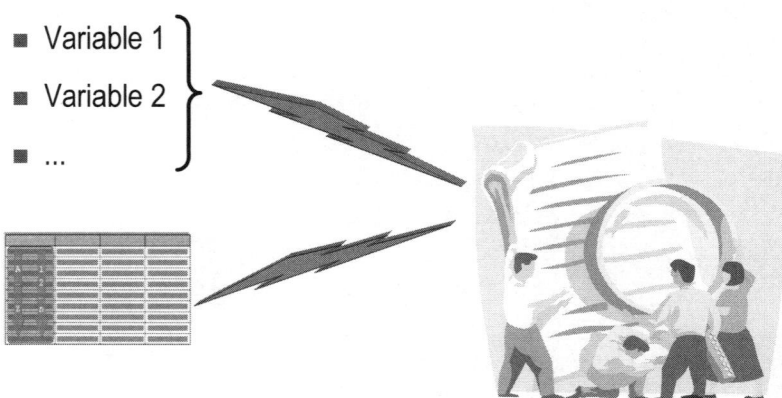

Dans le langage PL/SQL, il est possible de définir des types de données dérivés des types prédéfinis. Un type dérivé est une déclinaison d'un type original, qui en reprend les règles mais peut en restreindre le domaine de valeurs.

Il y a deux catégories de types dérivés :

- Les types bornés
- Les types non bornés

Un type dérivé borné restreint le domaine des valeurs autorisées par le type original, « **POSITIVE** » est un type dérivé borné de « **BINARY INTEGER** ».

Un type dérivé non borné ne restreint pas le domaine des valeurs possibles du type original pour les variables déclarées avec le type dérivé, « **FLOAT** » est un exemple de type dérivé de « **NUMBER** » non borné. En clair, un type dérivé non borné est un alias ou un synonyme du type de données original.

```
SUBTYPE NOM_SUBTYPE IS
        TYPE BASE[(CONSTRAINT)] [NOT NULL];
```

```
SQL> declare
  2      SUBTYPE Numeral IS NUMBER(1,0);
  3      x_axis Numeral;
  4  BEGIN
  5      x_axis := 10;
  6  END;
  7  /
declare
*
ERREUR à la ligne 1 :
ORA-06502: PL/SQL : erreur numérique ou erreur sur une valeur:
précision de NUMBER trop élevée
ORA-06512: à ligne 5
```

Dans l'exemple précédent, vous pouvez remarquer que le type dérivé `Numeral` ne peut contenir que des valeurs entre -9 et 9, l'affectation déclenche une erreur.

```
SQL> declare
  2      SUBTYPE var_num_notnull IS NUMBER(3) NOT NULL;
  3      SUBTYPE var_date         IS TIMESTAMP;
  4      l_num   var_num_notnull := 10;
  5      l_date1 var_date        := SYSTIMESTAMP;
  6      l_date2 var_date ;
  7  BEGIN
  8      dbms_output.put_line('Variable l_num   : '||l_num   );
  9      dbms_output.put_line('Variable l_date1 : '||l_date1 );
 10      dbms_output.put_line('Variable l_date2 : '||l_date2 );
 11  END;
 12  /
Variable l_num   : 10
Variable l_date1 : 30/05/06 08:38:45,517000
Variable l_date2 :

Procédure PL/SQL terminée avec succès.
```

Vous pouvez définir un type de données dérivé « **NOT NULL** » ainsi toutes les variables de ce type sont obligatoirement « **NOT NULL** ».

Les enregistrements

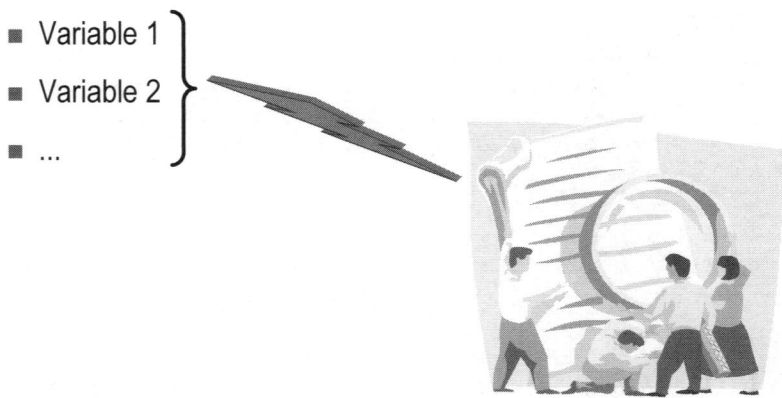

Le langage PL/SQL connaît deux types composés : TABLE et RECORD. Leur utilisation est particulière. Ils doivent tout d'abord faire l'objet d'une déclaration préalable de type de données. Ensuite seulement, une table ou un record PL/SQL peuvent être déclarés comme correspondant au type en question.

Les enregistrements utilisés dans les programmes PL/SQL sont largement semblables, en termes de concept et de structure, aux lignes d'une table de la base de données. Un enregistrement est une structure de données composée, ce qui signifie qu'il comprend plus d'un élément ou composant, avec chacun une valeur propre. L'enregistrement lui-même n'a pas de valeur propre; il permet de stocker des données et d'y accéder en tant que groupe.

La structure de données de type enregistrement offre des possibilités de haut niveau en termes d'adressage et de manipulation de données dans les programmes. Cette approche offre les avantages suivants :

– **Abstraction de données.** Au lieu de travailler avec les attributs individuels d'une entité ou d'un objet, on référence et on manipule cette entité comme "un élément en soi".

– **Regroupement des opérations.** On peut exécuter des opérations qui s'appliquent à toutes les colonnes d'un enregistrement.

– **Un code plus propre et plus léger.** On peut écrire moins de code et rendre ce que l'on écrit plus compréhensible.

Pour déclarer un enregistrement, on doit passer par deux étapes distinctes :

1. Déclarer ou définir un « **TYPE** » d'enregistrement comprenant la structure voulue pour l'enregistrement.

2. Utiliser ce « **TYPE** » d'enregistrement comme base de déclaration des enregistrements de même structure.

Déclaration des « **TYPE** » d'enregistrement utilisateur

On déclare le type d'un enregistrement avec l'ordre « **TYPE** ». L'ordre « **TYPE** » définit le nom de la nouvelle structure d'enregistrement, et les éléments ou zones qui composent cet enregistrement.

La syntaxe générale de déclaration d'un TYPE d'enregistrement est :

```
TYPE NOM_TYPE IS RECORD (
     NOM_CHAMP1 TYPE [NOT NULL] [:= EXPRESSION1],
     [,...]);
```

NOM_TYPE	Nom du type d'enregistrement.
NOM_CHAMP	Le nom de chaque champ de l'enregistrement.
TYPE	Le type d'un champ peut être un type implicite Oracle, un type implicite ANSI ou un type explicite.
NOT NULL	Le champ correspondant est obligatoire.
EXPRESSION1	Permet de définir une valeur par défaut pour le champ.

Une fois que l'on a créé ses propres types d'enregistrement, on peut les utiliser pour déclarer des enregistrements spécifiques. La déclaration de l'enregistrement réel possède le format suivant :

```
NOM_ENREGISTEMENT TYPE_ENREGISTEMENT;
```

Les champs d'une variable de type enregistrement peuvent être référencés à l'aide de l'opérateur point (.).

```
SQL> declare
  2      TYPE adresse IS RECORD ( ADRESSE     VARCHAR2(60),
  3                               VILLE       VARCHAR2(15),
  4                               CODE_POSTAL VARCHAR2(10));
  5      TYPE employe IS RECORD ( NOM         VARCHAR2(20),
  6                               PRENOM      VARCHAR2(10),
  7                               adr_emp     adresse      );
  8      mon_employe   employe;
  9  begin
 10      mon_employe.NOM                     := 'FABER';
 11      mon_employe.PRENOM                  := 'Pierre';
 12      mon_employe.adr_emp.ADRESSE         := '44, rue Paul Claudel';
 13      mon_employe.adr_emp.VILLE           := 'STRASBOURG';
 14      mon_employe.adr_emp.CODE_POSTAL     := '67000';
 15      dbms_output.put_line( mon_employe.NOM                   ||' '||
 16                            mon_employe.PRENOM                ||' '||
 17                            mon_employe.adr_emp.ADRESSE       ||' '||
 18                            mon_employe.adr_emp.CODE_POSTAL   ||' '||
 19                            mon_employe.adr_emp.VILLE                 );
 20  end;
 21  /
FABER Pierre 44, rue Paul Claudel 67000 STRASBOURG

Procédure PL/SQL terminée avec succès.
```

L'exemple précédent montre la création d'un enregistrement `adresse` qui a son tour est utilisé comme type de base pour un des champs du deuxième enregistrement `employés`.

```
SQL> declare
  2     TYPE adresse IS RECORD (  ADRESSE      VARCHAR2(60)
  3                               := '44, rue Paul Claudel',
  4                               VILLE        VARCHAR2(15)
  5                               := 'STRASBOURG',
  6                               CODE_POSTAL VARCHAR2(10)
  7                               := '67000');
  8     mon_adresse    adresse;
  9     autre_adresse  adresse;
 10  begin
 11     dbms_output.put_line( mon_adresse.ADRESSE      ||' '||
 12                           mon_adresse.CODE_POSTAL  ||' '||
 13                           mon_adresse.VILLE                );
 14     mon_adresse.ADRESSE     := '104, rue Mélanie';
 15     mon_adresse.VILLE       := 'STRASBOURG';
 16     mon_adresse.CODE_POSTAL := '67200';
 17     autre_adresse           :=  mon_adresse;
 18     dbms_output.put_line( autre_adresse.ADRESSE      ||' '||
 19                           autre_adresse.CODE_POSTAL  ||' '||
 20                           autre_adresse.VILLE                );
 21  end;
 22  /
44, rue Paul Claudel 67000 STRASBOURG
104, rue Mélanie 67200 STRASBOURG

Procédure PL/SQL terminée avec succès.
```

Dans cet exemple vous pouvez voir l'affectation par défaut pour l'enregistrement `adresse`. Il est possible également d'affecter un enregistrement à un autre.

Les collections

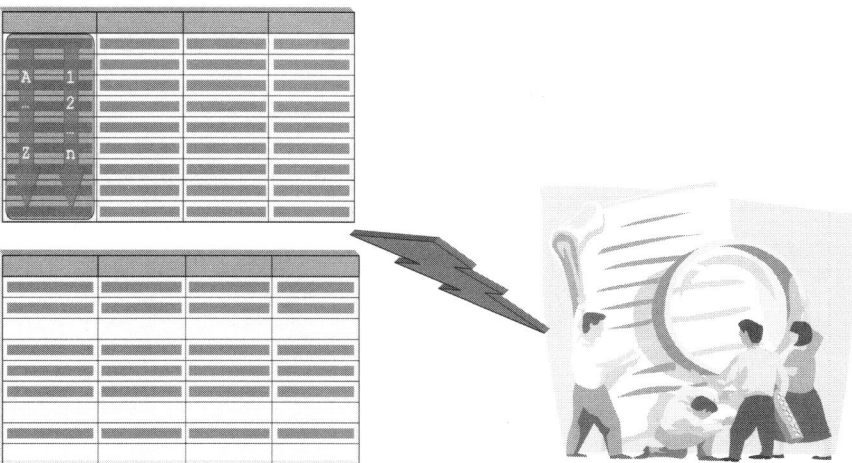

Les collections comme les enregistrements ont pour but de faciliter la programmation en PL/SQL.

Une collection est un type de données qui permet de stocker des tableaux à une dimension dans du PL/SQL. Il est possible d'utiliser les collections pour créer des listes d'informations liées, que ce soit dans vos programmes PL/SQL ou dans une colonne de la base.

Il est bien souvent commode dans un programme PL/SQL de manipuler en une seule unité un grand nombre de variables.

Oracle permet trois types de collections, on peut se représenter chacun de ces types de collections comme un type d'objet ayant des attributs et des méthodes.

Les trois types de collections sont :

Les tableaux associatifs sont des collections, sans une limite prédéfinie et non linéaires, d'éléments homogènes, uniquement disponibles en PL/SQL.

Les tableaux imbriqués sont des collections non ordonnées et qui ne sont pas limitées en taille. Ils sont disponibles en PL/SQL et ils peuvent également être stockés dans les tables de base de données donc manipulées directement à l'aide de SQL.

Les tableaux pré-dimensionnés « VARRAY » sont des collections semblables aux tableaux associatifs par leur mode d'accès mais ils sont cependant déclarés avec un nombre fixe d'éléments, tandis que les tableaux associatifs n'ont pas de limite supérieure déclarée. Contrairement aux tableaux imbriqués, lorsque l'on stocke et récupère un tableau pré-dimensionné « VARRAY » l'ordre de ses éléments est préservé.

Dans ce module, nous étudierons uniquement les tableaux associatifs les autres deux types de collections feront l'objet d'un module indépendant.

Les tableaux associatifs

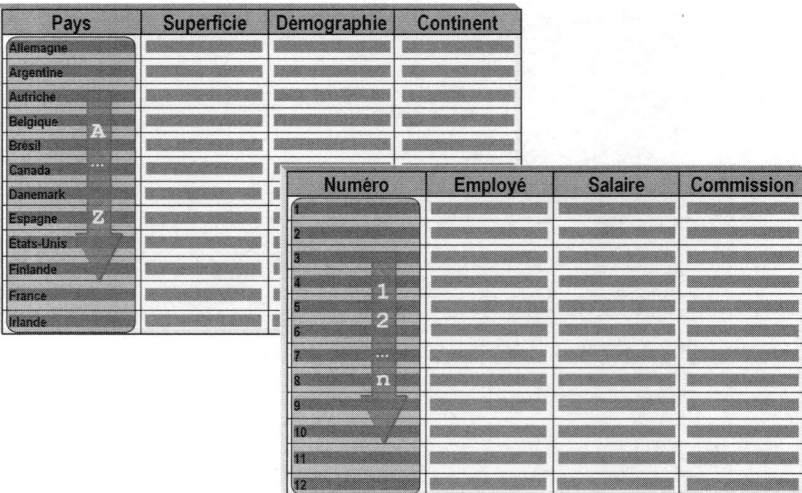

Les tableaux associatifs sont uniquement disponibles en PL/SQL. Lorsque vous déclarez une collection de ce type, vous établissez, de manière explicite, qu'elle associe chaque élément du tableau à un indice qui permet de référer l'élément dans le tableau. Le fonctionnement est semblable à une table de base de données, avec deux colonnes : la clé et l'élément du tableau.

La déclaration d'une variable de type collection nécessite d'abord la déclaration préalable du type de collection respective. Ainsi la déclaration d'une variable doit passer par deux étapes distinctes :

1. Déclarer ou définir un « **TYPE** » de collection.
2. Utiliser ce « **TYPE** » de collection comme base de déclaration.

Vous pouvez déclarer un type de tableau associatif « **TABLE** » dans la partie déclarative d'un bloc, d'un sous-programme ou d'un package en utilisant la syntaxe suivante :

```
TYPE NOM_TYPE IS TABLE OF ELEMENT_TYPE [NOT NULL]
    INDEX BY {    PLS_INTEGER
              | BINARY_INTEGER
              | VARCHAR2(TAILLE)    } ;
```

NOM_TYPE	Nom de la variable de type tableau associatif.
ELEMENT_TYPE	Le type de la variable qui peut être un des types scalaires ou un type composite ou une référence à un type via « **%TYPE** ».
INDEX BY	La clause « **INDEX BY** » est requise dans la définition du tableau associatif, détermine le type de la variable indice.
PLS_INTEGER	La variable indice est de type « **PLS_INTEGER** ».
BINARY_INTEGER	La variable indice est de type « **BINARY_INTEGER** ».

Module 2 : Les variables

VARCHAR2(TAILLE) La variable indice est de type « **VARCHAR2** » d'une taille égale au paramètre TAILLE.

Le type et la variable étant déclarés, nous pouvons nous référer à un élément individuel dans le tableau associatif en utilisant la syntaxe suivante :

NOM_VARIABLE(INDICE)

NOM_VARIABLE Nom de la variable de type tableau associatif.

INDICE L'indice est une variable de type « **BINARY_INTEGER** » ou « **PLS_INTEGER** », soit une variable de type « **VARCHAR2(TAILLE)** ».

```
SQL> declare
  2      TYPE TABLEAU_DATES IS TABLE OF DATE NOT NULL
  3          INDEX BY BINARY_INTEGER;
  4      T_DATES TABLEAU_DATES;
  5  begin
  6      T_DATES(1)    := sysdate;
  7      T_DATES(-10)  := sysdate - 10;
  8      T_DATES(8)    := sysdate + 8;
  9      dbms_output.put_line( T_DATES(1)||' '||
 10                            T_DATES(-10)||' '||T_DATES(8));
 11  end;
 12  /
02/06/06 23/05/06 10/06/06

Procédure PL/SQL terminée avec succès.
```

Les clés utilisées pour tableau associatif n'ont pas à être séquentielles. Toute valeur ou expression « **BINARY_INTEGER** » ou « **PLS_INTEGER** » peut être utilisée pour un indice de table.

― Note ―

Un tableau associatif indexé par un indice de type « **BINARY_INTEGER** » ou « **PLS_INTEGER** », ne possède pas de limite de taille. De cette façon, le nombre d'éléments d'un tableau va croître dynamiquement.

La seule limite (autre que la mémoire disponible) au nombre de lignes est liée à ce que la clé est de type « **BINARY_INTEGER** » ou « **PLS_INTEGER** », donc limitée aux valeurs qui peuvent être représentées par ce type.

Les éléments d'un tableau associatif ne suivent pas nécessairement un ordre particulier. Puisqu'ils ne sont pas stockés de manière continue en mémoire comme un tableau, ils peuvent être insérés selon des clés arbitraires.

Il est également possible de définir que chaque élément de cette table est un enregistrement, nous pouvons nous référer aux champs stockés dans cet enregistrement avec la syntaxe suivante :

NOM_VARIABLE(INDICE).CHAMP

```
SQL> declare
  2      TYPE EMPLOYE IS RECORD ( NOM         VARCHAR2(30),
  3                               PRENOM      VARCHAR2(30),
  4                               FONCTION    VARCHAR2(40));
  5      TYPE TABLEAU_EMPLOYES IS TABLE OF EMPLOYE NOT NULL
```

```
  6               INDEX BY BINARY_INTEGER;
  7      T_EMPLOYES TABLEAU_EMPLOYES;
  8  begin
  9      T_EMPLOYES(1).NOM     := 'BIZOÏ';
 10      T_EMPLOYES(1).PRENOM  := 'Razvan';
 11      T_EMPLOYES(1).PRENOM  := 'Formateur';
 12      T_EMPLOYES(0).NOM     := 'FABER';
 13      T_EMPLOYES(0).PRENOM  := 'Pierre';
 14      T_EMPLOYES(0).PRENOM  := 'Directeur Technique';
 15      T_EMPLOYES(10).NOM    := 'DULUC';
 16      T_EMPLOYES(10).PRENOM := 'Isabelle';
 17      T_EMPLOYES(10).PRENOM := 'Chercheur';
 18      dbms_output.put_line( T_EMPLOYES(1).NOM||' '||
 19                            T_EMPLOYES(1).PRENOM);
 20      dbms_output.put_line( T_EMPLOYES(0).NOM||' '||
 21                            T_EMPLOYES(1).PRENOM);
 22      dbms_output.put_line( T_EMPLOYES(10).NOM||' '||
 23                            T_EMPLOYES(1).PRENOM);
 24  end;
 25  /
BIZOÏ Formateur
FABER Formateur
DULUC Formateur

Procédure PL/SQL terminée avec succès.
```

Les collections peuvent contenir des variables de types scalaires ou de type composite à condition d'être déclarées préalablement.

```
SQL> declare
  2      TYPE PAYS    IS RECORD ( SUPERFICIE   NUMBER,
  3                               DEMOGRAPHIE  NUMBER,
  4                               CONTINENT    VARCHAR2(20));
  5      TYPE TABLEAU_PAYS IS TABLE OF PAYS NOT NULL
  6          INDEX BY VARCHAR2(30);
  7      T_PAYS TABLEAU_PAYS;
  8  begin
  9      T_PAYS('France').SUPERFICIE  := 675417;
 10      T_PAYS('France').DEMOGRAPHIE := 63604551;
 11      T_PAYS('France').CONTINENT   := 'Europe';
 12      T_PAYS('Roumanie').SUPERFICIE  := 238391;
 13      T_PAYS('Roumanie').DEMOGRAPHIE := 22272000;
 14      T_PAYS('Roumanie').CONTINENT   := 'Europe';
 15      dbms_output.put_line( 'France    Superficie : '||
 16                            T_PAYS('France').SUPERFICIE
 17                            ||' Démographie : '||
 18                            T_PAYS('France').DEMOGRAPHIE||' '||
 19                            T_PAYS('France').CONTINENT);
 20      dbms_output.put_line( 'Roumanie  Superficie : '||
 21                            T_PAYS('Roumanie').SUPERFICIE
 22                            ||' Démographie : '||
 23                            T_PAYS('Roumanie').DEMOGRAPHIE||' '||
 24                            T_PAYS('Roumanie').CONTINENT);
 25  end;
 26  /
```

```
France       Superficie : 675417 Démographie : 63604551 Europe
Roumanie     Superficie : 238391 Démographie : 22272000 Europe

Procédure PL/SQL terminée avec succès.
```

Une variable de type tableau associatif peut être également utilisée pour 'associer' ou indexer le contenu en fonction de valeurs de type « **VARCHAR2** ».

```
SQL> declare
  2      TYPE EMPLOYE IS RECORD ( NOM         VARCHAR2(30),
  3                               PRENOM      VARCHAR2(30),
  4                               FONCTION    VARCHAR2(40));
  5      TYPE TABLEAU_EMPLOYES IS TABLE OF EMPLOYE NOT NULL
  6          INDEX BY BINARY_INTEGER;
  7      T_EMPLOYES TABLEAU_EMPLOYES;
  8  begin
  9      T_EMPLOYES(0).NOM      := 'FABER';
 10      T_EMPLOYES(0).PRENOM   := 'Pierre';
 11      T_EMPLOYES(0).PRENOM   := 'Directeur Technique';
 12      dbms_output.put_line( T_EMPLOYES(1).NOM||' '||
 13                            T_EMPLOYES(1).PRENOM);
 14  end;
 15  /
declare
*
ERREUR à la ligne 1 :
ORA-01403: aucune donnée trouvée
ORA-06512: à ligne 12
```

Une assignation à l'élément n dans un tableau associatif crée de fait l'élément n s'il n'existe pas déjà, tout comme le ferait une opération « **INSERT** » dans une table de base de données. Les références sur l'élément n sont, de la même façon, semblables à une opération « **SELECT...INTO...** ».

> **Attention**

Attention, si une instruction PL/SQL fait référence à l'élément n avant sa création, le moteur PL/SQL retournera une erreur, indiquant qu'aucune donnée n'a été trouvée, exactement comme une table de base de données.

Module 2 : Les variables

Les tableaux pré-dimensionnés

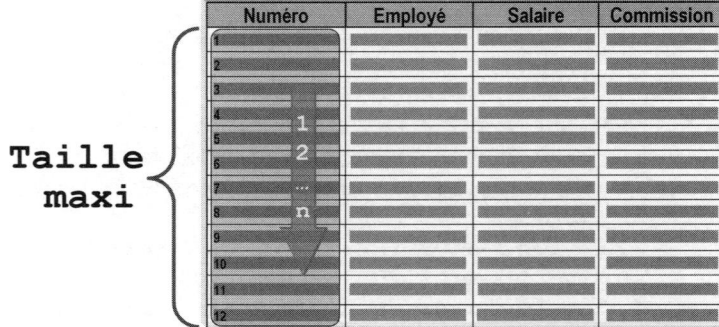

Les **tableaux pré-dimensionnés** « **VARRAY** » sont des collections semblables aux tableaux associatifs par leur mode d'accès mais ils sont cependant déclarés avec un nombre fixe d'éléments, tandis que les tableaux associatifs n'ont pas de limite supérieure déclarée.

Vous pouvez déclarer un type de tableaux pré-dimensionnés « **VARRAY** » dans la partie déclarative d'un bloc, d'un sous-programme ou d'un package en utilisant la syntaxe suivante :

**TYPE NOM_TYPE IS VARRAY (TAILLE) OF
             ELEMENT_TYPE [NOT NULL];**

```
SQL> declare
  2      TYPE noms_var IS VARRAY(5) OF NVARCHAR2(30);
  3      pers noms_var;
  4  BEGIN
  5      pers := noms_var('BIZOÏ','DULUC','FABER');
  6  END;
  7  /
Procédure PL/SQL terminée avec succès.
```

Les attributs et les méthodes

- EXISTS
- COUNT
- FIRST / LAST
- PRIOR / NEXT
- TRIM
- DELETE

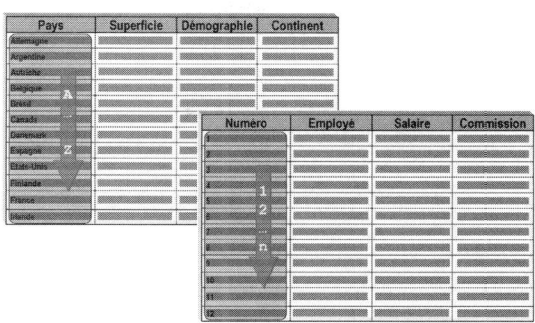

Les attributs et les méthodes sont des caractéristiques relatives à un objet. Ils facilitent la gestion des tableaux PL/SQL. Les attributs d'un tableau sont :

`EXISTS(n)`	Permet de tester la présence d'une valeur dans l'élément d'indice n.
`COUNT`	Permet de compter le nombre d'éléments.
`FIRST / LAST`	Permet d'accéder au premier / dernier élément du tableau.
`PRIOR / NEXT (n)`	Permet d'accéder à l'élément précédent / suivant de l'élément d'indice n.
`TRIM (n)`	Supprime un ou plusieurs éléments qui ne sont pas renseignés de la fin du tableau, n correspond à une expression de type « `BINARY_INTEGER` ».
`DELETE (n)`	supprime un élément

```
SQL> declare
  2      TYPE NumTab IS TABLE OF NUMBER INDEX BY BINARY_INTEGER;
  3      mon_tableau NumTab;
  4  begin
  5      for i in 1..9 loop  mon_tableau(i) := i; end loop;
  6      dbms_output.put_line( 'count : '||mon_tableau.count||
  7                            ' last : '||mon_tableau.last );
  8      mon_tableau.delete(2);
  9      dbms_output.put_line( 'count : '||mon_tableau.count );
 10  end;
 11  /
count : 9 last : 9
count : 8

Procédure PL/SQL terminée avec succès.
```

Module 2 : Les variables

Variables basées

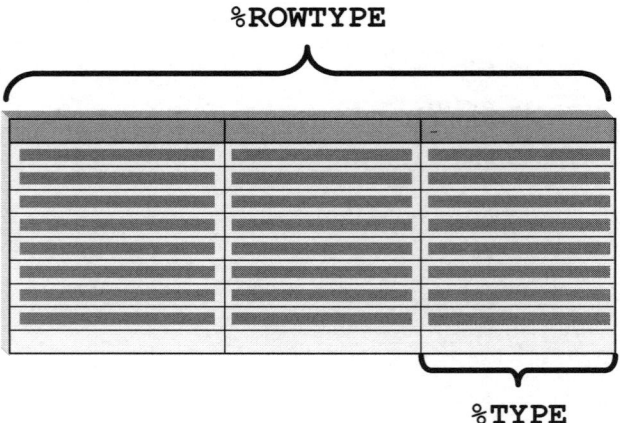

Le langage PL/SQL donne la possibilité à la déclaration d'une variable de faire référence à une entité existante, qui a fait l'objet d'une déclaration préalable de type de données. On peut référencer plusieurs types d'entités existantes : colonne, table, curseur ou variable.

%TYPE

L'attribut « `%TYPE` » permet de référencer soit une colonne d'une table, soit une variable précédemment définie.

La syntaxe de déclaration d'une variable avec « `%TYPE` » est la suivante :

`NOM_VARIABLE {NOM_TABLE.COLONNE | NOM_VARIABLE}%TYPE;`

```
SQL> declare
  2      date_embauche EMPLOYES.DATE_EMBAUCHE%TYPE
  3              := ADD_MONTHS(TRUNC(SYSDATE,'MONTH'),1);
  4  begin
  5      INSERT INTO EMPLOYES VALUES
  6          ( 10, 10, 'DULUC', 'Vincentiu','Chef des ventes',
  7          'M.', '01/02/1968', date_embauche, 10000, 0);
  8      dbms_output.put_line('Aujourd''hui :'||SYSDATE);
  9      dbms_output.put_line('Date d''embauche :'||date_embauche);
 10  end;
 11  /
Aujourd'hui :30/05/06
Date d'embauche :01/06/06

Procédure PL/SQL terminée avec succès.
```

Dans l'exemple précédent la déclaration de la variable `date_embauche` référence la colonne `DATE_EMBAUCHE` de la table `EMPLOYES`. La déclaration de la variable comporte aussi une affectation de la valeur égale à la date du premier jour du mois suivant, cette valeur est utilisée pour alimenter le champ `DATE_EMBAUCHE` de l'employé inséré dans la table `EMPLOYES`.

%ROWTYPE

Ce type de données permet de déclarer une variable composée qui est équivalente à une ligne dans la table spécifiée. Une telle variable est un enregistrement composé des noms de colonnes et des types de données référencés dans la table.

La syntaxe pour déclarer une variable avec « `%ROWTYPE` » est :

```
NOM_VARIABLE {NOM_TABLE | NOM_VARIABLE}%ROWTYPE;
```

```
SQL> declare
  2      client CLIENTS%ROWTYPE;
  3  begin
  4      client.CODE_CLIENT := 'ETELI';
  5      client.SOCIETE     := 'ETELIA';
  6      client.ADRESSE     := '44, Paul Claudel';
  7      client.VILLE       := 'STRASBOURG';
  8      client.CODE_POSTAL := '67000';
  9      dbms_output.put_line( client.CODE_CLIENT||' '||
 10                            client.SOCIETE     ||' '||
 11                            client.ADRESSE     ||' '||
 12                            client.VILLE       ||' '||
 13                            client.CODE_POSTAL);
 14  end;
 15  /
ETELI ETELIA 44, Paul Claudel STRASBOURG 67000

Procédure PL/SQL terminée avec succès.
```

Dans l'exemple précédent vous pouvez remarquer la déclaration de la variable client qui référence la table `CLIENTS`.

Astuce

L'utilisation des variables déclarées avec « `%TYPE` » ou « `%ROWTYPE` » simplifie la maintenance du code et l'évolutivité des structures de données. Si une des colonnes de la table change, vous n'avez plus besoin de modifier votre code PL/SQL, il prend en compte automatiquement la nouvelle définition.

Module 2 : Les variables

Atelier 2

■ Les variables composées

Durée : 15 minutes

Questions

2.2-1. Quelles sont les déclarations invalides ?

A. `declare SUBTYPE Numeral IS NUMBER(1,0); v_1 Numeral;`
   `begin v_1 := 1; end;`

B. `declare SUBTYPE v_1 IS TIMESTAMP;`
   `begin v_1:= SYSTIMESTAMP; end;`

C. `declare v_1 DIM_TEMPS.JOUR%TYPE;`
   `begin v_1:= SYSDATE; end;`

D. `declare v_1 DIM_TEMPS%ROWTYPE;`
   `begin v_1.JOUR:= SYSDATE; end;`

E. `declare v_1 DIM_TEMPS%ROWTYPE; begin v_1:= SYSDATE; end;`

F. `declare TYPE var IS VARRAY(3) OF NVARCHAR2(30);`
   `v_1 var:= var('BIZOÏ','FABER'); begin null; end;`

G. `declare TYPE var IS RECORD ( A VARCHAR2(3) := 'AA',`
   `  B VARCHAR2(3) := 'BB'); v_1 var; begin null; end;`

H. `declare TYPE var IS TABLE OF DATE INDEX`
   `BY BINARY_INTEGER; v_1 var;begin v_1(1):=sysdate; end;`

I. `declare v_1 DIM_TEMPS.JOUR%TYPE :=`
   `ADD_MONTHS( TRUNC(SYSDATE,'MONTH'),1);begin null; end;`

J. `declare v_1 CLIENTS%ROWTYPE; begin`
   `v_1.CODE_CLIENT := 'AA'; v_1.SOCIETE := 'BB';end;`

K. `declare TYPE var IS TABLE OF DATE INDEX BY`
   `VARCHAR2(2); v_1 var; begin null; end;`

2.2-2. Quelles est le type de retour de chaque expression suivante :

A. `256*2 + EXTRACT(YEAR FROM SYSDATE)`
B. `1024||SYSDATE||USER`
C. `SYSDATE > '01/07/2006'`
D. `2.5*2.5/0f + 10`
E. `INSTR('QUANTITE','T')*256`
F. `SYSDATE - ROUND(TRUNC(MOD(1600,10),-1),2)`
G. `2.5D*256+10`
H. `2.5f/0||USER`
I. `SYSDATE + 10 + 2.5f`

Exercice n°1   Les variables composées

A partir des syntaxes de la question 2.2-1 écrivez les blocs suivants :

– L'option D, remplacez `'SYSDATE'` par l'option I de la question 2.2.2. Initialisez tous les champs de l'enregistrement utilisant la date déjà affectée `'v_1.JOUR'` et insérez les dans la table `'DIM_TEMPS'` en validant la transaction directement dans le bloc.

– Modifiez les blocs des options F, G, I de la question 2.2-1 pour permettre l'affichage des variables déclarées.

- *SELECT INTO*
- *BULK COLLECTION*
- *LMD en PL/SQL*
- *LDD en PL/SQL*
- *SQL dynamique*

Les ordres SQL dans PL/SQL

Objectifs

A la fin de ce module, vous serez à même d'effectuer les tâches suivantes :
- Décrire les différences entre la syntaxe SQL et PL/SQL pour l'ordre **SELECT**.
- Affecter des variables PL/SQL à l'aide de l'ordre **SELECT INTO**.
- Gérer la mise à jour des données dans la base à l'aide des ordres LMD dans PL/SQL.
- Récupérer les informations concernant les enregistrements traités dans la base.
- Exécuter du code SQL dynamiquement et utiliser les ordres LDD dans PL/SQL.
- Utiliser des requêtes SQL dynamiques avec des arguments.

Contenu

Interrogation	INSERT RETURNING
BULK COLLECT	RETURNING
Insertion des lignes	Atelier 1
Modification des données	SQL dynamique
Suppression des données	SQL dynamique
Attributs des ordres LMD	Atelier 2

Interrogation

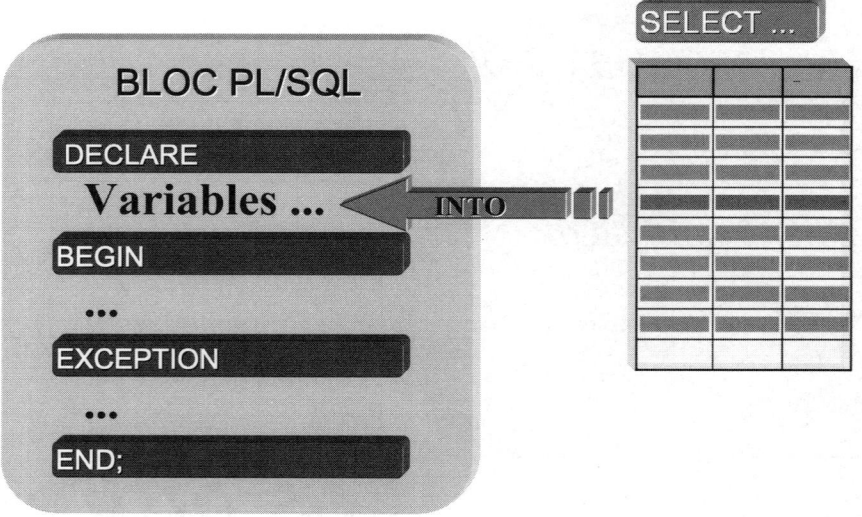

Il existe deux façons d'affecter des valeurs à des variables. La première utilise l'opérateur d'assignation, le signe « **:=** ».

La deuxième façon d'attribuer des valeurs à des variables consiste à effectuer un « **SELECT** » de valeurs en provenance de la base de données.

La syntaxe utilisée se présente comme suit :

```
SELECT EXPRESSION1 [,...] INTO VARIABLE1[,...]
FROM NOM_TABLE
[WHERE PREDICAT] ;
```

Attention

La clause « **INTO** » est obligatoire et l'ordre « **SELECT** » doit rapporter une seule ligne, sans quoi une erreur est générée.

```
SQL> declare
  2      v_employe EMPLOYES%ROWTYPE;
  3  begin
  4      SELECT * INTO v_employe FROM EMPLOYES WHERE NO_EMPLOYE = 5;
  5      dbms_output.put_line( v_employe.NOM
  6                         ||' '|| v_employe.SALAIRE
  7                         ||' '|| v_employe.COMMISSION );
  8      v_employe.SALAIRE    := v_employe.SALAIRE * 1.1;
  9      v_employe.COMMISSION := 1000;
 10      UPDATE EMPLOYES
 11      SET ROW = v_employe
 12      WHERE NO_EMPLOYE = 5;
```

```
13      SELECT * INTO v_employe FROM EMPLOYES WHERE NO_EMPLOYE = 5;
14      dbms_output.put_line( v_employe.NOM
15                          ||' '|| v_employe.SALAIRE
16                          ||' '|| v_employe.COMMISSION  );
17  end;
18  /
Buchanan 8000
Buchanan 8800 1000

Procédure PL/SQL terminée avec succès.
```

Attention

Une requête qui ne renvois aucun enregistrement génère une erreur PL/SQL.

Il faut s'assurer d'abord que la requête renvois un enregistrement avant de l'utiliser dans PL/SQL. Il est préférable d'utiliser les curseurs dans ces cas. (Pour plus d'informations sur les curseurs voir le module correspondant)

```
SQL> declare
  2      v_employe EMPLOYES%ROWTYPE;
  3  begin
  4      SELECT * INTO v_employe FROM EMPLOYES WHERE NO_EMPLOYE = 15;
  5  end;
  6  /
declare
*
ERREUR à la ligne 1 :
ORA-01403: aucune donnée trouvée
ORA-06512: à ligne 4
```

Astuce

Toutes les fonctions SQL peuvent être utilisées également dans la syntaxe du « **SELECT** ». Il faut se rappeler que les fonctions "verticales" retournent toujours une valeur même s'il n'y a aucun enregistrement qui vérifie la clause « **WHERE** ».

Ainsi l'ordre « **SELECT** ... **INTO** » peut être très utilisé sans risque pour récupérer les calculs récapitulatifs.

```
SQL> declare
  2      v_nb number;
  3  begin
  4      SELECT count(*) INTO v_nb FROM EMPLOYES
  5      WHERE NO_EMPLOYE = 15;
  6      dbms_output.put_line(v_nb);
  7  end;
  8  /
0

Procédure PL/SQL terminée avec succès.
```

Module 3 : Les ordres SQL dans PL/SQL

BULK COLLECT

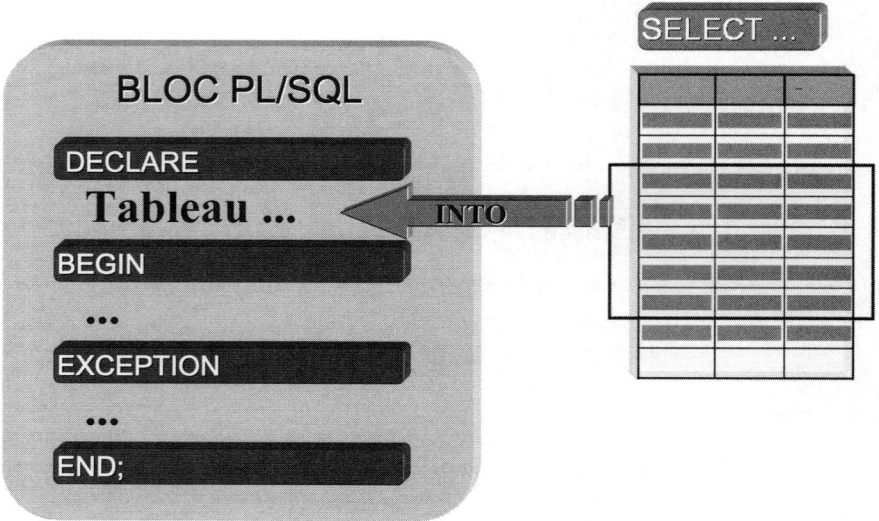

L'inconvénient de la commande « **SELECT ... INTO** » est que si elle renvoie plusieurs enregistrements une erreur PL/SQL est générée.

```
SQL> declare
  2     v_employe EMPLOYES%ROWTYPE;
  3  begin
  4     SELECT * INTO v_employe FROM EMPLOYES
  5     WHERE FONCTION LIKE 'Rep%';
  6  end;
  7  /
declare
*
ERREUR à la ligne 1 :
ORA-01422: l'extraction exacte ramène plus que le nombre de lignes
demandé
ORA-06512: à ligne 4
```

La clause « **BULK COLLECT** » vous permet d'extraire plusieurs enregistrements, en un seul aller-retour vers la base de données. Il s'agit de demander au moteur SQL de traiter par lots l'ensemble des lignes ramenées par la requête dans les collections spécifiées ce qui améliore les performances de votre requête.

La syntaxe utilisée se présente comme suit :

```
SELECT EXPRESSION1 [,...]
         BULK COLLECT INTO TABLEAU1[,...]
FROM NOM_TABLE ...
[WHERE PREDICAT] ;
```

Le moteur SQL initialise et étend automatiquement les collections référencées dans la clause « **BULK COLLECT** ». Il remplit les collections à partir de l'indice, insère les éléments séquentiellement et remplace les valeurs de tout élément préalablement affecté.

```
SQL> declare
  2      TYPE EMPLOYE IS  TABLE OF EMPLOYES%ROWTYPE;
  3      TYPE TABLEAU_NOM IS TABLE OF EMPLOYES.NOM%TYPE
  4           INDEX BY BINARY_INTEGER;
  5      TYPE TABLEAU_PRENOM IS TABLE OF EMPLOYES.PRENOM%TYPE
  6           INDEX BY BINARY_INTEGER;
  7      T_NOM       TABLEAU_NOM;
  8      T_PRENOM    TABLEAU_PRENOM;
  9  begin
 10     T_NOM(1)    := 'BIZOÏ';
 11     T_PRENOM(1) := 'Razvan';
 12     dbms_output.put_line(T_NOM(1)||' '||T_PRENOM(1));
 13     SELECT NOM, PRENOM
 14     BULK COLLECT INTO T_NOM, T_PRENOM
 15     FROM EMPLOYES
 16     WHERE ROWNUM < 4;
 17     dbms_output.put_line(T_NOM(1)||' '||T_PRENOM(1));
 18     dbms_output.put_line(T_NOM(2)||' '||T_PRENOM(2));
 19     dbms_output.put_line(T_NOM(3)||' '||T_PRENOM(3));
 20  end;
 21  /
BIZOÏ Razvan
Callahan Laura
Buchanan Steven
Peacock Margaret

Procédure PL/SQL terminée avec succès.
```

Les deux tableaux ont le premier élément affecté avec le nom 'BIZOÏ' et le prénom 'Razvan'. La clause « **BULK COLLECT** » remplit les deux collections séquentiellement et remplace les valeurs de tout élément préalablement affecté.

La collection ou les collections acceptées ne peuvent stocker que des valeurs scalaires, ou directement des enregistrements, à condition qu'ils soient déclarés par une référence « **%ROWTYPE** ».

```
SQL> declare
  2      TYPE EMPLOYE IS  TABLE OF EMPLOYES%ROWTYPE;
  3      TYPE TABLEAU_EMPLOYE IS TABLE OF EMPLOYE NOT NULL
  4          INDEX BY BINARY_INTEGER;
  5      T_EMP TABLEAU_EMPLOYE;
  6  begin
  7     SELECT * BULK COLLECT INTO T_EMP FROM EMPLOYES
  8     WHERE FONCTION LIKE 'Rep%';
  9  end;
 10  /
   SELECT * BULK COLLECT INTO T_EMP FROM EMPLOYES
                      *
ERREUR à la ligne 7 :
ORA-06550: Ligne 7, colonne 31 :
PLS-00642: types de collecte locale interdite dans les instructions SQL
ORA-06550: Ligne 7, colonne 37 :
PL/SQL: ORA-00947: nombre de valeurs insuffisant
```

Module 3 : Les ordres SQL dans PL/SQL

```
ORA-06550: Ligne 7, colonne 4 :
PL/SQL: SQL Statement ignored

SQL> declare
  2      TYPE TABLEAU_EMPLOYE IS TABLE OF EMPLOYES%ROWTYPE
  3          INDEX BY BINARY_INTEGER;
  4      T_EMP TABLEAU_EMPLOYE;
  5  begin
  6      SELECT * BULK COLLECT INTO T_EMP FROM EMPLOYES
  7      WHERE FONCTION LIKE 'Rep%';
  8      dbms_output.put_line(T_EMP(1).NOM||' '||T_EMP(1).PRENOM);
  9  end;
 10  /
Peacock Margaret

Procédure PL/SQL terminée avec succès.
```

Les deux tableaux associatifs déclarés dans les blocs sont identiques du point de vue de leurs structures. Cependant la première déclaration fait référence à un type prédéfinit EMPLOYE que le moteur SQL n'arrive pas à vérifier s'il est ou non du même type que l'enregistrement renvoyé par la requête SQL. Dans le deuxième bloc, le tableau associatif est déclaré comme une collection d'enregistrements de la table EMPLOYES ainsi reconnu par le moteur SQL.

Note

Il est à noter que l'utilisation de la clause « **BULK COLLECT** » dans un ordre « **SELECT** » peut être utilisée avec une collection d'enregistrements d'une table à condition qu'elle soit déclarée comme une référence « **%ROWTYPE** ».

Il faut également noter que dans ce cas il n'est pas possible de récupérer des informations multi-tables.

Dans le cas où vous ne pouvez pas respecter ces deux conditions, il est toujours possible d'utiliser autant de collections d'éléments scalaires que d'expressions renvoyées par la requête SQL.

Insertion des lignes

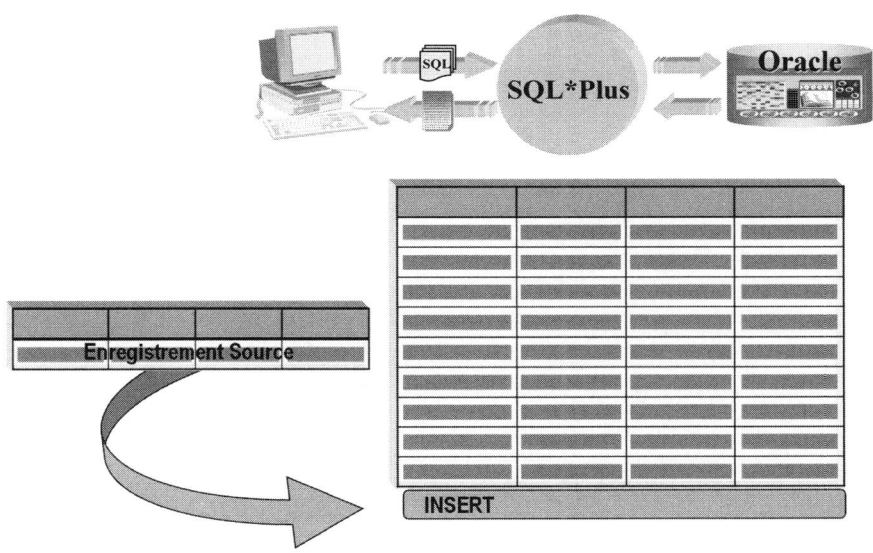

Vous pouvez utiliser la commande « **INSERT** » avec toutes les syntaxes étudiées lors de la mise à jour des données. Les variables PL/SQL sont utilisées aussi bien pour insérer des valeurs ainsi que pour les comparaisons dans la clause « **WHERE** ».

```
SQL> declare
  2      v_code CATEGORIES.CODE_CATEGORIE%TYPE := 9;
  3      v_catg CATEGORIES.NOM_CATEGORIE%TYPE
  4             := 'Fruits et légumes frais';
  5      v_desc CATEGORIES.DESCRIPTION%TYPE
  6             := 'Fruits et légumes frais';
  7      v_ret  NUMBER(2);
  8  begin
  9      SELECT COUNT(*) INTO v_ret
 10      FROM CATEGORIES
 11      WHERE CODE_CATEGORIE = v_code;
 12      dbms_output.put_line('Le nombre d''enregistrements est : '
 13                           ||v_ret);
 14      INSERT INTO CATEGORIES VALUES (
 15               v_code, v_catg, v_desc);
 16  end;
 17  /
Le nombre d'enregistrements est : 0

Procédure PL/SQL terminée avec succès.

SQL> SELECT *  FROM CATEGORIES
  2  WHERE CODE_CATEGORIE = 9;

CODE_CATEGORIE NOM_CATEGORIE           DESCRIPTION
-------------- ----------------------- -----------------------
             9 Fruits et légumes frais Fruits et légumes frais
```

Vous pouvez utiliser la commande SQL « **INSERT** » basée sur un enregistrement avec la structure de la table dans laquelle on veut effectuer les insertions. La syntaxe de la commande « **INSERT** » est la suivante :

```
INSERT INTO NOM_TABLE VALUES VARIABLE_ENREGISTREMENT;
```

La syntaxe de la fonction SQL « **INSERT** » avec un enregistrement ne comporte pas de parenthèses pour la variable enregistrement.

Attention vous ne pouvez pas insérer plusieurs enregistrements à la fois à l'aide d'une variable de type collection.

```
SQL> declare
  2      v_client CLIENTS%ROWTYPE;
  3  begin
  4      v_client.CODE_CLIENT := 'ETELI';
  5      v_client.SOCIETE     := 'ETELIA';
  6      v_client.ADRESSE     := '44, Paul Claudel';
  7      v_client.VILLE       := 'STRASBOURG';
  8      v_client.CODE_POSTAL := '67000';
  9      v_client.PAYS        := 'FRANCE';
 10      v_client.TELEPHONE   := '03.88.27.13.35';
 11      INSERT INTO CLIENTS VALUES v_client;
 12  end;
 13  /

Procédure PL/SQL terminée avec succès.

SQL> SELECT CODE_CLIENT, SOCIETE, ADRESSE,
  2         VILLE, CODE_POSTAL, PAYS, TELEPHONE
  3  FROM CLIENTS
  4  WHERE CODE_CLIENT = 'ETELI';

CODE_ SOCIETE ADRESSE            VILLE      CODE_ PAYS
----- ------- ---------------    ---------- ----- -------
ETELI ETELIA  104, rue Mélanie   STRASBOURG 67000 FRANCE
```

Modification des données

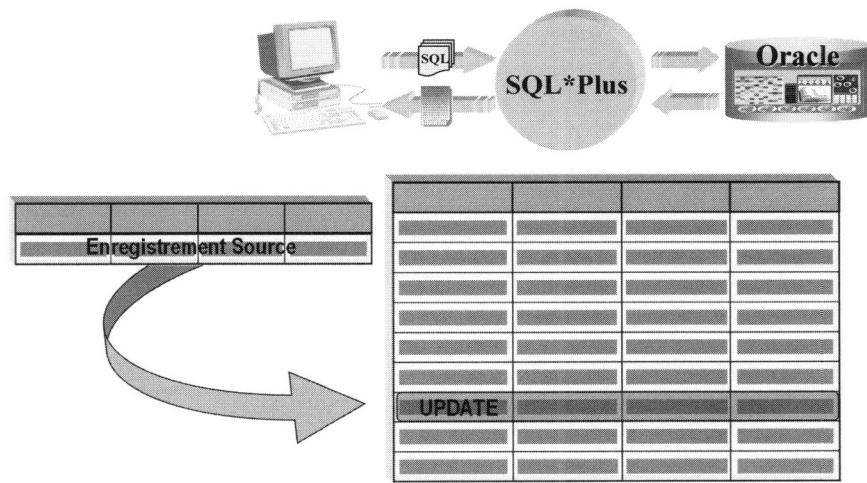

Vous pouvez utiliser la commande « **UPDATE** » avec toutes les syntaxes étudiées lors de la mise à jour des données. Les variables PL/SQL sont utilisées aussi bien pour la mise à jour des valeurs que pour les comparaisons dans la clause « **WHERE** ».

```
SQL> SELECT NOM, DATE_NAISSANCE, SALAIRE
  2  FROM EMPLOYES
  3  WHERE DATE_NAISSANCE < '01/01/1960';

NOM                                              DATE_NAI    SALAIRE
------------------------------------------------ --------   --------
Callahan                                         09/01/58       2000
Buchanan                                         04/03/55       8000
Peacock                                          19/09/58       2856
Fuller                                           19/02/52      10000

SQL> declare
  2      v_date    DATE := '01/01/1960';
  3      v_pct     NUMBER(4,3) := 1.05;
  4  begin
  5      UPDATE EMPLOYES
  6      SET SALAIRE = SALAIRE * v_pct
  7      WHERE DATE_NAISSANCE < v_date;
  8  end;
  9  /

Procédure PL/SQL terminée avec succès.

SQL> SELECT NOM, DATE_NAISSANCE, SALAIRE
  2  FROM EMPLOYES
  3  WHERE DATE_NAISSANCE < '01/01/1960';
```

Module 3 : Les ordres SQL dans PL/SQL

```
NOM                                            DATE_NAI    SALAIRE
---------------------------------------------- --------    --------
Callahan                                       09/01/58       2100
Buchanan                                       04/03/55       8400
Peacock                                        19/09/58     2998,8
Fuller                                         19/02/52      10500
```

Vous pouvez également mettre à jour une ligne complète avec un enregistrement. Pour les mises à jour basées sur des enregistrements, vous avez besoin d'un nouveau mot-clé, « **ROW** », qui indique que je mets à jour la totalité de la ligne avec un enregistrement.

La syntaxe de la commande « **UPDATE** » est la suivante :

```
UPDATE NOM_TABLE
SET ROW = VARIABLE_ENREGISTREMENT
[WHERE PREDICAT];
```

```
SQL> declare
  2      v_client CLIENTS%ROWTYPE;
  3  begin
  4      SELECT * INTO v_client
  5      FROM   CLIENTS
  6      WHERE CODE_CLIENT = 'SPECD';
  7      v_client.ADRESSE     := '104, rue Mélanie';
  8      v_client.TELEPHONE   := '01.41.27.13.35';
  9      v_client.FAX         := '01.41.27.13.35';
 10      UPDATE CLIENTS
 11      SET ROW = v_client
 12      WHERE CODE_CLIENT = 'SPECD';
 13  end;
 14  /

Procédure PL/SQL terminée avec succès.

SQL> SELECT SOCIETE, ADRESSE, TELEPHONE, FAX
  2  FROM CLIENTS
  3  WHERE CODE_CLIENT = 'SPECD';

SOCIETE                ADRESSE          TELEPHONE      FAX
---------------------- ---------------- -------------- --------------
Spécialités du monde   104, rue Mélanie 01.41.27.13.35 01.41.27.13.35
```

Attention

Vous devez mettre à jour la totalité d'une ligne en utilisant la syntaxe « **ROW** ».

Vous ne pouvez pas faire de mise à jour en utilisant une sous-requête.

Suppression des données

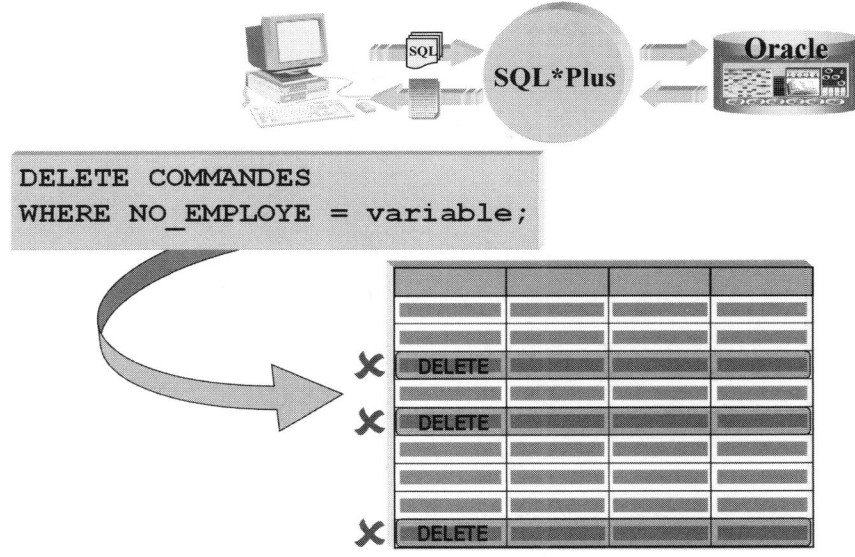

Vous pouvez utiliser la commande « **DELETE** » avec la syntaxe étudiée lors de la mise à jour des données. Les variables PL/SQL sont utilisées pour les comparaisons dans la clause « **WHERE** ».

```
SQL> SELECT COUNT(*) FROM COMMANDES NATURAL JOIN DETAILS_COMMANDES
  2  WHERE DATE_ENVOI < '01/01/1997';

  COUNT(*)
----------
       379

SQL> declare
  2      v_date COMMANDES.DATE_ENVOI%TYPE := '01/01/1997';
  4  begin
  5      DELETE DETAILS_COMMANDES
  6      WHERE NO_COMMANDE IN (
  7          SELECT NO_COMMANDE FROM COMMANDES
  8          WHERE DATE_ENVOI < v_date);
  9      DELETE COMMANDES
 10      WHERE DATE_ENVOI < v_date;
 11  end;
 12  /

Procédure PL/SQL terminée avec succès.

SQL> SELECT COUNT(*) FROM COMMANDES NATURAL JOIN DETAILS_COMMANDES
  2  WHERE DATE_ENVOI < '01/01/1997';

  COUNT(*)
----------
         0
```

Attributs des ordres LMD

- SQL%FOUND
- SQL%NOTFOUND
- SQL%ROWCOUNT

Le langage PL/SQL vous permet d'obtenir des informations sur l'exécution d'un ordre « **INSERT** », « **UPDATE** » ou « **DELETE** ».

Attention

Les attributs d'exécution d'un ordre LMD se réfèrent toujours à l'ordre SQL le plus récent, quelque soit le bloc dans lequel l'ordre est exécuté.

Ainsi il est très fortement conseillé de récupérer ces attributs volatils dans une variable pour les exploiter

SQL%FOUND

Attribut de type « **BOOLEAN** », il renvoie « **TRUE** » si un ou plusieurs enregistrements ont été créés, mis à jour ou supprimés avec succès.

```
SQL> begin
  2      UPDATE DETAILS_COMMANDES
  3          SET PRIX_UNITAIRE = PRIX_UNITAIRE * 1.05
  4      WHERE NO_COMMANDE = 11077;
  5      if SQL%FOUND then
  6          COMMIT;
  7      end if;
  8  end;
  9  /
```

Procédure PL/SQL terminée avec succès.

On effectue la validation de la transaction uniquement si on a mis à jour un ou plusieurs enregistrements. (Pour plus d'informations sur les blocs de contrôle « **IF** » voir le module correspondant.)

SQL%NOTFOUND

Attribut de type « **BOOLEAN** » il renvoie « **TRUE** » si aucun enregistrement n'a été modifié par l'ordre LMD.

```
SQL> begin
  2      DELETE DETAILS_COMMANDES NO_COMMANDE = 11080
  3      if SQL%FOUND then
  4           dbms_output.put_line('Trouvé');
  5      else
  6           dbms_output.put_line('Non trouvé');
  7      end if;
  8  end;
  9  /
Non trouvé

Procédure PL/SQL terminée avec succès.
```

SQL%ROWCOUNT

Attribut de numérique, il renvoie le nombre d'enregistrements modifiés par l'ordre LMD.

```
SQL> begin
  2      UPDATE DETAILS_COMMANDES
  3          SET PRIX_UNITAIRE = PRIX_UNITAIRE * 1.05
  4      WHERE NO_COMMANDE = 11077;
  5      if SQL%FOUND then
  6         -- COMMIT;
  7         dbms_output.put_line('Enregistrements modifiés : '
  8                              ||SQL%ROWCOUNT);
  9      else
 10         dbms_output.put_line('Aucun enregistrement trouvé');
 11      end if;
 12  end;
 13  /
Enregistrements modifiés : 25

Procédure PL/SQL terminée avec succès.
```

INSERT RETURNING

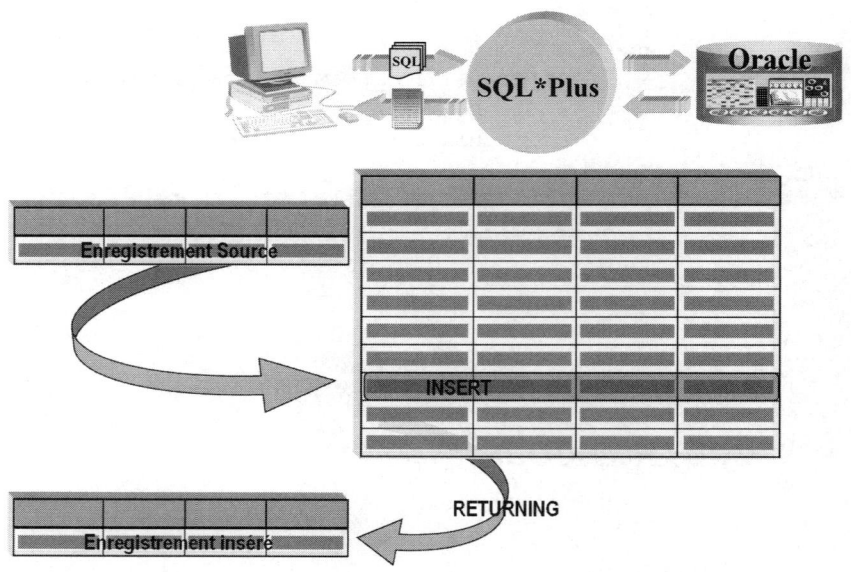

Vous pouvez utiliser la clause « **RETURNING** » avec vos ordres LMD, « **INSERT** », « **UPDATE** » ou « **DELETE** » pour renvoyer les valeurs de champs des enregistrements affectés.

La syntaxe de la clause « **RETURNING** » pour l'ordre « **INSERT** » est la suivante :

```
INSERT INTO NOM_TABLE [( COLONNE1[,...])]
  {
    VALUES {( EXPRESSION1[,...]) | VARIABLE_ENREGISTREMENT}
        [RETURNING EXPRESSION1[,...] INTO VARIABLE1[,...]]
    |
    SOUS-REQUETE
  };
```

Vous ne pouvez pas utiliser la clause « **RETURNING** » avec un ordre « **INSERT** » qui insère plusieurs enregistrements à partir d'une sous-requête.

La clause « **RETURNING** » ne permet pas d'utiliser « ***** » pour retourner l'ensemble des expressions insérées dans l'enregistrement, il faut préciser chaque expression. Par contre vous pouvez utiliser une liste de variables pour récupérer les valeurs de retour ou tout simplement une variable de type enregistrement.

```
SQL> declare
  2      v_rowid   ROWID;
  3  begin
  4      INSERT INTO CATEGORIES VALUES ( 9,'Fruits et légumes frais',
  5          'Fruits et légumes frais') RETURNING ROWID INTO v_rowid;
  7      dbms_output.put_line('Le rowid est : '||v_rowid);
  8  end;
  9  /
Le rowid est : AAAMy2AAFAAAAAOAAA

Procédure PL/SQL terminée avec succès.
```

RETURNING

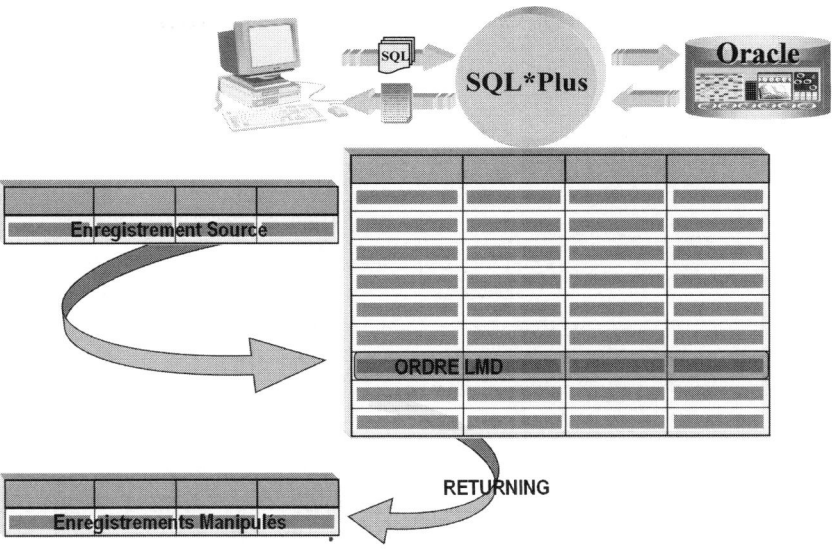

Les deux autres ordres LMD « **UPDATE** » ou « **DELETE** » permettent également l'utilisation de la clause « **RETURNING** » ainsi que la possibilité de la combiner avec la clause « **BULK COLLECT** » pour renvoyer une collection d'enregistrements.

La syntaxe de la clause « **RETURNING** » pour les deux ordres est la suivante :

```
...
        RETURNING EXPRESSION1[,...]
          {
            INTO VARIABLE1[,...] |
            BULK COLLECT INTO VARIABLE_ENREGISTREMENT
          }
...
```

La clause « **RETURNING** » ne permet pas d'utiliser « ***** » pour retourner l'ensemble des expressions insérées dans l'enregistrement, il faut préciser chaque expression.

```
SQL> declare
  2      v_rowid  ROWID;
  3      v_cat CATEGORIES%ROWTYPE;
  4  begin
  5     INSERT INTO CATEGORIES VALUES ( 9,'Fruits et légumes',
  6                                      'Fruits et légumes frais')
  7     RETURNING  ROWID INTO v_rowid;
  8     UPDATE CATEGORIES SET
  9     NOM_CATEGORIE = DESCRIPTION
 10     WHERE ROWID = v_rowid
 11     RETURNING  NOM_CATEGORIE INTO v_cat.NOM_CATEGORIE;
 12     dbms_output.put_line(v_rowid||' '||v_cat.NOM_CATEGORIE);
 13     DELETE CATEGORIES
 14     WHERE ROWID = v_rowid
 15     RETURNING  CODE_CATEGORIE INTO v_cat.CODE_CATEGORIE;
```

```
 16         dbms_output.put_line(v_cat.CODE_CATEGORIE);
 17     end;
 18   /
AAAMy2AAFAAAAAQAAA Fruits et légumes frais
9

Procédure PL/SQL terminée avec succès.
```

La pseudo-colonne « **ROWID** » retourne l'adresse physique de chaque enregistrement et elle peut être utilisée directement dans la clause « **WHERE** » pour retrouver l'enregistrement correspondant.

```
SQL> declare
  2      TYPE TABLEAU_DETAILS_COMMANDES IS TABLE OF
  3          DETAILS_COMMANDES%ROWTYPE INDEX BY BINARY_INTEGER;
  4      v_det_comm TABLEAU_DETAILS_COMMANDES;
  5  begin
  6      UPDATE DETAILS_COMMANDES
  7      SET PRIX_UNITAIRE = PRIX_UNITAIRE * 1.05
  8      WHERE NO_COMMANDE = 11077 AND
  9            REF_PRODUIT in ( 2, 3 ,6)
 10      RETURNING NO_COMMANDE, REF_PRODUIT, PRIX_UNITAIRE,
 11              QUANTITE, REMISE
 12      BULK COLLECT INTO v_det_comm;
 13      dbms_output.put_line( v_det_comm(1).NO_COMMANDE||' '||
 14                            v_det_comm(1).REF_PRODUIT||' '||
 15                            v_det_comm(1).PRIX_UNITAIRE);
 16      dbms_output.put_line( v_det_comm(2).NO_COMMANDE||' '||
 17                            v_det_comm(2).REF_PRODUIT||' '||
 18                            v_det_comm(2).PRIX_UNITAIRE);
 19      dbms_output.put_line( v_det_comm(3).NO_COMMANDE||' '||
 20                            v_det_comm(3).REF_PRODUIT||' '||
 21                            v_det_comm(3).PRIX_UNITAIRE);
 22  end;
 23  /
11077 2 99,75
11077 3 52,5
11077 6 131,25

Procédure PL/SQL terminée avec succès.
```

Atelier 1

- Les ordres SQL dans PL/SQL

Durée : 20 minutes

Questions

3.1-1. Sachant que les expressions doivent remplacer les trois points dans le bloc suivant, quelles sont les expressions invalides ?

```
declare
    v_1 EMPLOYES%ROWTYPE;
    TYPE TAB IS TABLE OF EMPLOYES%ROWTYPE
                                INDEX BY BINARY_INTEGER;
    t_1 TAB;
begin
  SELECT * INTO v_1 FROM EMPLOYES WHERE NO_EMPLOYE = 5;

end;
/
```

A. SELECT * INTO v_1 FROM EMPLOYES WHERE NO_EMPLOYE = 5;

B. UPDATE EMPLOYES SET ROW = v_1 WHERE NO_EMPLOYE = 5;

C. SELECT count(*) INTO v_1 FROM EMPLOYES WHERE 1 = 2;

D. SELECT * INTO v_1 FROM EMPLOYES WHERE 1 = 2;

E. SELECT * INTO v_1 FROM EMPLOYES;

F. SELECT * BULK COLLECT INTO t_1 FROM EMPLOYES;

G. v_1.NO_EMPLOYE:=100;INSERT INTO EMPLOYES VALUES v_1;

H. v_1.NO_EMPLOYE:=100;INSERT INTO EMPLOYES
     VALUES (v_1.NO_EMPLOYE, v_1.REND_COMPTE, v_1.NOM,
     v_1.PRENOM, v_1.FONCTION, v_1.TITRE, v_1.DATE_NAISSANCE,
     v_1.DATE_EMBAUCHE, v_1.SALAIRE, v_1.COMMISSION);

3.1-2. Sachant que les variables ont été déclarées auparavant, qu'elles sont du bon type et au bon endroit, quels sont les ordres de mise à jour incorrects ?

A. `INSERT INTO CATEGORIES VALUES ( 9,'Fruits', 'Fruits') RETURNING ROWID INTO v_rowid;`

B. `INSERT INTO CATEGORIES VALUES ( 9,'Fruits', 'Fruits') RETURNING * INTO v_cat;`

C. `UPDATE COMMANDES SET PORT = PORT * 1.05 RETURNING NO_COMMANDE BULK COLLECT INTO v_comm;`

D. `DELETE CATEGORIES WHERE ROWID = v_1 RETURNING CODE_CATEGORIE INTO v_cat;`

E. `UPDATE CATEGORIES SET NOM_CATEGORIE = DESCRIPTION WHERE ROWID = v_1 RETURNING NOM_CATEGORIE INTO v_cat;`

F. `UPDATE COMMANDES SET PORT = PORT * 1.05 RETURNING NO_COMMANDE INTO v_comm;`

G. `DELETE INDICATEURS RETURNING ROWID BULK COLLECT INTO v_rowid;`

H. `DELETE CATEGORIES RETURNING CODE_CATEGORIE INTO v_cat;`

Exercice n°1   Les ordres SQL dans PL/SQL

Créez le bloc PL/SQL qui permet d'effectuer les opérations :

- Affichez le client, l'adresse et le numéro de téléphone du client qui a le `CODE_CLIENT='PARIS'`. Effacez les enregistrements du client dans la table `INDICATEURS`.

- Modifiez le produit numéro 8 en le rendant disponible `'INDISPONIBLE := 0'` et rajoutant 200 unités en stock. Affichez le nom du fournisseur et le nom de la catégorie de ce produit. Effacez les enregistrements du produit dans la table `INDICATEURS`.

- Affichez les deux employés encadrés par `'Buchanan'`. Augmentez les frais de port de `'10%'` pour toutes les commandes passées par ces deux employés dans l'année `'1998'`, la modification doit être faite dans la table `INDICATEURS`. Affichez mensuellement pour l'année `'1998'` les cumuls des frais de port et des quantités.

SQL dynamique

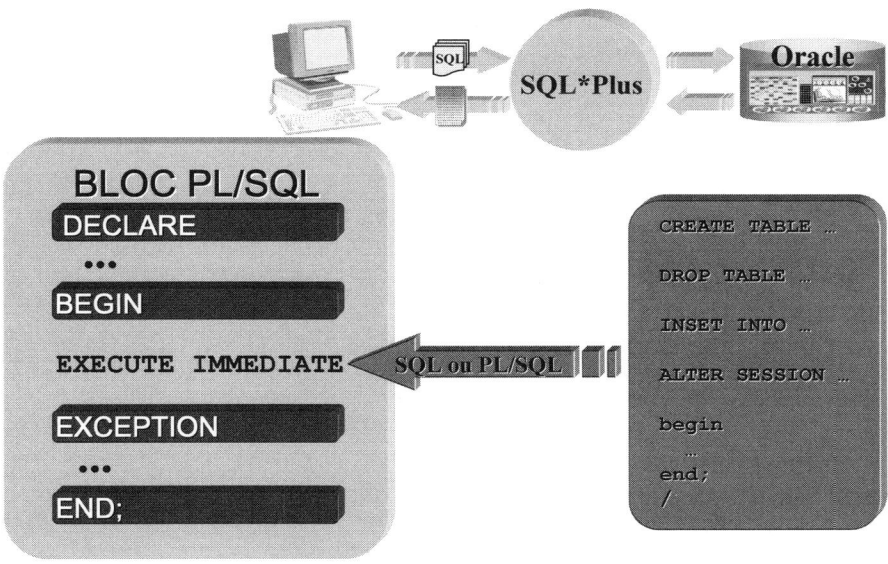

Le langage PL/SQL peut contenir les instructions SQL de type Langage de Manipulation de Données (LMD), mais il ne peut comporter aucune instruction du Langage de Définition de Données (LDD).

Le langage PL/SQL permet la création dynamique, d'instructions SQL, suivie de leur analyse et de leur exécution. Le SQL dynamique autorise la génération d'instructions LDD, de session et de contrôle du système à partir de PL/SQL.

L'instruction « **EXECUTE IMMEDIATE** » analyse et exécute immédiatement une instruction SQL dynamique ou un bloc anonyme utilisant la syntaxe suivante :

```
EXECUTE_IMMEDIATE CHAINE_DYNAMIQUE
    {
      INTO {VARIABLE1[,...]| ENREGISTREMENT }
    |
      BULK COLLECT INTO COLLECTION[,...]
    }
    [ USING [ IN | OUT | IN OUT ] ARGUMENT[,... ]
    [ RETURNING EXPRESSION1[,...]
            {
              INTO VARIABLE1[,...]
            |
              BULK COLLECT INTO ENREGISTREMENT
            } ] ;
```

CHAINE_DYNAMIQUE	Indique une chaîne de caractères, c'est une variable de type « **CHAR** », « **VARCHAR2** ». Attention n'utilisez pas les types « **NCHAR** » ou « **NVARCHAR2** ».
INTO	Cette clause est utilisée pour exécuter les requêtes ne retournant qu'un seul enregistrement.
BULK COLLECT INTO	Cette clause est utilisée pour exécuter des requêtes qui peuvent retourner plus d'un enregistrement.

VARIABLE1	Liste des variables affectées avec les valeurs retournées par la requête dynamique.
ENREGISTREMENT	L'enregistrement affecté avec les valeurs retournées par la requête dynamique.
COLLECTION	Une collection ou une liste des collections affectées avec l'ensemble des enregistrements retournés par la requête dynamique.
USING	Cette clause permet le paramétrage de la requête SQL dynamique en utilisant une liste des arguments.
IN ARGUMENT	L'argument est passée à la requête SQL dynamique lors de son invocation. Il ne peut pas être modifie à l'intérieur de la requête SQL dynamique.
OUT ARGUMENT	L'argument est ignoré lors de l'invocation de la requête SQL dynamique. À l'intérieur de celle-ci, l'argument se comporte comme une variable PL/SQL n'ayant pas été initialisée, contenant donc la valeur « **NULL** » et supportant les opérations de lecture et d'écriture. Au terme de la requête SQL dynamique, il retourne la valeur affectée.
IN OUT ARGUMENT	L'argument combine les deux propriétés « **IN** » et « **OUT** ».

Pour les requêtes SQL dynamiques des instructions LDD, des blocs PL/SQL anonymes, des instructions « **ALTER SESSION** » et les instructions LMD, qui ne comprennent pas des arguments, il suffit de placer l'instruction SQL dans une chaîne et de l'exécuter avec « **EXECUTE IMMEDIATE** ».

```
SQL> declare
  2      v_nom_table VARCHAR2(32) :='SAV_CAT'||
  3              TO_CHAR(SYSDATE,'YYYYMMDD');
  4      v_sql_dynamique VARCHAR2(200) :=
  5          'CREATE TABLE '||v_nom_table||
  6          ' AS SELECT * FROM CATEGORIES WHERE 1=2' ;
  7  begin
  8      dbms_output.put_line( v_sql_dynamique);
  9      EXECUTE IMMEDIATE v_sql_dynamique;
 10      v_sql_dynamique := 'INSERT INTO '||v_nom_table||
 11          ' SELECT * FROM CATEGORIES';
 12      dbms_output.put_line( v_sql_dynamique);
 13      EXECUTE IMMEDIATE v_sql_dynamique;
 14      v_sql_dynamique := 'GRANT SELECT ON STAGIAIRE.'||
 15          v_nom_table||' TO PUBLIC';
 16      dbms_output.put_line( v_sql_dynamique);
 17      EXECUTE IMMEDIATE v_sql_dynamique;
 18      v_sql_dynamique := 'DROP TABLE '||v_nom_table||' PURGE';
 19      dbms_output.put_line( v_sql_dynamique);
 20      EXECUTE IMMEDIATE v_sql_dynamique;
 21  end;
 22  /
CREATE TABLE SAV_CAT20060611 AS SELECT * FROM CATEGORIES WHERE 1=2
INSERT INTO SAV_CAT20060611 SELECT * FROM CATEGORIES
GRANT SELECT ON STAGIAIRE.SAV_CAT20060611 TO PUBLIC
DROP TABLE SAV_CAT20060611 PURGE
```

Procédure PL/SQL terminée avec succès.

Le bloc précédent illustre plusieurs instructions « **EXECUTE IMMEDIATE** ». La création d'une table SAV_CAT20060611 avec la même description que la table CATEGORIES sans aucun enregistrement. Par la suite le script effectue l'insertion des tous les enregistrements de la table CATEGORIES dans la table SAV_CAT20060611, il accorde les privilèges « **SELECT** » pour les enregistrements de la table à chaque utilisateur, ensuite la dernière opération efface la table.

> **Attention**
>
> Le SQL dynamique autorise la génération d'instructions LDD, de session et de contrôle du système à partir de PL/SQL et permet la création dynamique, à l'exécution, d'instructions SQL, suivie de leur analyse et de leur exécution.
>
> L'instruction est créée au moment de l'exécution, le compilateur PL/SQL n'a pas à effectuer la liaison des identifiants dans l'instruction, ce qui autorise la compilation du bloc.
>
> Ainsi vous pouvez utiliser le SQL dynamique pour créer une table mais par la suite dans le bloc vous ne pouvez pas utiliser de SQL statique pour manipuler les enregistrements, il échouerait puisque la table n'existerait que lors de l'exécution du bloc.
>
> La solution à ce problème consiste à utiliser également le SQL dynamique pour exécuter les opérations LMD.

```
SQL> declare
  2    v_sql_dynamique VARCHAR2(200) :='CREATE TABLE SAV_CAT AS '||'
  3          SELECT * FROM CATEGORIES WHERE 1=2' ;
  4  begin
  5     EXECUTE IMMEDIATE v_sql_dynamique;
  6     INSERT INTO SAV_CAT SELECT * FROM CATEGORIES;
  7  end;
  8  /
    INSERT INTO SAV_CAT SELECT * FROM CATEGORIES;
                *
ERREUR à la ligne 6 :
ORA-06550: Ligne 6, colonne 17 :
PL/SQL: ORA-00942: Table ou vue inexistante
ORA-06550: Ligne 6, colonne 5 :
PL/SQL: SQL Statement ignored

SQL> declare
  2    v_sql_dynamique VARCHAR2(200) :='CREATE TABLE SAV_CAT AS '||'
  3          SELECT * FROM CATEGORIES WHERE 1=2' ;
  4  begin
  5     EXECUTE IMMEDIATE v_sql_dynamique;
  6     v_sql_dynamique := 'INSERT INTO  SAV_CAT '||
  7           ' SELECT * FROM CATEGORIES';
  8     EXECUTE IMMEDIATE v_sql_dynamique;
  9  end;
 10  /

Procédure PL/SQL terminée avec succès.
```

SQL dynamique

```
EXECUTE_IMMEDIATE CHAINE_DYNAMIQUE
   {   INTO {VARIABLE1[,...]| ENREGISTREMENT }
     | BULK COLLECT INTO COLLECTION[,...]     }
   [ USING [ IN | OUT | IN OUT ] ARGUMENT[,... ]
   [ RETURNING EXPRESSION1[,...]
      {  INTO VARIABLE1[,...]
        | BULK COLLECT INTO VARIABLE_ENREGISTREMENT}
   ];
```

La clause « **USING** » vous permet d'utiliser des arguments de liaison qui peuvent être « **IN** », « **IN OUT** » ou « **OUT** ». Si le mode n'est pas spécifié il est « **IN** » par défaut.

Dans le bloc SQL dynamique, chacun des arguments est considéré comme une variable de liaison. Ainsi chaque variable de liaison dans la chaîne SQL doit correspondre un argument dans la clause « **USING** » lié, non par le nom, mais par la position.

```
SQL> declare
  2      v_nom_colonne          VARCHAR2(30) := 'REND_COMPTE';
  3      v_val_colonne          NUMBER(2)    := 5;
  4      v_augmentation         NUMBER(5)    := 150;
  5      v_sql_dynamique   VARCHAR2(200) ;
  6  begin
  7    SELECT COLUMN_NAME INTO v_nom_colonne FROM USER_TAB_COLS
  8    WHERE TABLE_NAME = 'EMPLOYES' AND
  9          COLUMN_NAME = v_nom_colonne;
 10    v_sql_dynamique := 'UPDATE EMPLOYES SET '||
 11            'COMMISSION = COMMISSION + :var1  WHERE '||
 12             v_nom_colonne||' LIKE :var2';
 13    EXECUTE IMMEDIATE v_sql_dynamique
 14         USING v_augmentation, v_val_colonne;
 15    dbms_output.put_line(SQL%ROWCOUNT||' ont été modifiés : '||
 16         v_nom_colonne||' = '||v_val_colonne);
 17  end;
 18  /
2 ont été modifiés : REND_COMPTE = 5

Procédure PL/SQL terminée avec succès.
```

```
SQL> declare
  2     v_val_colonne        DATE         := '01/01/1960';
  3     v_augmentation       NUMBER(5,3)  := 1.05;
  4     v_nb_enreg           NUMBER(2)    := 0;
  5     v_sql_dynamique      VARCHAR2(500):=
  6                          'declare
  7                              v_date  DATE := :arg1;
  8                              v_pct   NUMBER(5,3) := :arg2;
  9                           begin
 10                              UPDATE EMPLOYES
 11                              SET SALAIRE = SALAIRE * v_pct
 12                              WHERE DATE_NAISSANCE < v_date;
 13                              :arg3 := SQL%ROWCOUNT;
 14                           end;';
 15  begin
 16     EXECUTE IMMEDIATE v_sql_dynamique
 17         USING IN v_val_colonne, IN v_augmentation,
 18               OUT v_nb_enreg;
 19     dbms_output.put_line( v_nb_enreg||
 20                          ' enregistrements ont été modifiés : ');
 21  end;
 22  /
4 enregistrements ont été modifiés :

Procédure PL/SQL terminée avec succès.
```

Les arguments peuvent être de n'importe quel type de données SQL, y compris des collections, des LOB ou des instances de types d'objets.

```
SQL> declare
  2     TYPE TABLEAU_ROWID IS TABLE OF ROWID INDEX BY BINARY_INTEGER;
  3     v_tab_rowid          TABLEAU_ROWID;
  4     v_val_colonne        DATE         := '06/05/1998';
  5     v_augmentation       NUMBER(5,3)  := 1.05;
  6     v_sql_dynamique  VARCHAR(500) :=
  7       'UPDATE COMMANDES SET PORT = PORT * :arg1
  8              WHERE DATE_COMMANDE = :arg2
  9              RETURNING ROWID INTO :arg3';
 10  begin
 11      EXECUTE IMMEDIATE v_sql_dynamique
 12      USING v_augmentation, v_val_colonne
 13          RETURNING BULK COLLECT INTO v_tab_rowid;
 14      for i in 1..SQL%ROWCOUNT LOOP
 15          dbms_output.put_line(v_tab_rowid(i));
 16      end loop;
 17  end;
 18  /
AAAMy/AAFAAAABXABf
AAAMy/AAFAAAABXABg
AAAMy/AAFAAAABXABh
AAAMy/AAFAAAABXABi

Procédure PL/SQL terminée avec succès.
```

Atelier 2

- Les ordres SQL dynamiques

 Durée : 15 minutes

Questions

3.2-1. Quel est l'affichage suite à l'exécution de ce bloc ? Argumentez votre réponse.

```
SQL> declare
  2     v_sql_dynamique VARCHAR2(200) :='CREATE TABLE SAV_CAT AS '||'
  3           SELECT * FROM CATEGORIES WHERE 1=2' ;
  4     v_count NUMBER(5);
  5  begin
  6     EXECUTE IMMEDIATE v_sql_dynamique;
  7     SELECT COUNT(*) INTO v_count FROM CATEGORIES;
  8     dbms_output.put_line( 'Enregistrements : '|| v_count);
  9     INSERT INTO SAV_CAT SELECT * FROM CATEGORIES
 10     SELECT COUNT(*) INTO v_count FROM SAV_CAT;
 11     dbms_output.put_line( 'Enregistrements : '|| v_count);
 12  end;
 13  /
```

A. Enregistrements : 9 9

B. Enregistrements : 9 0

C. Enregistrements : 9

D. Enregistrements :

E. ERREUR à la ligne 10 : ...

3.2-2. Pour laquelle de ces exécutions, 'v_sql' ne peut pas être un bloc PL/PLSQ ?

A. EXECUTE IMMEDIATE v_sql USING v_1, v_2
   RETURNING BULK COLLECT INTO v_tab;

B. `EXECUTE IMMEDIATE v_sql USING`
   `IN v_1, IN v_2, OUT v_3;`

C. `EXECUTE IMMEDIATE v_sql USING v_1, v_2;`

D. `EXECUTE IMMEDIATE v_sql;`

Exercice n°1   Les ordres SQL dynamiques

Pour des besoins d'analyse, on a besoin d'une table pour recenser toutes les ventes, créée chaque jour. La structure de la table est identique à celle de la table `VENTES_CLIENTS_1998`. Elle doit avoir le nom fourni par l'expression suivante :

`'VENTES_'||TO_CHAR(SYSDATE,'YYYYMMDD')`

Une fois créée, vous devez l'alimenter avec les enregistrements des ventes de l'année `'1998'`.

Octroyez les privilèges de lecture pour tous les utilisateurs de la base et créez un synonyme public, avec le même nom, pour cette table.

- *IF THEN ELSIF ELSE*
- *CASE*
- *LOOP*
- *FOR*
- *FORALL*

4

Les structures de contrôle

Objectifs

A la fin de ce module, vous serez à même d'effectuer les tâches suivantes :
- Décrire les instructions de contrôle.
- Construire une instruction de contrôle avec des choix multiples.
- Ecrire des blocs avec des structures itératives.
- Ecrire des requêtes LMD utilisant des traitements par lot.

Contenu

Instructions de contrôle	Structure tant que
Structures conditionnelles	Structure pour
CASE simple	FORALL
CASE avec recherche	Atelier
Structure répéter	

Instructions de contrôle

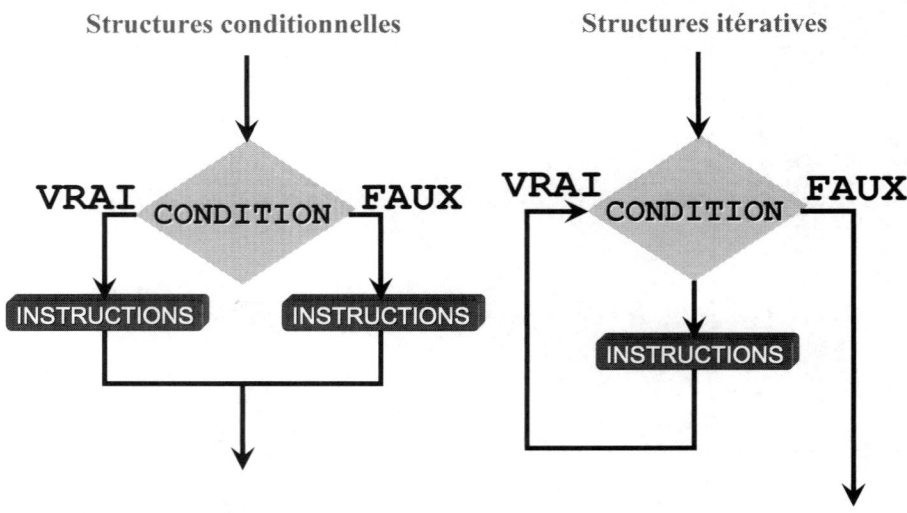

Les structures qui permettent de contrôler le flux d'exécution sont essentielles dans n'importe quel langage de programmation.

Le langage PL/SQL offre les structures de contrôle, conditionnelles et itératives, présentes dans tous les langages de programmation.

La structure conditionnelle permet l'exécution d'une séquence d'instructions sous le contrôle d'une condition. L'expression de la condition utilisée suit les règles de construction d'un prédicat dans le langage SQL et peut être de type simple ou composé.

Le langage PL/SQL propose également plusieurs types de structures itératives qui permettent l'exécution d'instructions plusieurs fois en fonction d'une condition.

Les structures de contrôle permettent de gérer toutes sortes de situations. Lorsqu'elles sont utilisées dans un programme, le flux d'exécution de celui-ci est conditionné par le résultat des tests qu'elles définissent.

Ce chapitre décrit les différentes structures de contrôles de flux.

Structures conditionnelles

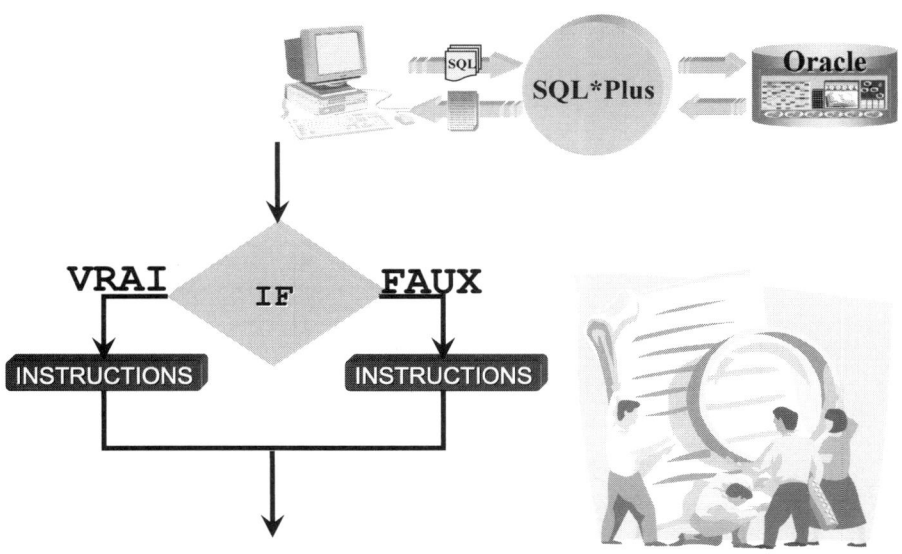

Lorsque vous écrivez des programmes, il arrive fréquemment que vous deviez tester des conditions. Le résultat d'un test conditionnel ne peut être que « **TRUE** » ou « **FALSE** ». Le langage PL/SQL permet d'évaluer des conditions de type « **IF-THEN-ELSE** » à l'aide la syntaxe suivante :

```
IF CONDITION THEN
    COMMANDES ;
[ELSIF CONDITION THEN
    COMMANDES ;...]
[ELSE
    COMMANDES ;]
END IF ;
```

L'expression de la condition utilisée suit les règles de construction d'un prédicat dans le langage SQL et peut être de type simple ou composé. Vous pouvez utiliser également des variables de type « **BOOLEAN** ».

Erreur ! Signet non défini. Les opérateurs utilisés dans les expressions conditionnelles sont :

« = », « < », « > », « <= », « >= »,

« <> », « != », « ~= », « ^= »,

« **IS NULL** », « **LIKE** », « **BETWEEN** », « **IN** »,

« **NOT** », « **AND** », « **OR** »

Les opérateurs logiques « **AND** » et « **OR** » peuvent être utilisés pour combiner des expressions booléennes pouvant prendre trois valeurs « **TRUE** », « **FALSE** » ou « **NULL** ». Il est également possible d'utiliser l'opérateur négation « **NOT** ».

Les deux tableaux suivants précisent le résultat d'opérateurs logiques qui mettent en jeu ces trois valeurs :

Module 4 : Les structures de contrôle

AND	TRUE	FALSE	NULL
TRUE	TRUE	FALSE	NULL
FALSE	FALSE	FALSE	FALSE
NULL	NULL	FALSE	NULL

OR	TRUE	FALSE	NULL
TRUE	TRUE	TRUE	TRUE
FALSE	TRUE	FALSE	NULL
NULL	TRUE	NULL	NULL

NOT	TRUE	FALSE	NULL
	FALSE	TRUE	NULL

La structure conditionnelle « **IF** » peut se présenter sous trois formes :

IF-THEN

Les instructions sont exécutées uniquement si l'expression conditionnelle retourne la valeur « **TRUE** ». Si la condition a la valeur « **FALSE** » ou la valeur « **NULL** », les instructions ne sont pas exécutées.

```
SQL> declare
  2     v_nom EMPLOYES.NOM%TYPE;
  3     v_sal EMPLOYES.SALAIRE%TYPE;
  4     v_avg EMPLOYES.SALAIRE%TYPE;
  5  begin
  6     SELECT NOM, SALAIRE,
  7          ( SELECT AVG( SALAIRE)
  8            FROM EMPLOYES
  9            WHERE FONCTION LIKE 'Rep%') AVG_SAL
 10     INTO v_nom, v_sal, v_avg
 11     FROM EMPLOYES WHERE NO_EMPLOYE = 4;
 12     if   v_sal > v_avg then
 13        dbms_output.put_line( v_nom );
 14        dbms_output.put_line( 'Salaire '||v_sal
 15                             ||' supérieur à la moyenne');
 16     end if;
 17  end;
 18  /
Peacock
Salaire 2856 supérieur à la moyenne

Procédure PL/SQL terminée avec succès.
```

Dans l'exemple précédent, on teste si le salaire de l'employé `Peacock` est ou non supérieur à la moyenne des salaires des `Représentant(e)`.

IF-THEN-ELSE

Les instructions qui suivent « **THEN** » sont exécutées si la condition est « **TRUE** ». Celles qui suivent « **ELSE** » sont exécutées si la condition est « **FALSE** » ou « **NULL** ».

```
SQL> declare
  2      v_employe EMPLOYES%ROWTYPE;
  3  begin
  4      SELECT * INTO v_employe FROM EMPLOYES
  5      WHERE NO_EMPLOYE = 2;
  6      IF v_employe.COMMISSION > 0 THEN
  7          dbms_output.put_line( 'Salaire : '||
  8                  v_employe.SALAIRE + v_employe.COMMISSION);
  9      ELSE
 10          dbms_output.put_line( 'Salaire : '||v_employe.SALAIRE);
 11      END IF;
 12  end;
 13  /
Salaire : 10000

Procédure PL/SQL terminée avec succès.
```

Dans cet exemple, on réalise le test de la COMMISSION pour l'enregistrement de l'employé '2'.

IF-THEN-ELSIF

La dernière forme de l'instruction permet d'imbriquer plusieurs structures alternatives, elle permet de tester une autre condition quand la première n'a pas été validée.

```
SQL> set verify off
SQL> set serveroutput on
SQL> begin
  2    if &&valeur < 15 then
  3      dbms_output.put_line('**** &&valeur < 15 ****');
  4    elsif &&valeur < 100 then
  5      dbms_output.put_line('**** &&valeur < 100 ****');
  6    else
  7      dbms_output.put_line('**** &&valeur >= 100 ****');
  8    end if;
  9  end;
 10  /
Entrez une valeur pour valeur : 50
**** 50 < 100 ****
```

Cet exemple montre un bloc PL/SQL comportant une variable de substitution &&valeur qui est testée.

Note

La syntaxe de l'instruction « **IF** » est dictée par deux règles :

— Le mot clé « **ELSIF** » représente un seul mot et le mot clé « **END IF** » est composé de deux mots,

— L'instruction « **IF** » peut comporter plusieurs clauses « **ELSIF** » mais uniquement une seule clause « **ELSE** ».

Toute structure conditionnelle « **IF** » peut être imbriquée dans une autre structure conditionnelle.

```
SQL> set verify off
SQL> set serveroutput on
SQL> declare
  2     v_lettre CHAR(1) := '&sv_lettre';
  3  begin
  4     if (v_lettre >= 'A' and v_lettre <= 'Z') or
  5        (v_lettre >= 'a' and v_lettre <= 'z')
  6     then
  7        dbms_output.put_line('Lettre');
  8     else
  9        if v_lettre BETWEEN '0' and '9' then
 10           dbms_output.put_line('Nombre');
 11        else
 12           dbms_output.put_line('Autre');
 13        end if;
 14     end if;
 15  end;
 16  /
Entrez une valeur pour sv_lettre : #
Autre

Procédure PL/SQL terminée avec succès.
```

CASE simple

```
CASE EXPRESSION
    WHEN VALEUR THEN COMMANDES [,...]
    [ELSE COMMANDES]
END CASE;
```

L'instruction « **CASE** » permet de sélectionner une séquence de commandes à exécuter parmi plusieurs séquences possibles.

La syntaxe de l'instruction « CASE » comporte deux variantes :

- CASE simple
- CASE avec recherchée

L'instruction « **CASE** » permet une exécution conditionnelle comme l'instruction « **IF..THEN..ELSIF** », cependant, cette fonction est plus adaptée aux conditions comportant de nombreux choix différents. La première syntaxe de cette fonction est :

```
CASE EXPRESSION
    WHEN VALEUR THEN COMMANDES [,...]
    [ELSE COMMANDES]
END CASE;
```

EXPRESSION   L'argument EXPRESSION peut être de type numérique, chaîne, ou date, et retourne la valeur qui doit être évaluée.

VALEUR   L'argument VALEUR est de même type que EXPRESSION.

```
SQL> declare
  2      v_arg   NUMBER(2) := &valeur;
  3  begin
  4      case v_arg
  5      when 1 then
  6          dbms_output.put_line( 'La valeur saisie est : 1');
  7      when 2 then
  8          dbms_output.put_line( 'La valeur saisie est : 2');
  9      when 3 then
 10          dbms_output.put_line( 'La valeur saisie est : 3');
 11      else
```

Module 4 : Les structures de contrôle

```
12          dbms_output.put_line( 'Toute autre valeur.');
13      end case;
14  end;
15  /
Entrez une valeur pour valeur : 3
ancien    2 :     v_arg  NUMBER(2) := &valeur;
nouveau   2 :     v_arg  NUMBER(2) := 3;

Procédure PL/SQL terminée avec succès.
```

> **Attention**
>
> La clause « **ELSE** » est optionnelle mais si elle n'est pas présente et aucune des valeurs n'est égale à l'expression alors une erreur se produit.
>
> Il est préférable d'utiliser la clause « **ELSE** » sans aucun traitement que d'avoir l'exception « **CASE_NOT_FOUND** ».

```
SQL> declare
  2      v_arg NUMBER(2) := 10;
  3  begin
  4      case v_arg
  5      when 1 then
  6          dbms_output.put_line( 'La valeur saisie est : 1');
  7      end case;
  8  end;
  9  /
declare
*
ERREUR à la ligne 1 :
ORA-06592: CASE introuvable lors de l'exécution de l'instruction
CASE
ORA-06512: à ligne 4

SQL> declare
  2      v_arg NUMBER(2) := 10;
  3  begin
  4      case v_arg
  5      when 1 then
  6          dbms_output.put_line( 'La valeur saisie est : 1');
  7      else
  8          NULL;
  9      end case;
 10  end;
 11  /

Procédure PL/SQL terminée avec succès.
```

CASE avec recherche

```
CASE
    WHEN CONDITION THEN COMMANDES [,...]
    [ELSE COMMANDES]
END CASE;
```

La syntaxe de l'instruction « **CASE** » avec recherche ne comporte pas d'expression à évaluer mais une liste des conditions booléennes. La séquence de commandes associée à la première condition qui renvoie « **TRUE** » est exécutée.

La syntaxe de l'instruction « **CASE** » avec recherche est :
```
CASE
     WHEN CONDITION THEN COMMANDES [,...]
     [ELSE COMMANDES]
END CASE;
```

```
SQL> declare
  2      v_valeur number := to_char( sysdate, 'ssss');
  3  begin
  4      case
  5      when MOD(v_valeur,2)=0 then
  6          dbms_output.put_line( 'La valeur : '||v_valeur
  7                              ||' est un multiple de 2');
  8      when MOD(v_valeur,3)=0 then
  9          dbms_output.put_line( 'La valeur : '||v_valeur
 10                              ||' est un multiple de 3');
 11     when MOD(v_valeur,5)=0 then
 12         dbms_output.put_line( 'La valeur : '||v_valeur
 13                              ||' est un multiple de 5');
 14     else
 15         dbms_output.put_line( 'Toute autre valeur.');
 16     end case;
 17  end;
 18  /
La valeur : 3434 est un multiple de 2

Procédure PL/SQL terminée avec succès.
```

Module 4 : Les structures de contrôle

Ci-dessus, la variable `v_valeur` contient les secondes depuis minuit puis on recherche si elle est divisible par 2, 3, 5 ou 7.

Attention

La séquence de commandes associée à la première condition qui renvoie « **TRUE** » est exécutée.

Ainsi l'ordre dans lequel on va écrire les conditions est important, comme plusieurs conditions peuvent être valides en même temps, mais c'est uniquement la séquence de commandes associée à la première condition trouvée qui est exécutée.

```
SQL> declare
  2      v_arg NUMBER(2) := 10;
  3  begin
  4      case
  5      when v_arg between 10 and 20 then
  6          dbms_output.put_line( 'condition 01 ');
  7      when v_arg = 10 then
  8          dbms_output.put_line( 'condition 02 ');
  9      when MOD(v_arg ,2)=0 then
 10          dbms_output.put_line( 'condition 03 ');
 11      when TO_CHAR( SYSDATE,'YYYY') = 2006 then
 12          dbms_output.put_line( 'condition 04 ');
 13      when USER = 'STAGIAIRE' then
 14          dbms_output.put_line( 'condition 05 ');
 15      end case;
 16  end;
 17  /
condition 01

Procédure PL/SQL terminée avec succès.
```

Dans l'exemple précédent, toutes les conditions renvoient « **TRUE** » mais uniquement la séquence de commandes associée à la première condition est exécutée.

Structure répéter

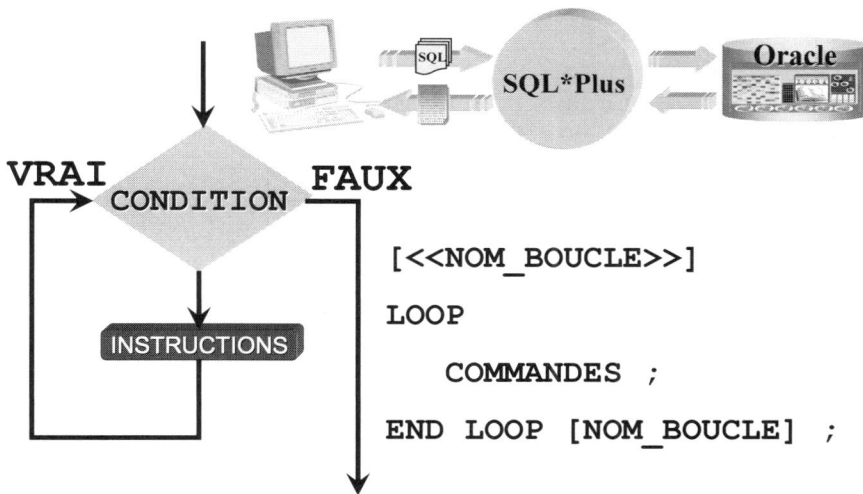

```
[<<NOM_BOUCLE>>]
LOOP
    COMMANDES ;
END LOOP [NOM_BOUCLE] ;
```

Les boucles permettent d'exécuter une série d'instructions de façon répétée. Lors de l'écriture d'une boucle, il faut veiller à fournir le code nécessaire pour qu'elle puisse se terminer lorsqu'une condition de sortie est rencontrée. Le langage PL/SQL propose trois types de structures répétitives présentées ici :

L'instruction « **LOOP** » répète indéfiniment une séquence d'instructions. La syntaxe de cette instruction est :

```
[<<NOM_BOUCLE>>]
LOOP
    COMMANDES ;
END LOOP [NOM_BOUCLE] ;
```

L'instruction « **LOOP** » est une boucle infinie, il faut utiliser une instruction de sortie, « **EXIT** », à l'aide de la syntaxe suivante :

```
EXIT [NOM_BOUCLE] [WHEN CONDITION];
```

Attention

L'instruction « **LOOP** » initialise une boucle sans fin, si vous n'utilisez pas d'instruction « **EXIT** ».

Cette structure est utile quand il n'est pas nécessaire de tester la condition pour exécuter la séquence des instructions. Cependant elle peut facilement induire des erreurs de programmation bloquantes comme une boucle sans fin.

Dans l'exemple suivant, vous pouvez voir la mise en œuvre d'une boucle « **LOOP** » qui incrémente la variable v_compteur. L'instruction « **EXIT** » effectue un examen de la valeur du v_compteur et teste la condition de sortie.

```
SQL> declare
  2     v_compteur number := 0;
  3  begin
  4     <<BOUCLE_INCREMENT>>
  5     loop
  6         v_compteur := v_compteur + 1;
  7         dbms_output.put_line( 'Passage numéro : '||v_compteur);
  8         exit BOUCLE_INCREMENT when v_compteur > 3;
  9     end loop;
 10  end;
 11  /
Passage numéro : 1
Passage numéro : 2
Passage numéro : 3
Passage numéro : 4

Procédure PL/SQL terminée avec succès.
```

L'instruction « **LOOP** » peut être utilisée également dans forme suivante :

```
SQL> declare
  2     v_compteur number := 0;
  3  begin
  4     loop
  5         v_compteur := v_compteur + 1;
  6         dbms_output.put_line( 'Passage numéro : '||v_compteur);
  7         if  v_compteur > 3 then
  8             exit;
  9         end if;
 10     end loop;
 11  end;
 12  /
Passage numéro : 1
Passage numéro : 2
Passage numéro : 3
Passage numéro : 4

Procédure PL/SQL terminée avec succès.
```

Structure tant que

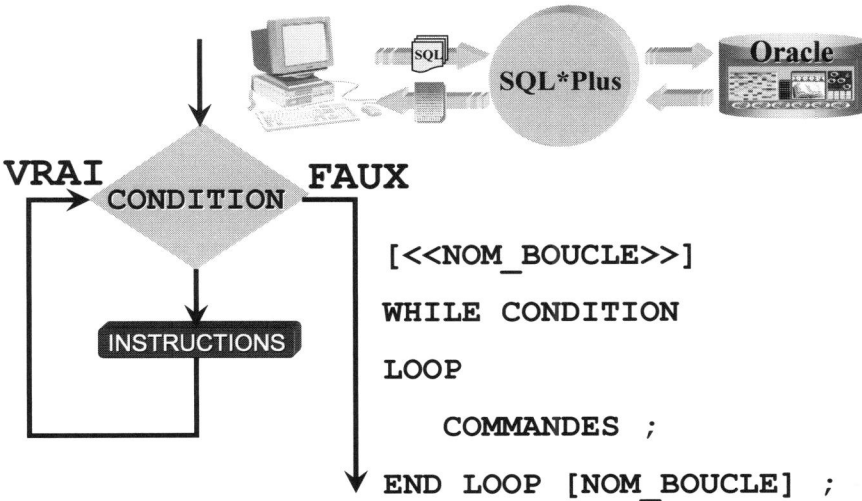

```
[<<NOM_BOUCLE>>]
WHILE CONDITION
LOOP
    COMMANDES ;
END LOOP [NOM_BOUCLE] ;
```

L'instruction « **WHILE** » répète une séquence d'instructions tant que la condition reste vraie. Avant chaque itération et notamment la première, la condition est évaluée.

La syntaxe de cette instruction est :

```
[<<NOM_BOUCLE>>]
WHILE CONDITION LOOP
    COMMANDES ;
END LOOP [NOM_BOUCLE] ;
```

```
SQL> declare
  2      TYPE TABLEAU_EMPLOYE IS TABLE OF EMPLOYES%ROWTYPE
  3              INDEX BY BINARY_INTEGER;
  4      t_emp TABLEAU_EMPLOYE;
  5      v_compteur    NUMBER(2) := 0;
  6  begin
  7      SELECT * BULK COLLECT INTO t_emp FROM EMPLOYES
  8      WHERE FONCTION LIKE 'Rep%';
  9      while v_compteur < SQL%ROWCOUNT
 10      loop
 11          v_compteur := v_compteur + 1;
 12          dbms_output.put_line( t_emp(v_compteur).NOM||' '||
 13                               t_emp(v_compteur).PRENOM);
 14      end loop;
 15  end;
 16  /
Peacock Margaret
Leverling Janet
Davolio Nancy
...
```

Structure pour

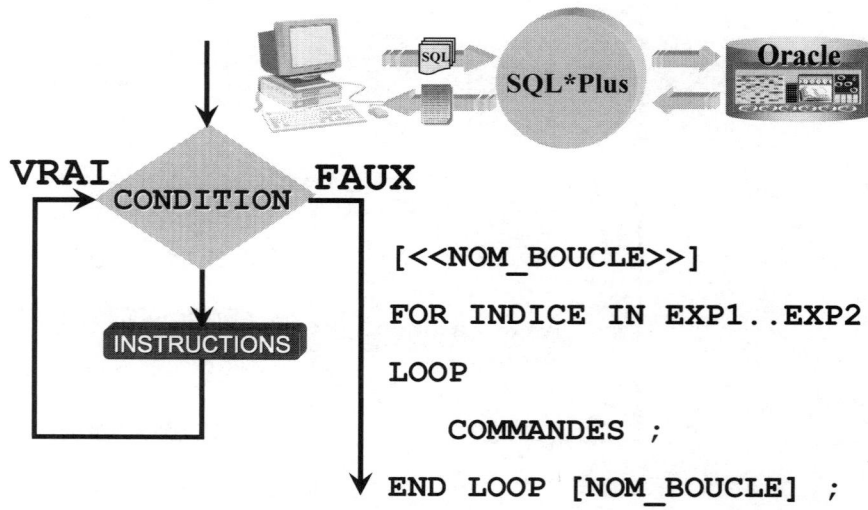

```
[<<NOM_BOUCLE>>]
FOR INDICE IN EXP1..EXP2
LOOP
    COMMANDES ;
END LOOP [NOM_BOUCLE] ;
```

L'instruction « **FOR** » permet d'exécuter les instructions de la boucle en faisant varier un indice. Cette structure se caractérise par la connaissance a priori du nombre d'itérations calculé dès le premier passage.

La syntaxe de cette instruction est :

```
[<<NOM_BOUCLE>>]
FOR INDICE IN [REVERSE] EXPRESSION1..EXPRESSION2
LOOP
    COMMANDES ;
END LOOP [NOM_BOUCLE] ;
```

```
SQL> declare
  2      TYPE mon_type_tableau IS TABLE OF VARCHAR2(20)
  3          INDEX BY BINARY_INTEGER;
  4      mon_tableau mon_type_tableau;
  5  begin
  6      for i in 1..3
  7      loop
  8          mon_tableau(i) := 'Ligne numéro : '||i;
  9      end loop;
 10
 11      for v_compteur in reverse 1..3 loop
 12          dbms_output.put_line( mon_tableau(v_compteur));
 13      end loop;
 14  end;
 15  /
Ligne numéro : 3
Ligne numéro : 2
Ligne numéro : 1
```

```
Procédure PL/SQL terminée avec succès.
```

Ici, il y a implémentation de deux boucles de type « **FOR** ». Dans la première boucle, l'indice utilisé est implicitement déclaré comme une variable en lecture et elle est incrémentée entre 1 et 3. La deuxième boucle utilise comme indice une variable déjà déclarée v_compteur et elle est décrémentée entre 3 et 1.

La variable indice est déclarée implicitement, mais vous pouvez utiliser un indice déclaré auparavant.

Attention, toute variable déclarée implicitement n'est visible que dans l'intérieur de la boucle.

```
SQL> begin
  2      for i in 1..3
  3      loop
  4          dbms_output.put_line( i);
  5      end loop;
  6      dbms_output.put_line( i);
  7  end;
  8  /
    dbms_output.put_line( i);
                          *
ERREUR à la ligne 6 :
ORA-06550: Ligne 6, colonne 26 :
PLS-00201: l'identificateur 'I' doit être déclaré
ORA-06550: Ligne 6, colonne 4 :
PL/SQL: Statement ignored
```

FORALL

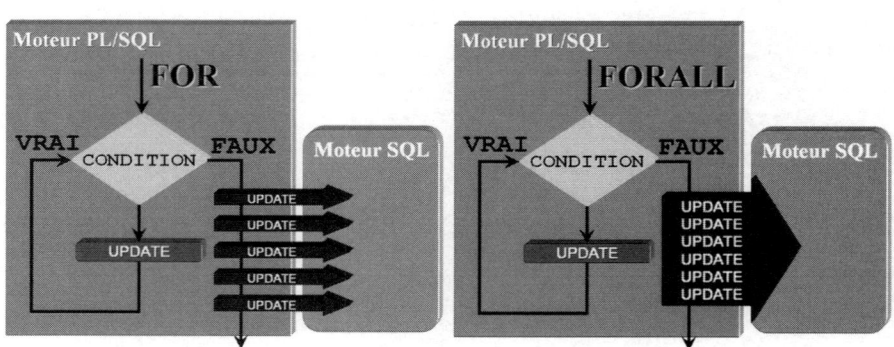

Le langage de programmation PL/SQL est étroitement intégré au moteur SQL de la base de données Oracle. Cette intégration ne signifie pas forcément que l'exécution de code SQL à partir d'un programme PL/SQL n'a aucun coût.

Lorsque le moteur d'exécution PL/SQL traite un bloc de code, il exécute les ordres procéduraux dans son propre moteur mais passe les ordres SQL au moteur SQL. La couche SQL exécute les ordres SQL puis, si nécessaire, renvoie les informations au moteur PL/SQL.

Le transfert de contrôle entre les moteurs PL/SQL et SQL est appelé changement de contexte. Chaque fois qu'un changement survient, un coût supplémentaire est induit. Dans certains cas, les changements sont nombreux et les performances se dégradent.

L'instruction « **FORALL** » permet de regrouper plusieurs changements de contexte en un seul, améliorant ainsi les performances de vos applications. En d'autres termes, les mêmes ordres SQL sont exécutés, mais ils le sont dans le même appel à la couche SQL, réduisant ainsi les changements de contexte.

La syntaxe de cette instruction est :

```
FOR INDICE IN EXPRESSION1..EXPRESSION2
        COMMANDE LMD;
```

Vous pouvez utiliser une variable SQL*PLUS « **TIMING** » pour afficher la durée de l'exécution d'un ordre SQL ou d'un bloc PL/SQL.

```
SQL> SET TIMING ON
SQL> SET SERVEROUTPUT ON
SQL> declare
  2     TYPE TABLEAU_COMMANDES IS TABLE OF
  3        COMMANDES.NO_COMMANDE%TYPE INDEX BY BINARY_INTEGER;
  4     v_no_comm    TABLEAU_COMMANDES;
  5     v_nb_comm    NUMBER(4) := 0;
```

```
 6      v_nb_det_comm   NUMBER(4) := 0;
 7  begin
 8      SELECT NO_COMMANDE BULK COLLECT INTO v_no_comm
 9      FROM COMMANDES;
10      v_nb_comm := SQL%ROWCOUNT;
11      for i in 1..v_nb_comm
12      loop
13          UPDATE DETAILS_COMMANDES SET REMISE = REMISE * 1.05
14          WHERE NO_COMMANDE = v_no_comm(i);
15          v_nb_det_comm := v_nb_det_comm + SQL%ROWCOUNT;
16      end loop;
17      dbms_output.put_line( 'Commandes :'||v_nb_comm||' Détails :'
18              ||v_nb_det_comm||' Enregistrements :'||SQL%ROWCOUNT);
19      ROLLBACK;
20  end;
21  /
Commandes :830 Détails :2155 Enregistrements :25

Procédure PL/SQL terminée avec succès.

Ecoulé : 00 :00 :00.21
SQL>
SQL> declare
 2      TYPE TABLEAU_COMMANDES IS TABLE OF
 3          COMMANDES.NO_COMMANDE%TYPE INDEX BY BINARY_INTEGER;
 4      v_no_comm       TABLEAU_COMMANDES;
 5      v_nb_comm       NUMBER(4) := 0;
 6      v_nb_det_comm   NUMBER(4) := 0;
 7  begin
 8      SELECT NO_COMMANDE BULK COLLECT INTO v_no_comm
 9      FROM COMMANDES;
10      v_nb_comm := SQL%ROWCOUNT;
11      forall i in 1..v_nb_comm
12          UPDATE DETAILS_COMMANDES SET REMISE = REMISE * 1.05
13          WHERE NO_COMMANDE = v_no_comm(i);
14      v_nb_det_comm := v_nb_det_comm + SQL%ROWCOUNT;
15      dbms_output.put_line( 'Commandes :'||v_nb_comm||' Détails :'
16              ||v_nb_det_comm||' Enregistrements :'||SQL%ROWCOUNT);
17      ROLLBACK;
18  end;
19  /
Commandes :830 Détails :2155 Enregistrements :2155

Procédure PL/SQL terminée avec succès.

Ecoulé : 00 :00 :00.14
```

Dans le premier bloc, on utilise la syntaxe classique de l'instruction « **FOR** » pour modifier le mêmes '2155' enregistrements, comme dans le deuxième bloc qui utilise lui l'instruction « **FORALL** ».

Le deuxième bloc modifie l'ensemble des enregistrements dans un seul appel à la couche SQL grâce à la pseudo-colonne « **SQL%ROWCOUNT** ». Le premier bloc effectue le même traitement mais avec '830' appels successifs.

Module 4 : Les structures de contrôle

Atelier

- Les structures conditionnelles
- Les structures itératives

 Durée : 35 minutes

Questions

4-1. Quelles sont les instructions de contrôle structurellement invalides ?

A. `if CONDITION then EXPRESSION end if;`

B. `if CONDITION then EXPRESSION elsif CONDITION`
   `then EXPRESSION else EXPRESSION end if;`

C. `if CONDITION then EXPRESSION else if CONDITION`
   `then EXPRESSION else EXPRESSION end if; end if;`

D. `if CONDITION then EXPRESSION else if CONDITION`
   `then EXPRESSION else EXPRESSION end if;`

E. `if CONDITION then EXPRESSION else EXPRESSION endif;`

F. `case EXPRESSION when 1 then EXPRESSION`
   `when 2 then EXPRESSION else EXPRESSION end case;`

G. `case EXPRESSION when 1 then EXPRESSION`
   `when 2 then EXPRESSION else EXPRESSION endcase;`

H. `case EXPRESSION when CONDITION then EXPRESSION`
   `else EXPRESSION end case;`

I. `case when CONDITION then EXPRESSION`
   `when CONDITION then EXPRESSION else EXPRESSION end case;`

J. `case when CONDITION then EXPRESSION`
   `when 1 then EXPRESSION else EXPRESSION end case;`

4-2. Quelles sont les instructions de contrôle structurellement invalides ?

A. `while CONDITION loop`
   `CONDITION:= NOT CONDITION; end loop;`

B. `while CONDITION`
   `CONDITION:= NOT CONDITION; end loop;`

C. while CONDITION loop
   CONDITION:= NOT CONDITION; endloop;

D. loop exit; end loop;

E. whileloop exit; end loop;

F. loop exit; when CONDITION; end loop;

G. loop exit when CONDITION; end loop;

H. <<B01>>loop exit B01 when CONDITION; end loop;

I. for i in 1..3 loop NULL; end loop;

J. for i in 1 3 loop NULL; end loop;

K. for i in 1..3 NULL; end loop;

L. for i in 1..3 loop NULL; endloop;

M. forall i in 1..3 ORDRE_DML;

N. forall i in 1..3 loop ORDRE_DML; end loop;

Exercice n°1 — Les structures conditionnelles

Créez le bloc PL/SQL qui permet d'effectuer les opérations :

- Pour les commandes de l'année '1998' augmentez les frais de port de '10%' pour touts les clients étrangers et diminuez les frais de port de '5%' pour les clients français. Contrôlez le nombre des enregistrements modifiés et si vous avez modifié des enregistrements, validez la transaction.

- Augmentez le salaire de l'employé numéro 3 si le salaire de l'employé est inférieur à la moyenne des salaires des employés qui ont la même FONCTION. Modifiez également la commission du même employé si la commission est inférieure à la moyenne des commissions des employés qui ont la même FONCTION, on lui attribue la moyenne comme commission. Contrôlez le nombre des enregistrements modifiés et si vous avez modifié des enregistrements, validez la transaction.

Exercice n°2 — Les structures itératives

Créez le bloc PL/SQL qui permet d'effectuer les opérations :

- Affichez les chiffres de 1 à 10 comme dans le modèle suivant :

```
Le numéro 1 est impair
Le numéro 2 est pair
Le numéro 3 est impair
Le numéro 4 est pair
Le numéro 5 est impair
Le numéro 6 est pair
Le numéro 7 est impair
Le numéro 8 est pair
Le numéro 9 est impair
Le numéro 10 est pair
```

- Déclarez un tableau de type NUMBER de dix postes, et deux boucles : une qui affecte le tableau avec les valeurs de 1 à 9 et une autre qui affiche le tableau à partir du dernier élément affecté.

- Augmentez les salaires de `'10%'` pour tous les employés encadrés par `'Fuller'`. Augmentez la remise accordée par ces employés de `'1%'` (`'REMISE + .01'`) pour toutes les commandes de l'année `'1998'`. Effacez tous les enregistrements de leurs commandes de la table INDICATEURS.
- Augmentez le prix unitaire de `'10%'` des produits de la catégorie 3. Mettez à jour les prix unitaires des produits pour les commandes de l'année `'1998'`.

- *Les curseurs explicites*
- *Les boucles et curseurs*
- *FOR UPDATE*
- *CURRENT OF*
- *REF CURSOR*

5

Les curseurs

Objectifs

A la fin de ce module, vous serez à même d'effectuer les tâches suivantes :
- Déclarer des curseurs.
- Gérer les curseurs explicites.
- Décrire la vie d'un curseur.
- Utiliser les boucles FOR avec les curseurs.
- Effectuer des mises à jour avec les curseurs.
- Utiliser la variable curseur et écrire des requêtes dynamiques avec des curseurs.

Contenu

L'exécution d'une interrogation	Atelier 1
Les curseurs	Les boucles et les curseurs
Les curseurs explicites	Les curseurs FOR UPDATE
Déclaration	Accès concurrent et verrouillage
Ouverture	WHERE CURRENT OF
Traitement des lignes	La variable curseur
Statut d'un curseur	Atelier 2
Fermeture	

L'exécution d'une interrogation

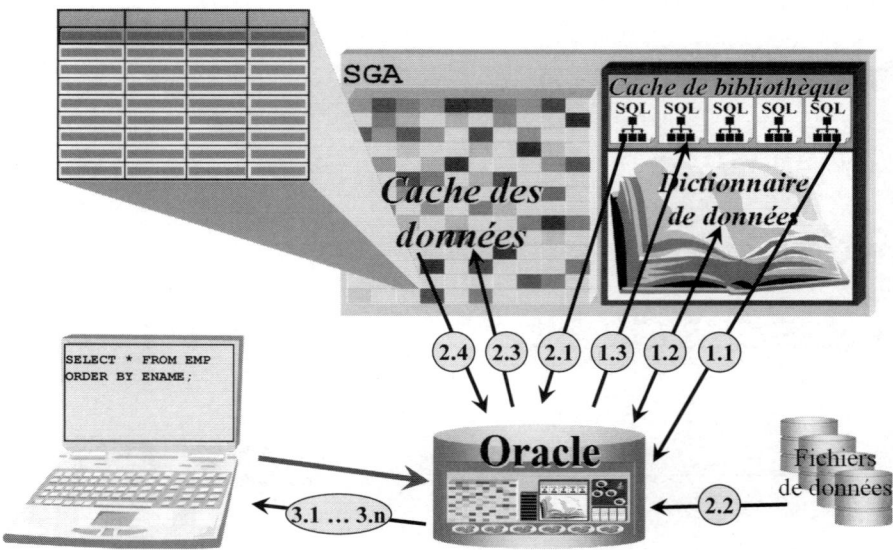

Chaque requête d'interrogation est exécuté en trois phases : PARSE (l'analyse), EXECUTE (l'exécution) et FETCH (la récupération ou la lecture).

1. PARSE

Au cours de cette phase, Oracle vérifie la syntaxe de l'instruction SQL. Il réalise la résolution d'objets et les contrôles de sécurité pour l'exécution du code. Ensuite, il construit l'arbre d'analyse et développe le plan d'exécution pour l'instruction SQL ; ainsi construits, les deux composants, l'arbre d'analyse et le plan d'exécution, sont stockés dans le cache de bibliothèque.

Etape 1.1

Le serveur cherche s'il existe déjà une instruction correspondant à celle en cours de traitement dans le tampon SQL.

S'il en trouve l'instruction, il peut utiliser l'arbre d'analyse ainsi que le plan d'exécution générée lors d'une exécution précédente de la même instruction, sans alors avoir besoin de l'analyser et de le reconstruire.

Etape 1.2

Le serveur commence l'analyse de la requête par un contrôle syntactique afin de déterminer si la requête respecte la syntaxe SQL.

Ensuite le serveur effectue une analyse sémantique afin de valider l'existence des objets (tables, vues, synonymes…), ainsi que leur composants utilisés dans la requête (champs, objets …), les droits de l'utilisateur, et de déterminer quels sont les objets nécessaires pour construire l'arbre d'analyse.

Pendant la phase d'analyse sémantique, le serveur recherche les informations dans le dictionnaire de données.

2. EXECUTE

La phase d'exécution du traitement d'une instruction SQL revient à appliquer le plan d'exécution aux données.

Etape 2.1

Le serveur utilise le plan d'exécution pour trouver les données à partir des fichiers des données.

Etape 2.2 et 2.3

Les données nécessaires pour la requête sont chargées et stockées dans le cache de données. Les données qui se trouvent déjà dans la mémoire ne sont pas chargées.

Etape 2.4

Les données qui sont renvoyées par la requête sont mises en forme.

3. FETCH

Le serveur renvoie des lignes sélectionnées et mises en forme au processus utilisateur. Il s'agit de la dernière étape du traitement d'une instruction SQL.

Les curseurs

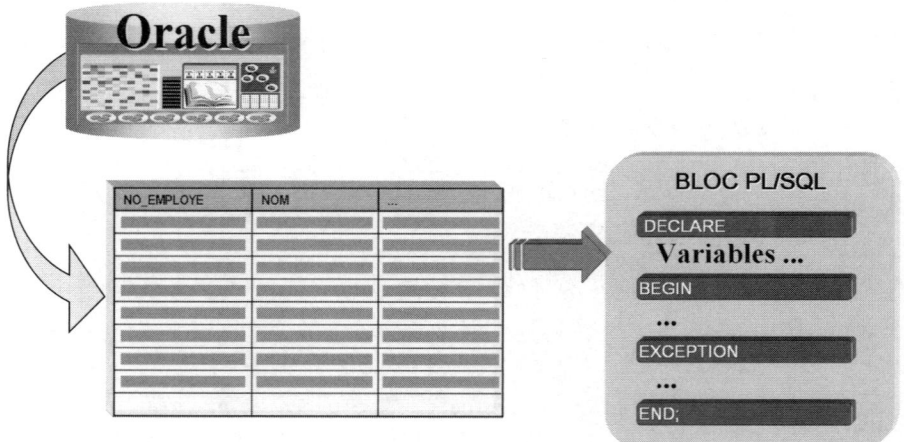

L'une des plus importantes caractéristiques du PL/SQL est la possibilité de manipuler les données ligne par ligne. Le SQL est un langage de type tout ou rien. Il est impossible de tester ou de modifier de manière sélective une ligne particulière dans un ensemble de lignes ramenées par un ordre « **SELECT** ».

Lorsque l'on exécute un ordre SQL à partir de PL/SQL, Oracle alloue une zone de travail privée pour cet ordre. Cette zone de travail contient des informations relatives à l'ordre SQL ainsi que les statuts d'exécution de l'ordre. Les curseurs PL/SQL sont un mécanisme permettant de nommer cette zone de travail et de manipuler les données qu'elle contient.

Un curseur PL/SQL permet de récupérer et de traiter les données de la base dans un programme PL/SQL, ligne par ligne.

Il existe deux sortes de curseurs :

- Les curseurs implicites.
- Les curseurs explicites.

Le langage PL/SQL crée de manière implicite un curseur pour chaque ordre SQL, même pour ceux qui ne retournent qu'une ligne. Même lorsqu'une requête ne ramène qu'une seule ligne, on pourra préférer utiliser un curseur explicite.

Les curseurs implicites ont les inconvénients suivants :

- Ils sont moins performants que les curseurs explicites
- Ils sont plus sujets aux erreurs de données
- Ils laissent moins de contrôle au programmeur

Les curseurs explicites

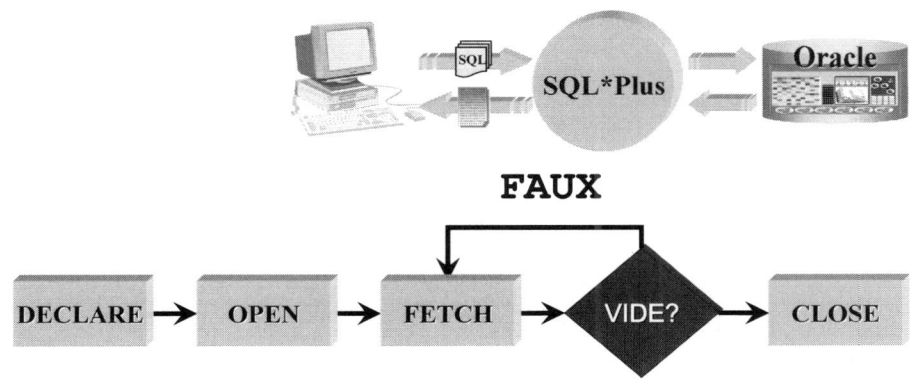

Pour les requêtes qui renvoient plus d'un enregistrement, vous pouvez déclarer explicitement un curseur, ce qui permet de traiter individuellement les lignes retournées.

Le traitement d'un curseur PL/SQL quelque soit le type, implicite ou explicite, effectue les mêmes opérations pour exécuter un ordre SQL à partir de votre programme.

Analyse

La première étape du traitement d'un ordre SQL est son analyse afin de s'assurer qu'il est valide et de déterminer son plan.

Liaison

Lorsque vous faites une liaison, vous associez des valeurs de votre programme à des arguments de votre ordre SQL. Le moteur PL/SQL effectue lui-même ces liaisons, mais en SQL dynamique, vous devez le faire de manière explicite.

Ouverture

Lorsque vous ouvrez un curseur, les variables de liaison sont utilisées pour déterminer le jeu de résultats de l'ordre SQL. Le pointeur sur la ligne active, ou courante, est positionné sur la première ligne.

Exécution

Dans la phase d'exécution, l'ordre est exécuté par le moteur SQL.

Extraction

À chaque extraction, le PL/SQL déplace le pointeur à la prochaine ligne du jeu de résultats. Lorsque vous utilisez les curseurs explicites, l'extraction ne déclenche pas d'erreur s'il ne reste plus de lignes à extraire.

Fermeture

Cette étape ferme le curseur et libère toute la mémoire utilisée par celui-ci. Une fois fermé, le curseur n'a plus de jeu de résultats. Dans certains cas vous ne fermerez pas le curseur de manière explicite ; au lieu de cela le moteur PL/SQL effectuera cette opération pour vous.

Les étapes de la vie d'un curseur explicite

Les étapes d'utilisation d'un curseur explicite, pour traiter un ordre « **SELECT** », sont les suivantes :

- Déclaration du curseur.
- Ouverture du curseur
- Traitement des lignes.
- Fermeture du curseur.

Déclaration

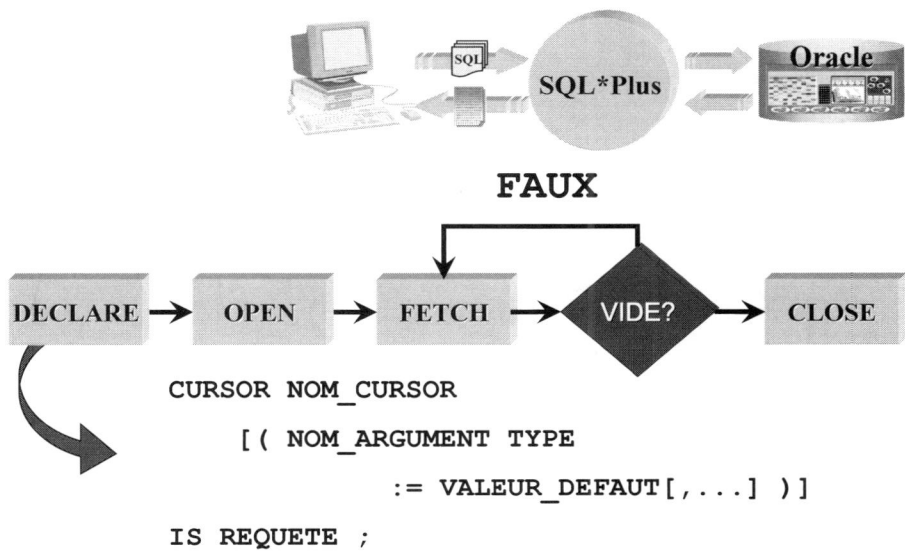

```
CURSOR NOM_CURSOR
    [( NOM_ARGUMENT TYPE
            := VALEUR_DEFAUT[,...] )]
IS REQUETE ;
```

Tout curseur explicite utilisé dans un bloc PL/SQL doit obligatoirement être déclaré dans la section « **DECLARE** » du bloc, en précisant son nom et l'ordre SQL associé.

La syntaxe de déclaration d'un curseur explicite est :

```
CURSOR NOM_CURSOR
      [( NOM_ARGUMENT TYPE := VALEUR_DEFAUT[,...])]
   [RETURN SPECIFICATION]
IS REQUETE ;
```

NOM_ARGUMENT	L'argument décrit avec son type et la possibilité d'affecter une valeur par défaut.
SPECIFICATION	La déclaration publique de l'enregistrement que renverra le curseur.
REQUETE	La déclaration publique de l'enregistrement que renverra le curseur.

La requête peut contenir tous les ordres SQL d'interrogation de données, y compris les opérateurs ensemblistes « **UNION** », « **INTERSECT** » ou « **MINUS** ».

Les types d'arguments sont des variables scalaires mais leur longueur ne doit pas être spécifiée. Le passage des valeurs des paramètres s'effectue à l'ouverture du curseur.

Dans l'exemple suivant vous pouvez observer la création d'un curseur c_employe qui contient les colonnes NOM, PRENOM, SALAIRE pour l'ensemble des enregistrements de la table EMPLOYES.

```
SQL> declare
  2      CURSOR c_employe IS SELECT NOM, PRENOM, SALAIRE, COMMISSION
  3                      FROM EMPLOYES
  4                      ORDER BY NOM;
```

L'exemple suivant expose la création d'un curseur c_produit contenant les colonnes NOM_PRODUIT, PRIX_UNITAIRE pour l'ensemble des produits du fournisseur et de la catégorie donnés, par l'intermédiaire des arguments `v_no_fournisseurs` et `v_code_categorie`. Les arguments des curseurs sont déclarés comme toute variable PL/SQL, les valeurs par défaut incluses.

```
SQL> declare
  2     CURSOR c_produit (
  3            v_no_fournisseur PRODUITS.NO_FOURNISSEUR%TYPE :=1,
  4            v_code_categorie PRODUITS.CODE_CATEGORIE%TYPE :=1)
  5        IS SELECT NOM_PRODUIT,PRIX_UNITAIRE FROM PRODUITS
  6            WHERE  NO_FOURNISSEUR = v_no_fournisseur AND
  7                   CODE_CATEGORIE = v_code_categorie;
```

Attention

Les expressions, calcul ou fonction SQL, dans la clause « **SELECT** » de la requête du curseur, doivent comporter un alias pour pouvoir être référencées.

Le curseur renvoie une structure des données correspondante à la requête qu'il utilise. Il est également possible de récupérer cette structure à l'aide de l'attribut « **%ROWTYPE** ».

```
SQL> declare
  2     CURSOR c_sum_sal IS SELECT FONCTION,
  3                          SUM(SALAIRE) TOTAL_SALAIRE
  4                    FROM EMPLOYES
  5                    GROUP BY FONCTION;
  6     v_enreg_sum_sal c_sum_sal%ROWTYPE ;
```

Il est possible d'utiliser les curseurs dans des packages, vous pouvez ainsi plus facilement réutiliser ces requêtes et éviter d'écrire le même ordre encore et encore à travers votre application. Vous ferez également quelques gains de performance en réduisant le nombre de fois où vous aurez besoin d'analyser vos requêtes.

Un autre avantage de la déclaration de curseur dans un package est la possibilité de séparer l'en-tête du curseur de son corps. L'en-tête du curseur contient juste l'information nécessaire au développeur pour utiliser ce curseur : son nom, ses éventuels paramètres et le type des données renvoyées.

Dans ce cas vous avez besoin de la clause « **RETURN** », la déclaration publique de l'enregistrement que renverra le curseur.

```
SQL> ...
  2     CURSOR c_ventes ( a_client IN CLIENTS.CODE_CLIENT%TYPE,
  3                       a_date   IN COMMANDES.DATE_ENVOI%TYPE)
  3         RETURN COMMANDES%ROWTYPE ;
```

Ouverture

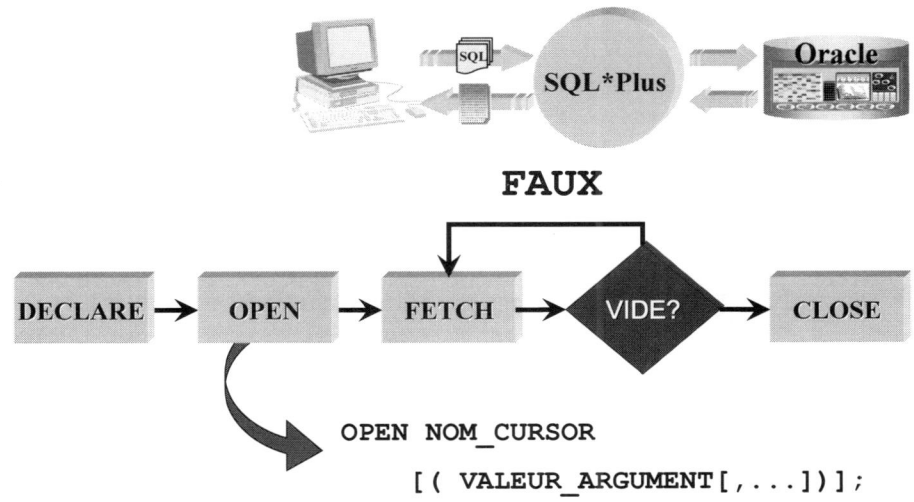

OPEN NOM_CURSOR
[(VALEUR_ARGUMENT[,...])];

Dès que vous ouvrez le curseur, l'exécution de l'ordre SQL est lancée. Cette phase d'ouverture s'effectue dans la section « **BEGIN** » du bloc.

La syntaxe d'ouverture d'un curseur est :

```
OPEN NOM_CURSOR [( VALEUR_ARGUMENT[,...])] ;
```

```
SQL> declare
  2     CURSOR c_employe IS SELECT NOM, PRENOM, SALAIRE, COMMISSION
  3                         FROM EMPLOYES
  4                         ORDER BY NOM;
  5  begin
  6     open c_employe;
```
Attention vous ne pouvez pas ouvrir un curseur qui est déjà ouvert, si tel est le cas vous obtiendrez une erreur.

```
SQL> declare
  2     CURSOR c_employe IS SELECT NOM, PRENOM, SALAIRE, COMMISSION
  3                         FROM EMPLOYES
  4                         ORDER BY NOM;
  5  begin
  6     open c_employe;
  7     open c_employe;
...
declare
*
ERREUR à la ligne 1 :
ORA-06511: PL/SQL : curseur déjà ouvert
ORA-06512: à ligne 2
ORA-06512: à ligne 7
```

Les arguments spécifiés lors de la déclaration du curseur sont définis lors de l'ouverture du curseur. Chaque argument est affecté à une seule valeur selon deux modèles :

Association par position

Dans ce cas, chaque argument est remplacé par la valeur occupant la même position dans la liste.

```
SQL> declare
  2      CURSOR c_produit (
  3          v_no_fournisseur PRODUITS.NO_FOURNISSEUR%TYPE,
  4          v_code_categorie PRODUITS.CODE_CATEGORIE%TYPE :=1)
  5        IS SELECT NOM_PRODUIT,PRIX_UNITAIRE FROM PRODUITS
  6           WHERE  NO_FOURNISSEUR = v_no_fournisseur AND
  7                  CODE_CATEGORIE = v_code_categorie;
  8  begin
  9    open c_produit(2);
```

Dans le cas présent, vous pouvez remarquer l'ouverture du curseur c_produit déclaré auparavant ; l'ouverture comporte un seul argument en occurrence v_no_fournisseur affecté à 2. L'argument v_code_categorie ne figurant pas dans la déclaration, il est affecté avec sa valeur par défaut.

```
SQL> declare
  2      CURSOR c_produit (
  3          v_no_fournisseur PRODUITS.NO_FOURNISSEUR%TYPE,
  4          v_code_categorie PRODUITS.CODE_CATEGORIE%TYPE :=1)
  5        IS SELECT NOM_PRODUIT,PRIX_UNITAIRE FROM PRODUITS
  6           WHERE  NO_FOURNISSEUR = v_no_fournisseur AND
  7                  CODE_CATEGORIE = v_code_categorie;
  8  begin
  9    open c_produit;
...
  open c_produit;
       *
ERREUR à la ligne 9 :
ORA-06550: Ligne 9, colonne 3 :
PLS-00306: numéro ou types d'arguments erronés dans appel à
'C_PRODUIT'
ORA-06550: Ligne 9, colonne 3 :
PL/SQL: SQL Statement ignored
```

> **Attention**
>
> Les arguments doivent être renseignés obligatoirement s'il n'y a pas de valeur par défaut déclarée.
>
> Les arguments associés par position sont affectés dans l'ordre de leur déclaration dans le curseur. Vous ne pouvez pas affecter le deuxième sans renseigner le premier.

Association par nom

Dans ce cas, chaque argument peut être indiqué dans un ordre quelconque en faisant apparaître la correspondance de façon implicite sous la forme :

Module 5 : Les curseurs

```
             OPEN NOM_CURSOR ( NOM_ARGUMENT => VALEUR_ARGUMENT[,...]);
SQL> declare
  2      CURSOR c_produit (
  3           v_no_fournisseur PRODUITS.NO_FOURNISSEUR%TYPE :=1,
  4           v_code_categorie PRODUITS.CODE_CATEGORIE%TYPE :=1)
  5        IS SELECT NOM_PRODUIT,PRIX_UNITAIRE FROM PRODUITS
  6           WHERE  NO_FOURNISSEUR = v_no_fournisseur AND
  7                  CODE_CATEGORIE = v_code_categorie;
  8  begin
  9    open c_produit( v_code_categorie => 2);
```

Attention

Lorsque vous ouvrez un curseur, le PL/SQL exécute la requête. Le modèle de lecture cohérente d'Oracle garantit que quelque soit le moment où vous effectuez la récupération des données, elles refléteront l'image des données telles qu'elles étaient au moment de l'ouverture du curseur.

En d'autres termes, de l'ouverture à la fermeture du curseur, les données ramenées par le curseur ne tiendront pas compte des éventuelles insertions, mises à jour et suppressions effectuées après l'ouverture du curseur.

Traitement des lignes

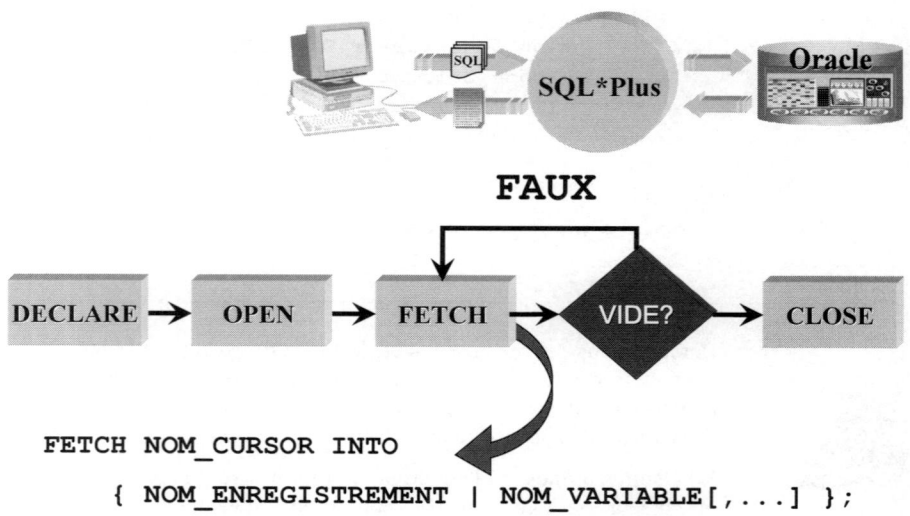

L'ordre « **OPEN** » a forcé l'exécution de l'ordre SQL associé au curseur. Il faut maintenant récupérer les lignes de l'ordre « **SELECT** » et les traiter une par une, en stockant la valeur de chaque colonne de l'ordre SQL dans une variable réceptrice.

La commande « **FETCH** » ne retourne qu'un enregistrement. Pour récupérer l'ensemble des enregistrements de l'ordre SQL, il faut prévoir une boucle.

La syntaxe utilisée est la suivante :

```
FETCH NOM_CURSOR
      {
          INTO {NOM_ENREGISTREMENT | NOM_VARIABLE[,...]}
       |
          BULK COLLECT INTO VARIABLE_ENREGISTREMENT
      };
```

La commande « **FETCH** » retourne un enregistrement ; cette instruction transfère les valeurs projetées par l'ordre « **SELECT** » dans un enregistrement ou dans une liste de variables.

```
SQL>  declare
  2      CURSOR c_prod ( a_pays FOURNISSEURS.PAYS%TYPE)
  3             IS
  4             SELECT REF_PRODUIT, NOM_PRODUIT, SOCIETE
  5             FROM PRODUITS NATURAL JOIN FOURNISSEURS
  6             WHERE PAYS LIKE a_pays;
  7      v_prod   c_prod%ROWTYPE;
  8  begin
  9      open c_prod ('France');
 10      fetch c_prod INTO v_prod;
 11      dbms_output.put_line( 'Produit : '||v_prod.NOM_PRODUIT);
 12      dbms_output.put_line( ' Société : '||v_prod.SOCIETE);
```

```
13      close c_prod;
14  end;
15  /
Produit : Chartreuse verte
Société : Aux joyeux ecclésiastiques

Procédure PL/SQL terminée avec succès.
```

Lorsque vous exécutez l'instruction « **FETCH** » le curseur doit impérativement être ouvert, dans le cas contraire une erreur se produit.

Vous ne pouvez pas non plus utiliser l'instruction « **FETCH** » lorsque le curseur a déjà été fermé.

```
SQL> declare
  2      CURSOR c_emp IS SELECT * FROM EMPLOYES;
  3      TYPE TAB_EMP IS TABLE OF EMPLOYES%ROWTYPE;
  4      t_emp   TAB_EMP;
  5  begin
  6      fetch c_emp BULK COLLECT INTO t_emp;
  7  end;
  8  /
declare
*
ERREUR à la ligne 1 :
ORA-01001: curseur non valide
ORA-06512: à ligne 7
```

La commande « **FETCH** » peut aussi être combinée à la clause « **BULK COLLECT** » pour renvoyer une collection d'enregistrements.

```
SQL> declare
  2      TYPE TAB_EMP_ID  IS TABLE OF EMPLOYES.NO_EMPLOYE%TYPE;
  3      TYPE TAB_EMP_NOM IS TABLE OF EMPLOYES.NOM%TYPE;
  4      t_emp_id  TAB_EMP_ID;
  5      t_emp_nom TAB_EMP_NOM;
  6      CURSOR c_emp IS SELECT NO_EMPLOYE,NOM FROM EMPLOYES;
  7  begin
  8      open c_emp;
  9      fetch c_emp BULK COLLECT INTO t_emp_id, t_emp_nom;
 10      for i in 1..4
 11      loop
 12          dbms_output.put_line( t_emp_id(i)||' '||t_emp_nom(i));
 13      end loop;
 14      close c_emp;
 15  end;
 18  /
8 Callahan
5 Buchanan
4 Peacock
3 Leverling
```

Module 5 : Les curseurs

Dans les versions antérieures, les collections que vous référenciez ne pouvaient stocker que des valeurs scalaires. En d'autres termes, vous ne pouviez pas extraire une ligne de données dans une structure d'enregistrement qui était une ligne de collection. A partir de la version Oracle10g, cette restriction n'existe plus.

```
SQL> declare
  2      CURSOR c_emp IS SELECT * FROM EMPLOYES;
  3      TYPE TAB_EMP  IS TABLE OF EMPLOYES%ROWTYPE;
  4      t_emp   TAB_EMP;
  5  begin
  6      open c_emp;
  7      fetch c_emp BULK COLLECT INTO t_emp;
  8      for i in 1..9
  9      loop
 10          dbms_output.put_line( t_emp(i).NO_EMPLOYE||' '||
 11                        t_emp(i).NOM||' '||t_emp(i).PRENOM);
 12      end loop;
 13  end;
 14  /
8 Callahan Laura
5 Buchanan Steven
4 Peacock Margaret
3 Leverling Janet
1 Davolio Nancy
9 Dodsworth Anne
7 King Robert
6 Suyama Michael
2 Fuller Andrew

Procédure PL/SQL terminée avec succès.
```

Le moteur SQL initialise et étend automatiquement les collections référencées dans la clause « **BULK COLLECT** ». Il remplit les collections à partir de l'indice 1, insère les éléments séquentiellement et remplace les valeurs de tout élément préalablement défini.

Statut d'un curseur

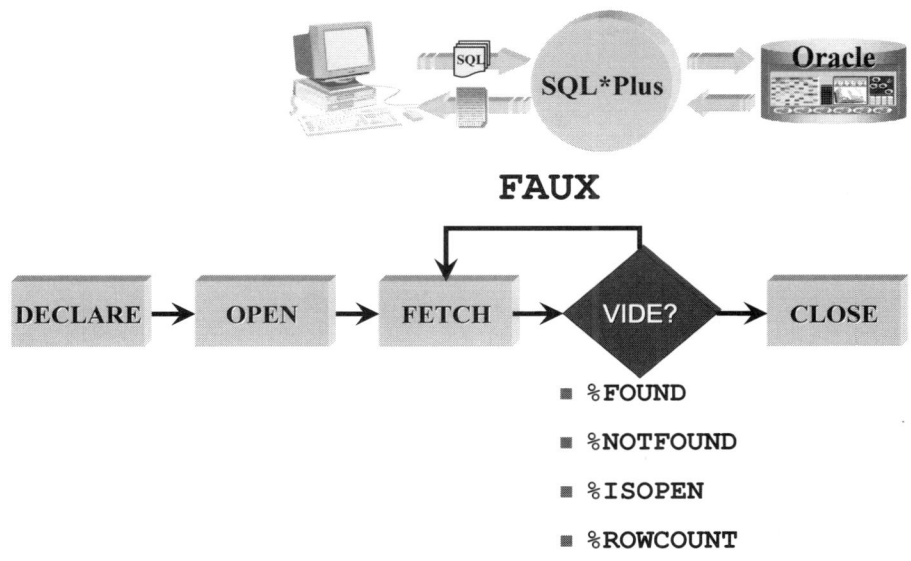

Pour chaque exécution d'un ordre de manipulation du curseur, le moteur SQL renvoie une information appelée statut, qui indique si l'ordre a été exécuté avec succès ou non. Cette information est disponible dans le programme par l'intermédiaire de quatre attributs rattachés à chaque curseur.

Les statuts du curseur explicite sont :

%FOUND	C'est un attribut de type booléen ; il est « **VRAI** » si exécution correcte de l'ordre SQL.
%NOTFOUND	C'est un attribut de type booléen ; il est « **VRAI** » si exécution incorrecte de l'ordre SQL.
%ISOPEN	C'est un attribut de type booléen ; il est « **VRAI** » si curseur ouvert.
%ROWCOUNT	Nombre de lignes traitées par l'ordre SQL ; il évolue à chaque ligne distribuée.

La syntaxe de consultation d'un attribut est :

NOM_CURSOR%ATTRIBUT;

```
SQL> declare
  2      CURSOR c_produit (
  3              v_no_fournisseur PRODUITS.NO_FOURNISSEUR%TYPE :=1,
  4              v_code_categorie PRODUITS.CODE_CATEGORIE%TYPE )
  5      IS
  6      SELECT NOM_PRODUIT,PRIX_UNITAIRE
  7      FROM PRODUITS
  8      WHERE  NO_FOURNISSEUR = v_no_fournisseur AND
  9             CODE_CATEGORIE = v_code_categorie;
 10      v_produit c_produit%ROWTYPE;
 11  begin
```

Module 5 : Les curseurs

```
12      open c_produit( v_code_categorie => 1);
13      if c_produit%ISOPEN then
14         dbms_output.put_line( 'La valeur %ROWCOUNT : '||
15                                 c_produit%ROWCOUNT );
16         loop
17             fetch c_produit into v_produit;
18             exit when c_produit%NOTFOUND;
19             dbms_output.put_line( 'Le produit : '''||
20                                    v_produit.NOM_PRODUIT||
21                                    ''' est au prix '||
22                                    v_produit.PRIX_UNITAIRE);
23             dbms_output.put_line( 'La valeur %ROWCOUNT : '||
24                                    c_produit%ROWCOUNT );
25         end loop;
26      end if;
27      close c_produit;
28   end;
29   /
La valeur %ROWCOUNT : 0
Le produit : 'Chai' est au prix 90
La valeur %ROWCOUNT : 1
Le produit : 'Chang' est au prix 95
La valeur %ROWCOUNT : 2

Procédure PL/SQL terminée avec succès.
```

Dans l'exemple précédent, vous pouvez remarquer le traitement des informations retournées par le curseur. Le traitement s'effectue dans une boucle « **LOOP** » et la condition de sortie est la fin des enregistrements trouvés par le curseur.

Les attributs du curseur peuvent avoir les valeurs suivantes :

		%FOUND	%ISOPEN	%NOTFOUND	%ROWCOUNT
OPEN	avant	exception	FALSE	exception	Exception
	après	NULL	TRUE	NULL	0
premier FETCH	avant	NULL	TRUE	NULL	0
	après	TRUE	TRUE	FALSE	1
FETCH suivants	avant	TRUE	TRUE	FALSE	1
	après	TRUE	TRUE	FALSE	enregistrements
dernier FETCH	avant	TRUE	TRUE	FALSE	enregistrements
	après	FALSE	TRUE	TRUE	enregistrements
CLOSE	avant	FALSE	TRUE	TRUE	enregistrements
	après	exception	FALSE	exception	Exception

Comme vous avez pu voir dans le module précédent, dans le cas d'un curseur implicite, un attribut est associé à un curseur par la notation « **SQL%ATTRIBUT** ». La valeur de l'attribut est relative au dernier ordre SQL exécuté avant son utilisation.

Le contrôle à l'aide de l'attribut « **SQL%NOTFOUND** » ne peut pas être utilisé avec la commande « **SELECT...INTO** », étant donné que cette commande donne lieu à une exception qui interrompt le cours normal du programme (voir les exceptions).

```
SQL> begin
  2     UPDATE EMPLOYES SET COMMISSION = 500
  3     WHERE NO_EMPLOYE = 8;
  4     if SQL%FOUND then
  5       dbms_output.put_line( 'La valeur %ROWCOUNT : '
  6                             ||SQL%ROWCOUNT );
  7     end if;
  8  end;
  9  /
La valeur %ROWCOUNT : 1

Procédure PL/SQL terminée avec succès.
```

Fermeture

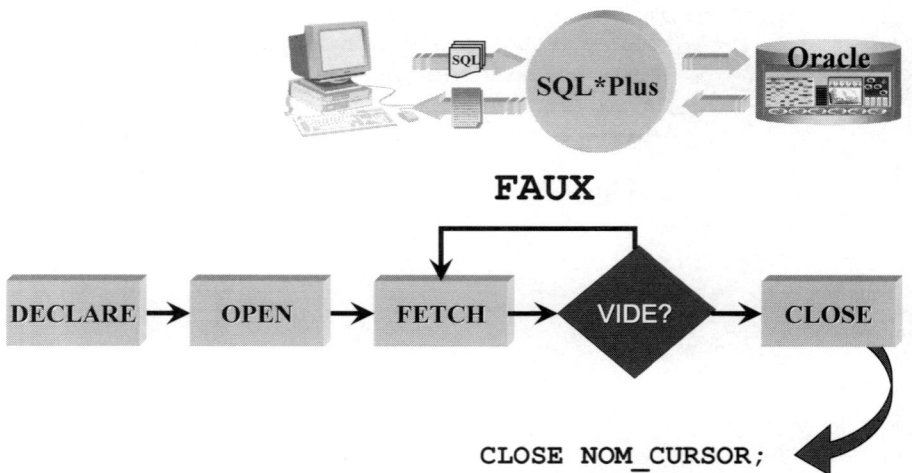

Chaque fois que vous ouvrez un curseur, n'oubliez pas de le fermer pour pouvoir libérer la place mémoire.

Le moteur PL/SQL vérifie implicitement et ferme tous les curseurs restant ouverts en fin d'appel d'une procédure, d'une fonction ou d'un bloc anonyme. Toutefois, le coût induit est non négligeable et il existe des cas où, par souci d'efficacité, le PL/SQL ne vérifie pas immédiatement et ne ferme donc pas les curseurs ouverts.

La base de données a un nombre de curseurs limites pour toutes les sessions, si vous laissez trop de curseurs ouverts, vous pouvez dépasser la valeur fixée par le paramètre d'initialisation de la base, « **OPEN_CURSORS** ». Dans ce cas, vous recevrez le message suivant :

```
ORA-01000: Nombre maximum de curseurs ouverts atteint.
```

La syntaxe de fermeture d'un curseur est :

CLOSE NOM_CURSOR ;

```
SQL> declare
  2     CURSOR c_manager
  3        IS
  4        SELECT NO_EMPLOYE, NOM, PRENOM
  5        FROM EMPLOYES
  6        WHERE NO_EMPLOYE IN (SELECT REND_COMPTE FROM EMPLOYES);
  7     CURSOR c_employes  ( a_mgr EMPLOYES.REND_COMPTE%TYPE )
  8        IS
  9        SELECT NO_EMPLOYE, NOM, PRENOM
 10        FROM EMPLOYES
 11        WHERE   REND_COMPTE = a_mgr;
 12     v_mgr    c_manager%ROWTYPE;
 13     v_emp    c_employes%ROWTYPE;
```

```
14  begin
15    open c_manager;
16    if c_manager%ISOPEN then
17      loop
18        fetch c_manager into v_mgr;
19        exit when c_manager%NOTFOUND;
20        dbms_output.put_line( 'Manager : '||
21                       v_mgr.NOM||' '|| v_mgr.PRENOM);
22        open c_employes( v_mgr.NO_EMPLOYE);
23        loop
24          fetch c_employes into v_emp;
25          exit when c_employes%NOTFOUND;
26          dbms_output.put_line( '-        Employé : '||
27                         v_emp.NOM||' '|| v_emp.PRENOM);
28        end loop;
29        close c_employes;
30      end loop;
31    end if;
32    close c_manager;
33  end;
34  /
Manager : Fuller Andrew
-        Employé : Callahan Laura
-        Employé : Buchanan Steven
-        Employé : Peacock Margaret
-        Employé : Leverling Janet
-        Employé : Davolio Nancy
-        Employé : Fuller Andrew
Manager : Buchanan Steven
-        Employé : Dodsworth Anne
-        Employé : Suyama Michael

Procédure PL/SQL terminée avec succès.
```

Le premier curseur recherche tous les employés qui encadrent au moins un autre employé. Le deuxième curseur utilise l'argument pour retrouver les employés encadrés par ce manager. Le deuxième curseur est ouvert, traité et fermé pour chaque manager trouvé à partir du premier curseur.

Attention

La gestion de l'ouverture et de la fermeture d'un curseur est très simple quand il s'agit des blocs anonymes ou si le curseur est ouvert et fermé dans le même bloc.

Dans les applications plus complexes, il est possible d'utiliser les curseurs dans plusieurs fonctions et procédures, une procédure peut ouvrir le curseur, une autre peut lire les informations et une autre qui ferme le curseur. Dans ce cas il faut être attentif aux contrôles de validité du curseur mais également prendre soin de la fermeture du curseur.

Module 5 : Les curseurs

Atelier 1

- Les curseurs explicites

 Durée : 15 minutes

Questions

```
SQL> declare
  2      CURSOR c_1 IS SELECT * FROM PRODUITS;
  3      v_1 c_1%ROWTYPE;
  4  begin
  5  /*A*/if c_1%FOUND then
  6          dbms_output.put_line('/*A*/ %FOUND');   end if;
  7  /*B*/if c_1%ISOPEN then
  8          dbms_output.put_line('/*B*/ %ISOPEN'); end if;
  9  /*C*/if c_1%NOTFOUND then
 10          dbms_output.put_line('/*C*/ %NOTFOUND');end if;
 11  /*D*/if c_1%ROWCOUNT >0 then
 12          dbms_output.put_line('/*D*/ %ISOPEN'); end if;
 13      open c_1;
 14  /*E*/if c_1%FOUND then
 15          dbms_output.put_line('/*E*/ %FOUND');   end if;
 16  /*F*/if c_1%ISOPEN then
 17          dbms_output.put_line('/*F*/ %ISOPEN'); end if;
 18  /*G*/if c_1%NOTFOUND then
 19          dbms_output.put_line('/*G*/ %NOTFOUND');end if;
 20  /*H*/if c_1%ROWCOUNT = 0 then
 21          dbms_output.put_line('/*H*/ %ROWCOUNT');  end if;
 22      loop
 23          fetch c_1 into v_1;
 24          exit when c_1%NOTFOUND;
 25      end loop;
```

```
26  /*I*/if c_1%FOUND then
27         dbms_output.put_line('/*I*/ %FOUND');   end if;
28  /*J*/if c_1%ISOPEN then
29         dbms_output.put_line('/*J*/ %ISOPEN');  end if;
30  /*K*/if c_1%NOTFOUND then
31         dbms_output.put_line('/*K*/ %NOTFOUND');end if;
32  /*L*/if c_1%ROWCOUNT >0 then
33         dbms_output.put_line('/*L*/ %ROWCOUNT');  end if;
34      close c_1;
35  /*M*/if c_1%FOUND then
36         dbms_output.put_line('/*M*/ %FOUND');   end if;
37  /*N*/if c_1%ISOPEN then
38         dbms_output.put_line('/*N*/ %ISOPEN');  end if;
39  /*O*/if c_1%NOTFOUND then
40         dbms_output.put_line('/*O*/ %NOTFOUND');end if;
41  /*P*/if c_1%ROWCOUNT >0 then
42         dbms_output.put_line('/*P*/ %ISOPEN');  end if;
43  end;
44  /
```

5.1-1. Quelles sont les instructions qui génèrent une erreur due à une lecture des attributs du curseur ?

5.1-2. Si on efface les instructions qui génèrent une erreur, quelles sont les autres instructions qui valident la condition et affichent la chaine avec leur lettre et leur attribut ?

Exercice n°1 Les curseurs explicites

Créez le bloc PL/SQL qui permet d'effectuer les opérations :

- À l'aide d'un curseur explicite, insérez les enregistrements correspondants dans la table du modèle étoile QUANTITES_CLIENTS. Avant d'insérer, effacez tous les enregistrements.

- À l'aide d'un curseur explicite, insérez les enregistrements correspondants dans la table du modèle étoile VENTES_MOIS uniquement pour l'année passée en argument au curseur. Le bloc doit utiliser une variable de substitution pour alimenter une variable PL/SQL. Avant d'insérer, effacez tous les enregistrements de l'année qui a été passée en argument.

- À l'aide d'un curseur explicite, affichez l'employé, la fonction à partir de la table du modèle étoile DIM_EMPLOYES.

Module 5 : Les curseurs

Les boucles et les curseurs

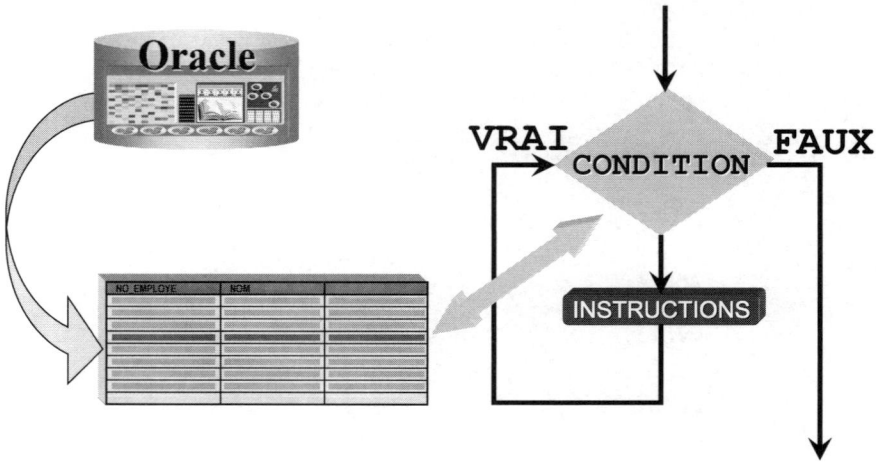

Dans la mesure où l'utilisation principale d'un curseur est le parcours d'un ensemble de lignes ramenées par l'exécution du « **SELECT** » associé, il peut être intéressant d'utiliser une syntaxe plus simple pour l'ouverture du curseur et le parcours de la boucle.

Oracle propose une variante de la boucle « **FOR** » qui déclare implicitement la variable de parcours, ouvre le curseur, réalise les « **FETCH** » successifs et ferme le curseur.

La syntaxe pour l'utilisation d'un curseur dans une boucle « **FOR** » est :

```
FOR NOM_ENREGISTREMENT IN NOM_CURSEUR LOOP
    INSTRUCTIONS ;
END LOOP ;
```

```
SQL> declare
  2     CURSOR c_produit (
  3          v_no_fournisseur PRODUITS.NO_FOURNISSEUR%TYPE := 2,
  4          v_code_categorie PRODUITS.CODE_CATEGORIE%TYPE )
  5          IS SELECT NOM_PRODUIT,PRIX_UNITAIRE FROM PRODUITS
  6             WHERE  NO_FOURNISSEUR = v_no_fournisseur AND
  7                    CODE_CATEGORIE = v_code_categorie;
  8  begin
  9    for v_produit in c_produit(v_code_categorie => 2) loop
 10       dbms_output.put_line( v_produit.NOM_PRODUIT||' -- '||
 11                             v_produit.PRIX_UNITAIRE);
 12    end loop;
 13  end;
 14  /
Chef Anton's Cajun Seasoning -- 110
Louisiana Hot Spiced Okra -- 85
```

```
Chef Anton's Gumbo Mix -- 106
Louisiana Fiery Hot Pepper Sauce -- 105
```

Procédure PL/SQL terminée avec succès.

Vous pouvez, dans cet exemple, observer la définition d'un curseur sur la table PRODUITS ; le curseur est automatiquement ouvert par la boucle « **FOR** » et l'incrémentation s'effectue du premier enregistrement trouvé jusqu'au dernier. A la sortie de la boucle le curseur est fermé automatiquement. Remarquez que la variable v_produits est définie automatiquement comme une variable de type enregistrement en lecture seule.

Il est également possible de ne pas déclarer le curseur dans la section « **DECLARE** », mais de spécifier celui-ci directement dans l'instruction « **FOR** ».

```
SQL> begin
  2    for v_clients in ( SELECT SOCIETE, VILLE
  3                       FROM CLIENTS
  4                       WHERE PAYS LIKE 'France') loop
  5      dbms_output.put_line( v_clients.SOCIETE||' -- '||
  6                            v_clients.VILLE         );
  7    end loop;
  8  end;
  9  /
Blondel père et fils -- Strasbourg
Bon app' -- Marseille
Du monde entier -- Nantes
Folies gourmandes -- Lille
France restauration -- Nantes
La corne d'abondance -- Versailles
La maison d'Asie -- Toulouse
Paris spécialités -- Paris
Spécialités du monde -- Paris
Victuailles en stock -- Lyon
Vins et alcools Chevalier -- Reims
```

Procédure PL/SQL terminée avec succès.

Vous pouvez remarquer que cette syntaxe évite la déclaration du curseur.

Le langage PL/SQL offre la possibilité, pour la constitution de la requête, d'utiliser les variables déclarées dans notre bloc ou toute autre variable accessible.

```
SQL> declare
  2    v_no_fournisseur PRODUITS.NO_FOURNISSEUR%TYPE ;
  3    v_code_categorie PRODUITS.CODE_CATEGORIE%TYPE ;
  4    CURSOR c_produit
  5         IS SELECT NOM_PRODUIT,PRIX_UNITAIRE FROM PRODUITS
  6            WHERE  NO_FOURNISSEUR = v_no_fournisseur AND
  7                   CODE_CATEGORIE = v_code_categorie;
  8  begin
  9    v_no_fournisseur := 2;
 10    v_code_categorie := 2;
 11    for v_produit in c_produit loop
 12      dbms_output.put_line( v_produit.NOM_PRODUIT||' -- '||
 13                            v_produit.PRIX_UNITAIRE);
 14    end loop;
 15  end;
```

```
 16  /
Chef Anton's Cajun Seasoning -- 110
Louisiana Hot Spiced Okra -- 85
Chef Anton's Gumbo Mix -- 106
Louisiana Fiery Hot Pepper Sauce -- 105

Procédure PL/SQL terminée avec succès.
```

L'exemple ci-dessus nous montre la déclaration d'un curseur qui utilise deux variables précédemment déclarées, v_no_fournisseur et v_code_categorie. Dans l'exécution du bloc, les variables sont initialisées avant l'utilisation du curseur.

Attention

Prenez garde aux noms des variables lorsque vous mélangez les variables PL/SQL et les colonnes de la base dans les requêtes à l'intérieur d'un bloc PL/SQL.

Si votre variable a le même nom que la colonne, Oracle utilise toujours la colonne. Il n'y a pas d'erreur à la compilation, mais vous n'obtenez pas le résultat escompté.

```
SQL> declare
  2     code_categorie CATEGORIES.CODE_CATEGORIE%TYPE   :=1;
  3     CURSOR c_categorie IS SELECT CODE_CATEGORIE,NOM_CATEGORIE
  4                           FROM CATEGORIES
  5                           WHERE CODE_CATEGORIE = code_categorie;
  6     v_categorie c_categorie%ROWTYPE;
  7  begin
  8     for v_categorie in c_categorie loop
  9        dbms_output.put_line( code_categorie||' '||
 10                              v_categorie.CODE_CATEGORIE||' '||
 11                              v_categorie.NOM_CATEGORIE);
 12     end loop;
 13  end;
 14  /
1 1 Boissons
1 2 Condiments
1 3 Desserts
1 4 Produits laitiers
1 5 Pâtes et céréales
1 6 Viandes
1 7 Produits secs
1 8 Poissons et fruits de mer

Procédure PL/SQL terminée avec succès.

SQL> declare
  2     v_code_categorie CATEGORIES.CODE_CATEGORIE%TYPE   :=1;
  3     CURSOR c_categorie IS SELECT CODE_CATEGORIE,NOM_CATEGORIE
  4                           FROM CATEGORIES
  5                           WHERE CODE_CATEGORIE = v_code_categorie;
  6     v_categorie c_categorie%ROWTYPE;
  7  begin
  8     for v_categorie in c_categorie loop
  9        dbms_output.put_line( v_code_categorie||' '||
```

```
 10                              v_categorie.CODE_CATEGORIE||' '||
 11                              v_categorie.NOM_CATEGORIE);
 12     end loop;
 13   end;
 14   /
1 1 Boissons
```

Procédure PL/SQL terminée avec succès.

Vous pouvez voir, ci-dessus, la déclaration du curseur `c_categorie` basée sur la table CATEGORIES ; les enregistrements que l'on veut afficher sont ceux de la catégorie 1. Le nom de la colonne CODE_CATEGORIE et celui de la variable PL/SQL code_categorie sont identiques dans la clause « **WHERE** » ; la variable PL/SQL n'est pas visible, et la condition est alors toujours valable.

Les curseurs FOR UPDATE

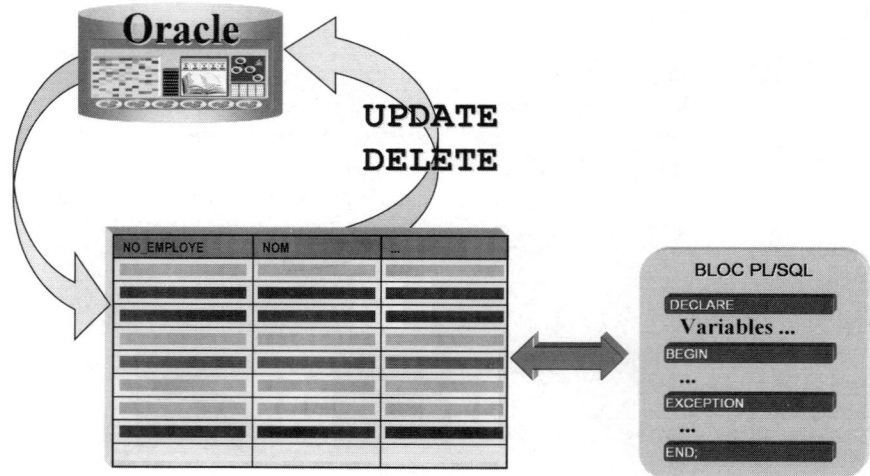

Jusqu'à présent, tous les exemples de curseur étaient en lecture seule. Aucune modification des données retournées par un curseur n'a été effectuée.

Lorsqu'on lance un curseur avec un ordre « **SELECT** » sur la base pour récupérer des enregistrements, aucun verrou n'est mis sur les lignes sélectionnées.

Il y a toutefois des situations où l'on souhaite verrouiller un ensemble de lignes avant même de les avoir modifiées par programme. Pour ce type de verrou, Oracle offre la clause « **FOR UPDATE** » dans la déclaration du curseur.

Lorsqu'on exécute un ordre « **SELECT...FOR UPDATE** », Oracle génère automatiquement des verrous exclusifs au niveau enregistrement sur chacune des lignes ramenées par l'ordre « **SELECT** »; les enregistrements sont verrouillés pendant toute la durée du travail sur les lignes individuelles.

Personne ne peut modifier ces enregistrements avant qu'un ordre de « **ROLLBACK** » ou de « **COMMIT** » n'ait été exécuté dans la session qui a ouvert le curseur.

La syntaxe de déclaration d'un curseur en mise à jour est :

```
CURSOR NOM_CURSOR
      [( NOM_ARGUMENT TYPE := VALEUR_DEFAUT[,...])]
IS REQUETE
FOR UPDATE [OF NOM_COLONNE[,...]]
           [{NOWAIT | WAIT NB_SECONDES}] ;
```

NOM_COLONNE Une ou plusieurs colonnes sur laquelle porte la clause « **FOR UPDATE** ».

NOWAIT Demande à Oracle de verrouiller les enregistrements correspondants immédiatement si les enregistrements sont déjà verrouillés ; alors l'ouverture du curseur provoque une erreur.

Module 5 : Les curseurs

WAIT — Demande à Oracle de verrouiller les enregistrements correspondants si les enregistrements sont déjà verrouillés ; alors le programme attend NB_SECONDES secondes pour le déverrouillage, sinon l'ouverture du curseur provoque une erreur.

```
SQL> declare
  2     CURSOR c_commande IS
  3        SELECT *
  4        FROM   COMMANDES
  5        WHERE TRUNC(DATE_ENVOI,'Month') =  TRUNC(SYSDATE,'Month')
  6        FOR UPDATE;
```

La clause « **FOR UPDATE** » se comporte comme si tous les enregistrements du curseur sont modifiés par ordre « **UPDATE** ». Aussitôt qu'un curseur contenant la clause « **FOR UPDATE** » est ouvert, toutes les lignes faisant partie de l'ensemble de résultats du curseur sont verrouillées, et le resteront tant que la session n'enverra pas soit un ordre « **COMMIT** » pour valider les modifications, soit un ordre « **ROLLBACK** » pour les annuler. Lorsqu'un de ces ordres est exécuté, les verrous de lignes sont relâchés.

Attention

Il est impossible d'exécuter un ordre « **FETCH** » sur un curseur « **FOR UPDATE** » après avoir effectué la fin de la transaction à l'aide de la commande « **COMMIT** » ou « **ROLLBACK** ». La position dans le curseur est perdue.

Si vous avez besoin d'effectuer un « **COMMIT** » ou un « **ROLLBACK** », vous devez vous assurer qu'il n'y a plus d'ordre « **FETCH** » exécuté par la suite.

```
SQL> declare
  2        CURSOR c_employe
  3            IS
  4            SELECT NOM, PRENOM, SALAIRE, COMMISSION
  5            FROM EMPLOYES
  6            FOR UPDATE;
  7        v_employe c_employe%ROWTYPE;
  8  begin
  9        open c_employe;
 10        fetch c_employe INTO v_employe;
 11        UPDATE EMPLOYES SET SALAIRE = v_employe.salaire
 12        WHERE NOM = v_employe.nom;
 13        COMMIT;
 14        fetch c_employe INTO v_employe;
 15        close c_employe;
 16  END;
 17  /
declare
*
ERREUR à la ligne 1 :
ORA-01002: extraction hors séquence
ORA-06512: à ligne 14
```

Dans l'exemple précédent vous pouvez remarquer que lorsqu'on tente de récupérer l'enregistrement suivant, après l'ordre « **COMMIT** » le programme déclenche l'exception ORA-01003, rupture de séquence.

Module 5 : Les curseurs

Accès concurrent et verrouillage

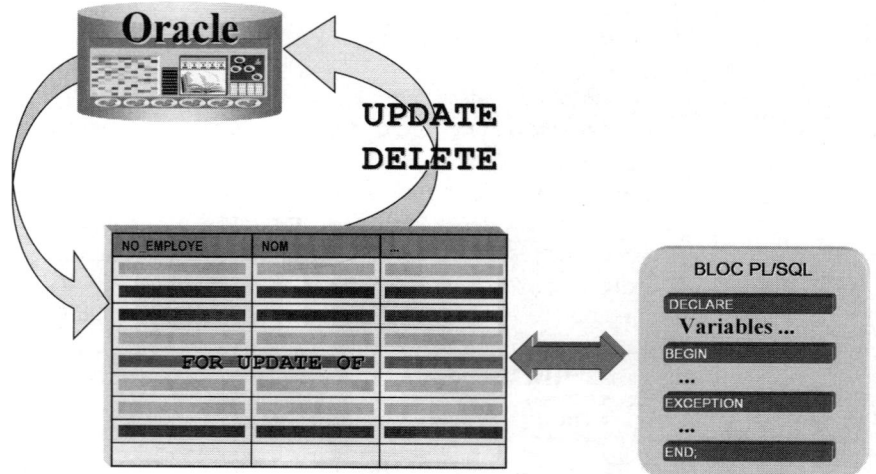

Pour donner un exemple de contraintes d'accès concurrent et de verrouillage, on utilise plusieurs sessions. Chaque session exécute un ensemble de traitements pour introduire les copies d'écran de chaque session, vous retrouvez les lignes suivantes :

```
-----------------------------------------------------------------------
-- Session numéro : NUMERO_SESSION
-----------------------------------------------------------------------
```

La première session effectue une modification de la table EMPLOYES uniquement dans le but d'avoir un moyen d'arrêter le traitement de la deuxième session.

Rappelez-vous, si une session modifie un enregistrement d'une table, les autres sessions qui lancent un ordre LMD visant l'enregistrement sont bloquées jusqu'à la validation ou le rejet de la transaction dans la première session.

```
-----------------------------------------------------------------------
-- Session numéro : 1
-----------------------------------------------------------------------
SQL> UPDATE EMPLOYES SET COMMISSION = 0
  2  WHERE NO_EMPLOYE = 9;

1 ligne mise à jour.
```

Dans le cas d'un curseur sur une seule table la liste de colonnes spécifiée après le mot clé « **OF** » de la clause « **FOR UPDATE** » ne limite pas les modifications aux colonnes listées. Les verrous sont posés sur des lignes complètes; la liste « **OF** » est seulement un moyen de documenter plus clairement ce qu'on a l'intention de changer.

```
-----------------------------------------------------------------------
-- Session numéro : 2
-----------------------------------------------------------------------
SQL> declare
  2      CURSOR c_produit
  3      IS
  4          SELECT NOM_PRODUIT, PRIX_UNITAIRE, UNITES_STOCK
```

Module 5 : Les curseurs

```
    5           FROM PRODUITS
    6        FOR UPDATE OF PRIX_UNITAIRE;
    7        v_produit c_produit%ROWTYPE;
    8   begin
    9     open c_produit;
   10     UPDATE EMPLOYES SET COMMISSION = 0
   11     WHERE NO_EMPLOYE = 9;
   12     --Arrêt suite au verrou de la Session 1
   13     ROLLBACK;
   14     close c_produit;
   15   end;
   16   /
```

La deuxième session est bloquée dans son exécution à la commande de mise à jour « **UPDATE** », suite au verrou sur la table EMPLOYES posé par la première session.

```
-- Session numéro : 3
------------------------------------------------------------------------
SQL> UPDATE PRODUITS SET UNITES_STOCK = UNITES_STOCK * 1;
```

Dans la troisième session, la mise à jour des enregistrements provoque un blocage de la session malgré le fait qu'on modifie le champ UNITES_STOCK et pas le PRIX_UNITAIRE qui a été réservé par la clause « **FOR UPDATE** » de la deuxième session.

Attention

Attention Oracle ne verrouille pas les champs des enregistrements mais bien les enregistrements eux-mêmes.

Ainsi la liste « **OF** » de la clause « **FOR UPDATE** » ne limite pas les modifications aux colonnes listées. Les verrous sont toujours placés sur l'ensemble des enregistrements; la liste « **OF** » vous permet seulement de documenter plus clairement les modifications que vous souhaitez effectuer pour les curseurs mono-tables.

Prenons un exemple de curseur qui cette fois-ci utilise plusieurs tables, ainsi la liste des champs décrite dans la clause « **FOR UPDATE** » peut permettre de cibler le verrouillage sur une ou plusieurs tables auxquelles appartiennent les champs.

```
-- Session numéro : 1
------------------------------------------------------------------------
SQL> UPDATE EMPLOYES SET COMMISSION = 0
  2  WHERE NO_EMPLOYE = 9;

1 ligne mise à jour.


-- Session numéro : 2
------------------------------------------------------------------------
SQL> declare
  2      CURSOR c_produit
  3          IS
  4          SELECT NOM_PRODUIT, PRIX_UNITAIRE, SOCIETE
  5          FROM PRODUITS NATURAL JOIN FOURNISSEURS
```

```
 6      FOR UPDATE OF PRIX_UNITAIRE;
 7      v_produit c_produit%ROWTYPE;
 8  begin
 9    open c_produit;
10    UPDATE EMPLOYES SET COMMISSION = 0
11    WHERE NO_EMPLOYE = 9;
12    --Arrêt suite au verrou de la Session 1
13    ROLLBACK;
14    close c_produit;
15  end;
16  /
```

La deuxième session est bloquée dans son exécution à la commande de mise à jour « **UPDATE** », suite au verrou sur la table EMPLOYES posé par la première session. Le bloc PL/SQL déclare un curseur qui utilise les deux tables PRODUITS FOURNISSEURS. Le curseur est de type « **FOR UPDATE** » et dans la liste « **OF** » vous trouvez uniquement le champ PRIX_UNITAIRE de la table PRODUITS.

```
-- Session numéro : 3
-----------------------------------------------------------------
SQL> UPDATE FOURNISSEURS SET SOCIETE = SOCIETE;

29 ligne(s) mise(s) à jour.
SQL> UPDATE PRODUITS SET UNITES_STOCK = UNITES_STOCK * 1;
```

Attention

Dans le cadre des curseurs multi-tables, si l'on se contente de déclarer la requête « **FOR UPDATE** », sans ajouter une ou plusieurs colonnes après le mot clé « **OF** », la base verrouillera tous les enregistrements de toutes les tables du curseur.

WHERE CURRENT OF

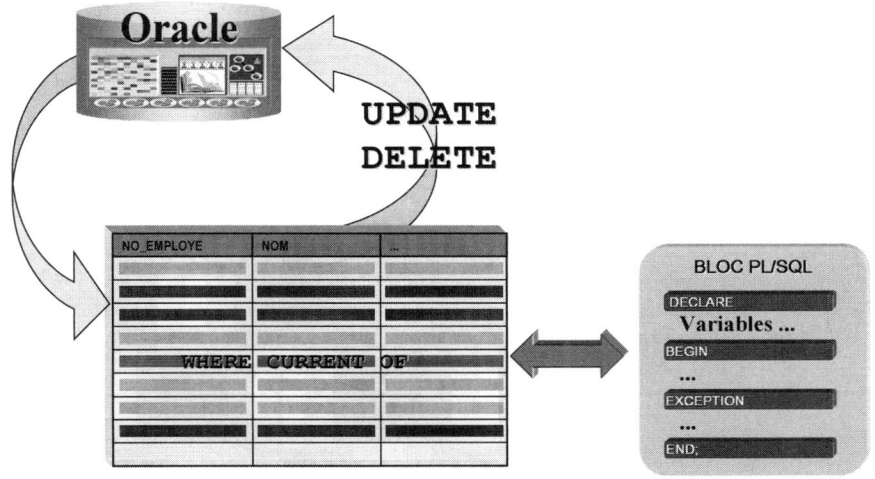

L'instruction « **WHERE CURRENT OF** », pour les ordres « **UPDATE** » ou « **DELETE** » au sein d'un curseur, permet de modifier facilement l'enregistrement courant, le dernier enregistrement de données ramenée par l'ordre « **FETCH** ».

La syntaxe générale de la clause « **WHERE CURRENT OF** » est la suivante :

WHERE CURRENT OF NOM_CURSEUR ;

```
SQL> declare
  2      CURSOR c_employe
  3          IS
  4          SELECT NOM, PRENOM, FONCTION,
  5                 SALAIRE, COMMISSION
  6          FROM EMPLOYES
  7          FOR UPDATE OF SALAIRE, COMMISSION;
  8      v_employe c_employe%ROWTYPE;
  9  begin
 10      for v_employe in c_employe loop
 11          if v_employe.FONCTION = 'Représentant(e)'   and
 12             v_employe.SALAIRE + v_employe.COMMISSION < 3500
 13          then
 14              UPDATE EMPLOYES SET SALAIRE = SALAIRE *  1.1
 15              WHERE CURRENT OF c_employe;
 16              dbms_output.put_line( 'Employé : '||v_employe.NOM
 17                                    ||' '|| v_employe.PRENOM );
 18          end if;
 19      end loop;
 20  rollback;--     COMMIT;
 21  END;
 22  /
```

Module 5 : Les curseurs

```
Employé : Peacock Margaret
Employé : Dodsworth Anne
Employé : King Robert
Employé : Suyama Michael

Procédure PL/SQL terminée avec succès.
```

Dans le cas exposé ci-dessus, vous pouvez voir la mise à jour des salaires des représentants qui ont un salaire plus la commission inférieur à 3500.

Attention

L'instruction « **WHERE CURRENT OF** » est uniquement utilisée avec les curseurs déclarés « **FOR UPDATE** ».

L'utilisation de « **WHERE CURRENT OF** », des attributs « **%TYPE** » et « **%ROWTYPE** », des boucles de curseur « **FOR** », des modules locaux et d'autres composants du PL/SQL peuvent réduire de manière significative la charge de maintenance de vos applications.

La variable curseur

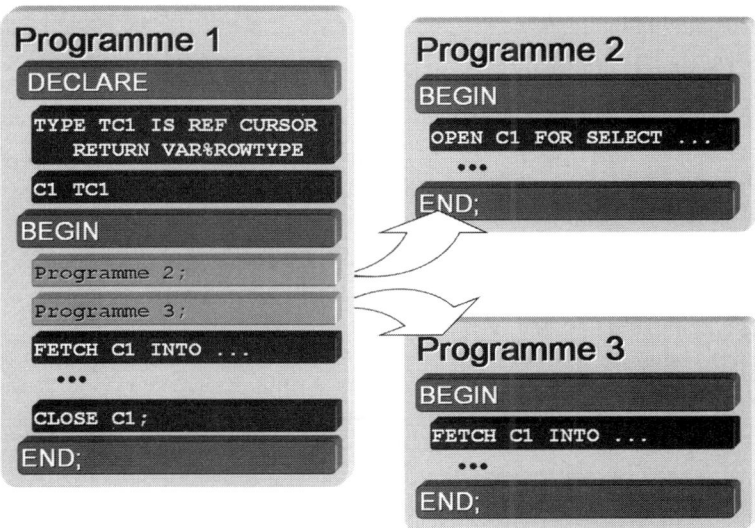

La variable curseur est essentiellement une description du type de retour du curseur, par la suite la requête est spécifiée au moment de l'ouverture du curseur.

Ainsi une variable de curseur est une variable qui référence un curseur, elle peut être ouverte pour n'importe quelle requête, et même pour différentes requêtes dans une même exécution de programme.

Le principal intérêt des variables de curseur est qu'elles offrent un mécanisme de passage des résultats de requêtes entre différents programmes PL/SQL ainsi que entre des programmes PL/SQL stockés dans la base et ceux exécutés du côté client.

Le travail avec une variable curseur est semblable aux traitements avec les curseurs, à l'exception de :

− déclaration du type « **REF CURSOR** »,
− déclaration de la variable curseur,
− ouverture du curseur.

Déclaration de la variable

Tout d'abord il faut déclarer un « **TYPE** » de curseur référencé prédéfini « **REF CURSOR** ».

La syntaxe de création d'un type de curseur référencé est la suivante :

TYPE NOM_CURSEUR IS REF CURSOR [RETURN TYPE_RETOUR];

Le TYPE_RETOUR peut être n'importe quel enregistrement de données valide, il est défini en utilisant l'attribut « **%ROWTYPE** » ou en référençant un enregistrement précédemment défini. La clause « **RETURN** » de l'ordre « **REF CURSOR** » est optionnelle mais il est très fortement conseillé de définir le type de retour, autrement vous définissez uniquement une référence.

La syntaxe de déclaration de la variable curseur est :

```
NOM_VARIABLE NOM_CURSEUR;
```

Ouverture du curseur

La requête du curseur est initialisée lorsque vous ouvrez le curseur.

La syntaxe de l'ordre « **OPEN** » pour les variables de curseur permet d'accepter un ordre « **SELECT** » après la clause « **FOR** » comme suit :

```
OPEN NOM_CURSEUR FOR REQUETE;
```

```
SQL> declare
  2      TYPE CURSOR_EMPLOYES IS
  3          REF CURSOR RETURN EMPLOYES%ROWTYPE;
  4      c_employes CURSOR_EMPLOYES;
  5      v_employes c_employes%ROWTYPE;
  6  begin
  7      open  c_employes
  8          FOR
  9          SELECT * FROM EMPLOYES WHERE REND_COMPTE = 2;
 10      loop
 11          fetch c_employes into v_employes;
 12          exit when c_employes%NOTFOUND;
 13          dbms_output.put_line( 'Employé géré par Fuller : '||
 14                  v_employes.NOM||' '|| v_employes.PRENOM);
 15      end loop;
 16      close c_employes;
 17      open  c_employes
 18          FOR
 19          SELECT * FROM EMPLOYES
 20          WHERE NO_EMPLOYE NOT IN (
 21              SELECT NO_EMPLOYE FROM COMMANDES);
 22      loop
 23          fetch c_employes into v_employes;
 24          exit when c_employes%NOTFOUND;
 25          dbms_output.put_line( 'Employé sans commandes : '||
 26                  v_employes.NOM||' '|| v_employes.PRENOM);
 27      end loop;
 28      close c_employes;
 29  end;
 30  /
Employé géré par Fuller : Callahan Laura
Employé géré par Fuller : Buchanan Steven
Employé géré par Fuller : Peacock Margaret
Employé géré par Fuller : Leverling Janet
Employé géré par Fuller : Davolio Nancy
Employé géré par Fuller : Fuller Andrew
Employé sans commandes : Fuller Andrew
Employé sans commandes : Buchanan Steven
Employé sans commandes : Callahan Laura
```

Procédure PL/SQL terminée avec succès.

La variable curseur est affectée à un objet curseur, l'ordre « **OPEN…FOR** » crée de manière implicite un objet pour cette variable. Si au moment où on effectue un « **OPEN…FOR** » de la variable de curseur, elle pointe déjà sur un objet, le nouvel objet n'est pas créé.

Si NOM_CURSEUR est une variable de curseur définie avec un type « **REF CURSOR** » sans clause « **RETURN** », vous pouvez ouvrir le curseur avec n'importe quelle requête, quelque soit sa structure.

```
SQL> declare
  2       TYPE CURSOR_NOM IS REF CURSOR;
  3       TYPE r_nom IS RECORD (
  4            code_cat CATEGORIES.CODE_CATEGORIE%TYPE,
  5            nom_cat  CATEGORIES.NOM_CATEGORIE%TYPE);
  6       c_nom CURSOR_NOM;
  7       v_nom      r_nom;
  8       v_clients CLIENTS%ROWTYPE;
  9  begin
 10       open  c_nom
 11            FOR
 12            SELECT CODE_CATEGORIE,NOM_CATEGORIE FROM CATEGORIES;
 13       loop
 14            fetch c_nom into v_nom;
 15            exit when c_nom%NOTFOUND;
 16            dbms_output.put_line( 'Catégories : '||
 17                    v_nom.code_cat||' '|| v_nom.nom_cat);
 18       end loop;
 19       close c_nom;
 20       open  c_nom
 21            FOR
 22            SELECT * FROM CLIENTS WHERE PAYS = 'France';
 23       loop
 24            fetch c_nom into v_clients;
 25            exit when c_nom%NOTFOUND;
 26            dbms_output.put_line( 'Client : '||
 27                    v_clients.societe||' '|| v_clients.ville);
 28       end loop;
 29       close c_nom;
 30  end;
 31  /
Catégories : 1 Boissons
Catégories : 2 Condiments
Catégories : 3 Desserts
Catégories : 4 Produits laitiers
Catégories : 5 Pâtes et céréales
Catégories : 6 Viandes
Catégories : 7 Produits secs
Catégories : 8 Poissons et fruits de mer
Client : Blondel père et fils Strasbourg
Client : Bon app' Marseille
Client : Du monde entier Nantes
Client : Folies gourmandes Lille
Client : France restauration Nantes
Client : La corne d'abondance Versailles
```

Module 5 : Les curseurs

```
Client : La maison d'Asie Toulouse
Client : Paris spécialités Paris
Client : Spécialités du monde Paris
Client : Victuailles en stock Lyon
Client : Vins et alcools Chevalier Reims

Procédure PL/SQL terminée avec succès.
```

Il est également possible d'utiliser la clause « **USING** » pour permettre le passage d'arguments en utilisant la syntaxe suivante :

```
OPEN NOM_CURSEUR FOR REQUETE
    [ USING [ IN | OUT | IN OUT ] ARGUMENT[,... ] ] ;
```

USING	Cette clause permet le paramétrage de la requête SQL dynamique en utilisant une liste des arguments.
IN ARGUMENT	L'argument est passé à la requête SQL dynamique lors de son invocation. Il ne peut pas être modifié à l'intérieur de la requête SQL dynamique.
OUT ARGUMENT	L'argument est ignoré lors de l'invocation de la requête SQL dynamique. À l'intérieur de celle-ci, l'argument se comporte comme une variable PL/SQL n'ayant pas été initialisée, contenant donc la valeur « **NULL** » et supportant les opérations de lecture et d'écriture. Au terme de la requête SQL dynamique, il retourne à la valeur affectée.
IN OUT ARGUMENT	L'argument combine les deux propriétés « **IN** » et « **OUT** ».

```
SQL> declare
  2      TYPE CURSOR_CLIENTS IS REF CURSOR;
  3      c_clients CURSOR_CLIENTS;
  4      v_client   CLIENTS%ROWTYPE;
  5      v_pays     CLIENTS.PAYS%TYPE := 'France';
  6      v_SQL      varchar2(200)
  7              := 'SELECT * FROM CLIENTS WHERE PAYS = :a_pays';
  8  begin
  9      open  c_clients FOR v_SQL  USING  v_pays;
 10      loop
 11          fetch c_clients into v_client;
 12          exit when c_clients%NOTFOUND;
 13          dbms_output.put_line( 'Client : '||
 14                  v_client.societe||' '|| v_client.ville);
 15      end loop;
 16      close c_clients;
 17  end;
 18  /
Client : Blondel père et fils Strasbourg
Client : Bon app' Marseille
Client : Du monde entier Nantes
Client : Folies gourmandes Lille
Client : France restauration Nantes
Client : La corne d'abondance Versailles
```

```
Client : La maison d'Asie Toulouse
Client : Paris spécialités Paris
Client : Spécialités du monde Paris
Client : Victuailles en stock Lyon
Client : Vins et alcools Chevalier Reims

Procédure PL/SQL terminée avec succès.
```

En conclusion les variables de curseur vous permettent d'associer une variable de curseur à différentes requêtes, à différents moments, au cours de l'exécution de votre programme.

Vous pouvez passer une variable de curseur comme argument d'une procédure ou d'une fonction.

Une fois l'objet curseur créé par un « **OPEN...FOR** », cet objet de curseur reste accessible tant qu'il est référencé par au moins une variable de curseur active.

Le fait qu'une variable de curseur soit vraiment une variable ouvre de nombreuses opportunités à vos programmes.

Atelier 2

- Les boucles et les curseurs
- Les curseurs en mise à jour
- Les variables curseurs

 Durée : 25 minutes

Exercice n°1   Les boucles et les curseurs

Créez le bloc PL/SQL qui permet d'effectuer les opérations :

– À l'aide d'un curseur et de la boucle « **FOR** », affichez les clients, leur ville et leur pays à partir de la table du modèle étoile DIM_CLIENTS.

– À l'aide d'un curseur et de la boucle « **FOR** », insérez les enregistrements correspondants dans la table du modèle étoile VENTES_CLIENTS uniquement pour l'année passée en argument au curseur. Le bloc doit utiliser une variable de substitution pout alimenter une variable PL/SQL. Avant d'insérer, effacez tous les enregistrements de l'année qui a été passée en argument.

– En utilisant deux curseurs déclarés directement dans la boucle « **FOR** », affichez les clients et commandes pour les clients qui payent un port supérieur à trois fois la moyenne des commandes pour la même année.

Exercice n°2   Les curseurs en mise à jour

Créez le bloc PL/SQL qui permet de mettre les frais de port à zéro pour toutes les commandes de clients qui habitent dans la même ville que les fournisseurs des produits achetés pour uniquement l'année passée en argument au curseur. Les modifications sont effectuées dans la table COMMANDES du modèle relationnel mais en même temps vous devez effacer les enregistrements de ces commandes dans la table INDICATEURS du modèle étoile.

Exercice n°3   Les variables curseurs

Créez le bloc PL/SQL qui permet d'afficher à partir du modèle étoile l'une des tables :

- VENTES_CLIENTS_1996,
- VENTES_CLIENTS_1997 ou
- VENTES_CLIENTS_1998

Dynamiquement, suivant l'année passée en argument, vous testez que la table existe et vous affichez tous les enregistrements de la table. Si la table n'existe pas, vous affichez tous les enregistrements de la table VENTES_CLIENTS pour l'année qui a été passée en argument.

- *Les exceptions prédéfinies*
- *Les exceptions anonymes*
- *Les exceptions utilisateur*
- *La propagation d'une exception*

Les exceptions

Objectifs

A la fin de ce module, vous serez à même d'effectuer les tâches suivantes :
- Décrire les types d'exceptions.
- Gérer les exceptions Oracle nommées.
- Déclarer des exceptions utilisateur.
- Gérer la propagation des exceptions.

Contenu

Gestion des erreurs	EXCEPTION_INIT
Les types d'exceptions	Les exceptions utilisateur
La section EXCEPTION	Propagation d'une exception
Les exceptions prédéfinies	Atelier
Les exceptions anonymes	

Gestion des erreurs

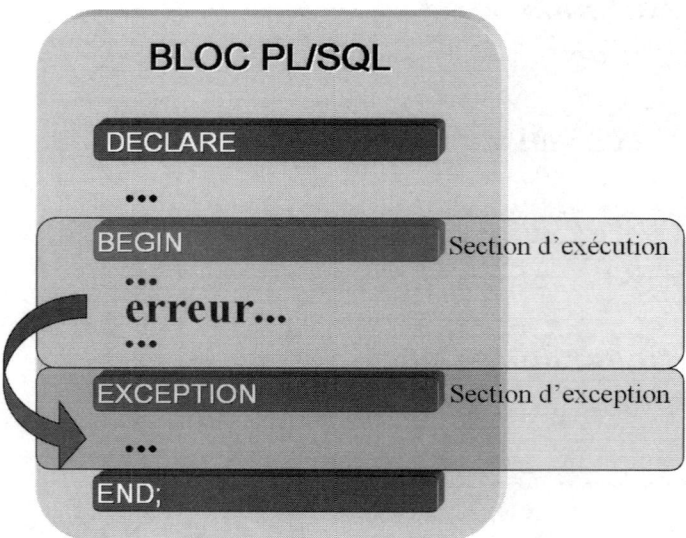

La technique des exceptions permet aux programmes de traiter ces événements inattendus sans que le programmeur ait à tester leurs occurrences à chaque étape du programme.

Pourquoi un mécanisme spécifique du langage pour les exceptions ? Les programmeurs ont traditionnellement trois façons de traiter les conditions exceptionnelles :

Les ignorer - Cette approche peut être en effet ce qu'il convient de faire pour le prototypage rapide d'un outil utilisé seulement par un groupe de personnes. Cependant, ce choix rend difficile le développement d'un produit de qualité.

Terminer - détecter les exceptions, sans fournir de mécanisme de recouvrement. Ceci est certainement préférable à un comportement indéfini lorsque quelque chose se passe mal ; mais cela peut être inacceptable pour une large variété d'applications.

Mettre à jour un code d'erreur global ou avoir des fonctions qui retournent des codes d'erreur - ceci peut fonctionner, mais les programmes prudents passeront une part significative du temps d'exécution à tester les codes d'erreurs. Oublier d'en tester est une source de bogues.

Le langage PL/SQL gère les erreurs du programme comme des exceptions, des situations qui ne devraient pas se produire.

On distingue les classes d'exceptions suivantes :

- Les erreurs système Oracle.
- Les erreurs induites par une action de l'utilisateur.
- Les avertissements de l'application à l'utilisateur.

Les exceptions sont détectées et traitées grâce à une architecture de gestionnaires d'exceptions. Le mécanisme des gestionnaires d'exceptions permet de séparer proprement le code de traitement d'erreur des ordres exécutables.

Lorsqu'une erreur système ou applicative se produit, une exception est déclenchée ou générée. Les traitements en cours dans la section d'exécution du bloc PL/SQL courant s'arrêtent, et le contrôle est passé à la section d'exception distincte du programme si elle existe, afin qu'elle effectue le traitement de l'erreur. Une fois ce traitement effectué, on ne revient pas dans le bloc ayant généré l'exception, on quitte complètement le bloc.

Les gestionnaires d'exceptions ont les avantages suivants :

- Un traitement d'erreur piloté par événement. Quelle que soit l'exception générée, c'est le même gestionnaire d'erreurs, résidant dans la section d'exception, qui la traitera.

- Une isolation nette du code de traitement d'erreurs. Le mécanisme de gestion d'exceptions permet de transférer le contrôle hors de la séquence d'exécution normale vers un code spécialisé dès que survient une exception.

- Une meilleure fiabilité du traitement d'erreurs. S'il existe un gestionnaire, l'exception est traitée dans son bloc d'origine ou dans un bloc englobant. Et s'il n'y a pas de gestionnaire explicite, l'exécution normale du code s'arrête.

Les sections suivantes expliquent comment définir, déclencher et traiter les exceptions en PL/SQL.

Module 6 : Les exceptions

Les types d'exceptions

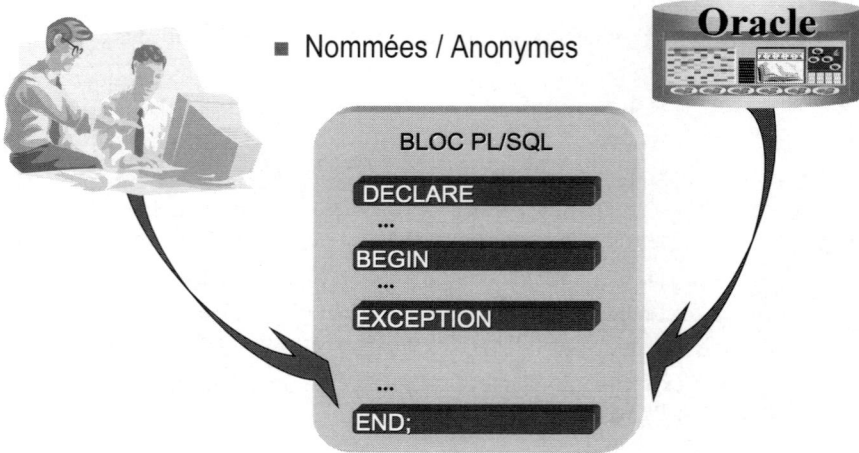

Il y a quatre types d'exception en PL/SQL :

- Les exceptions systèmes nommées, sont des exceptions auxquelles PL/SQL a attribué des noms, et qui sont déclenchées à la suite d'une erreur de traitement de PL/SQL ou Oracle.

- Les exceptions utilisateur nommées, sont des exceptions déclenchées à la suite d'erreurs dans le code applicatif. Elles sont nommées lors de leur déclaration, dans la section du même nom. On les déclenche explicitement durant l'exécution du programme.

- Les exceptions système anonymes sont des exceptions qui se déclenchent à la suite d'une erreur de traitement de PL/SQL ou Oracle, mais auxquelles PL/SQL n'a pas attribué de nom. Seules les erreurs les plus courantes sont nommées; les autres sont numérotées, et on peut leur attribuer des noms avec une instruction spéciale pour le compilateur « **PRAGMA EXCEPTION_INIT** ».

- Les exceptions utilisateur anonymes sont définies et déclenchées par le programmeur. Celui-ci définit un code, compris entre - 20 000 et -20 999, et un message d'erreur. Il déclenche l'exception, si le fonctionnement du programme a un comportement non conforme, avec l'ordre « **RAISE_APPLICATION_ERROR** ».

Les exceptions système, nommées et anonymes, sont déclenchées par PL/SQL lorsqu'un programme viole une règle Oracle. Chacune de ces erreurs Oracle possède un code numérique. PL/SQL possède des noms prédéfinis pour les plus courantes de ces erreurs.

La section EXCEPTION

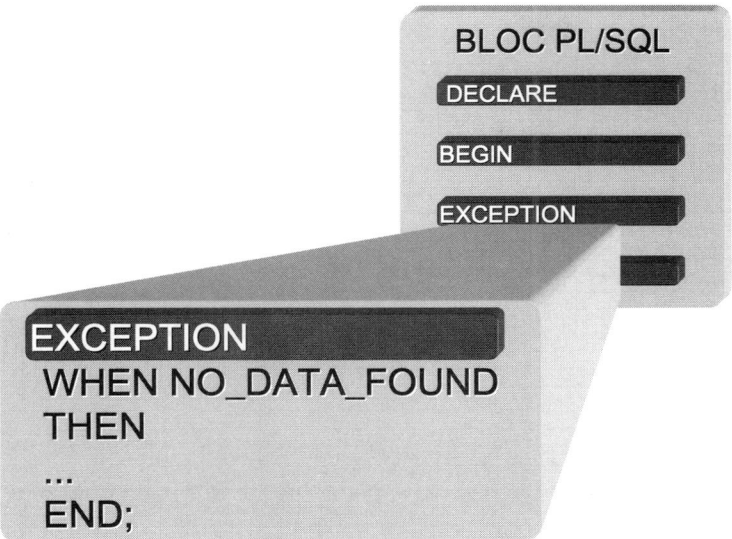

Un bloc PL/SQL peut se composer de quatre parties : l'en-tête, la section de déclaration, la section d'exécution et la section d'exception, comme le montre le bloc anonyme suivant :

```
DECLARE
...
BEGIN
...
EXCEPTION

END ;
```

Lorsqu'une exception est déclenchée dans la section d'exécution d'un bloc PL/SQL, la section « **EXCEPTION** » prend le contrôle. PL/SQL vérifie si, parmi les différents gestionnaires d'exception, l'un traite cette exception spécifique.

La syntaxe d'une section d'exception est la suivante :

```
EXCEPTION
   WHEN NOM_EXCEPTION [ OR NOM_EXCEPTION ... ]
   THEN
      INSTRUCTIONS ;
   ...
   [WHEN OTHERS THEN
      INSTRUCTIONS ;]
END;
```

Une section d'exception unique peut contenir plusieurs gestionnaires d'exception. Les gestionnaires d'exception ont une structure comparable à celle de l'ordre conditionnel « **CASE** ».

```
SQL> declare
```

Module 6 : Les exceptions

```
  2      v_nom_categorie CATEGORIES.NOM_CATEGORIE%TYPE;
  3   begin
  4      declare
  5          v_nom_categorie CATEGORIES.NOM_CATEGORIE%TYPE;
  6      begin
  7         SELECT NOM_CATEGORIE INTO v_nom_categorie FROM CATEGORIES
  8         WHERE CODE_CATEGORIE = 100;
  9         dbms_output.put_line( 'Vous ne verrez pas cette ligne!');
 10      end;
 11      dbms_output.put_line( 'Suite de traitements.');
 12   end;
 13   /
declare
*
ERREUR à la ligne 1 :
ORA-01403: aucune donnée trouvée
ORA-06512: à ligne 7

SQL> declare
  2      v_nom_categorie CATEGORIES.NOM_CATEGORIE%TYPE;
  3   begin
  4      declare
  5          v_nom_categorie CATEGORIES.NOM_CATEGORIE%TYPE;
  6      begin
  7         SELECT NOM_CATEGORIE INTO v_nom_categorie FROM CATEGORIES
  8         WHERE CODE_CATEGORIE = 100;
  9         dbms_output.put_line( 'Vous ne verrez pas cette ligne!');
 10      exception
 11          when NO_DATA_FOUND then
 12              dbms_output.put_line( 'Aucune catégorie.');
 13      end;
 14      dbms_output.put_line( 'Suite de traitements.');
 15   end;
 16   /
Aucune catégorie.
Suite de traitements.

Procédure PL/SQL terminée avec succès.
```

Dans la première requête, il n'y a pas de gestionnaire d'exception ; quand l'erreur survient, il n'y a pas de catégorie 100, et le programme est arrêté, affichant un message d'erreur. La deuxième requête assure le traitement d'une exception, « **NO_DATA_FOUND** » (voir les exceptions prédéfinies Oracle) ; après le traitement de cette exception on ne revient pas dans le bloc ayant généré l'exception, on quitte complètement le bloc mais le programme se continue normalement.

Une exception déclenchée est traitée si son nom correspond à l'un des noms situés à droite d'une des clauses « **WHEN** » de la section d'exception.

Attention

Notez que la clause « **WHEN** » traite des erreurs associées à des exceptions nommées, et non à des codes d'erreurs. Si la correspondance est établie, les ordres associés à l'exception sont exécutés.

Module 6 : Les exceptions

Si aucun gestionnaire ne correspond à l'exception déclenchée, les ordres associés à la clause « **WHEN OTHERS** » sont exécutés si elle est présente.

```
SQL> declare
  2      v_nom_categorie CATEGORIES.NOM_CATEGORIE%TYPE;
  3  begin
  4      declare
  5          v_nom_categorie CATEGORIES.NOM_CATEGORIE%TYPE;
  6      begin
  7        SELECT NOM_CATEGORIE INTO v_nom_categorie FROM CATEGORIES;
  8        dbms_output.put_line( 'Vous ne verez pas cette ligne !');
  9      exception
 10          when NO_DATA_FOUND then
 11    dbms_output.put_line( 'Aucune catégorie n''a été retrouvé.');
 12      end;
 13      dbms_output.put_line( 'Suite de traitements.');
 14  end;
 15  /
declare
*
ERREUR à la ligne 1 :
ORA-01422: l'extraction exacte ramène plus que le nombre de lignes
demandé
ORA-06512: à ligne 7

SQL> declare
  2      v_nom_categorie CATEGORIES.NOM_CATEGORIE%TYPE;
  3  begin
  4      declare
  5          v_nom_categorie CATEGORIES.NOM_CATEGORIE%TYPE;
  6      begin
  7        SELECT NOM_CATEGORIE INTO v_nom_categorie FROM CATEGORIES;
  8      exception
  9          when NO_DATA_FOUND then
 10              dbms_output.put_line( 'Aucune catégorie.');
 11          when OTHERS then
 12              dbms_output.put_line( 'Une autre erreur.');
 13      end;
 14      dbms_output.put_line( 'Suite de traitements.');
 15  end;
 16  /
Une autre erreur.
Suite de traitements.

Procédure PL/SQL terminée avec succès.
```

Vous pouvez remarquer que, dans la deuxième requête, le mot clé « **OTHERS** » permet de traiter toutes les autres exceptions.

Attention

La clause « **WHEN OTHERS** » est facultative ; lorsqu'elle est absente, toute exception non traitée est immédiatement déclenchée dans le bloc englobant, s'il existe. Si aucun bloc PL/SQL ne gère l'exception, le code d'erreur et le message associé sont directement renvoyés à l'utilisateur et l'application est arrêtée.

Les exceptions prédéfinies

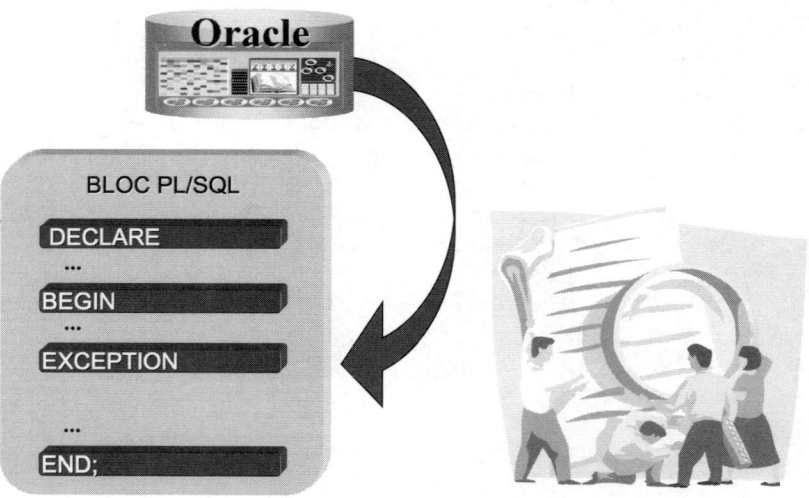

Toutes les erreurs possèdent un numéro d'identification unique. Mais elles ne peuvent être interceptées dans un bloc PL/SQL que si un nom est associé au numéro de l'erreur Oracle. Dans le langage PL/SQL, les erreurs Oracle les plus courantes possèdent des synonymes afin de faciliter leur interception dans les blocs PL/SQL.

Les exceptions pour lesquelles PL/SQL possède des synonymes sont déclarées dans le package « **STANDARD** » de PL/SQL.

Voici la liste des exceptions prédéfinies les plus utilisées :

ACCESS_INTO_NULL

On a tenté d'affecter une valeur à un objet non initialisé.

```
ORA-6530 SQLCODE= -6530
```

CASE_NOT_FOUND

Il n'y a pas de choix WHEN correspondant dans une instruction CASE et l'option ELSE n'a pas été définie.

```
ORA-6592 SQLCODE= -6592
```

COLECTION_IS_NULL

On a tenté d'utiliser des méthodes d'une collection, autre que « **EXISTS** », ou essayé d'affecter une valeur à un élément pour une collection non initialisée.

```
ORA-6531 SQLCODE= -6531
```

CURSOR_ALREADY_OPEN

On a tenté d'ouvrir un curseur qui l'était déjà. Il faut fermer un curseur avant de l'ouvrir ou de le rouvrir.

```
ORA-6511 SQLCODE= -6511
```

DUP_VAL_ON_INDEX

Un ordre `INSERT` ou `UPDATE` a tenté d'insérer un doublon dans une colonne ou un groupe de colonnes soumis à un index unique.

```
ORA-00001 SQLCODE= -1
```

INVALID_CURSOR

On a référencé un curseur invalide. Cela arrive en général lorsque l'on `FETCH` ou que l'on ferme, `CLOSE`, un curseur avant de l'ouvrir.

```
ORA-01001 SQLCODE= -1001
```

INVALID_NUMBER

PL/SQL exécute un ordre SQL qui ne parvient pas à convertir une chaîne de caractères en nombre.

```
ORA-01722 SQLCODE= -1722
```

LOGIN_DENIED

Un programme tente de se connecter à Oracle avec une combinaison login/mot de passe invalide.

```
ORA-01017 SQLCODE= -1017
```

NO_DATA_FOUND

Cette exception est déclenchée dans trois cas :

Lorsqu'on exécute un ordre `SELECT INTO` qui ne ramène aucun enregistrement.

Lorsqu'on référence une ligne non initialisée d'une table PL/SQL.

Lorsqu'on tente de lire après la fin d'un fichier avec le package « **UTL_FILE** ».

```
ORA-01403 SQLCODE= +100
```

NOT_LOGGED_ON

Un programme a tenté d'exécuter un appel à la base, en général un ordre LMD, avant d'être connecté.

```
ORA-01012 SQLCODE= -1012
```

PROGRAM_ERROR

Erreur interne de PL/SQL. Le texte du message conseille habituellement de "Contacter le Support Oracle."

```
ORA-06501 SQLCODE= -6501
```

RAWTYPE_MISMATCH

On a tenté d'affecter une variable enregistrement incompatible avec l'enregistrement retourné par la commande « **FETCH** ».

```
ORA-06504 SQLCODE= -6504
```

SELF_IS_NULL

Le programme a tenté d'accéder à une méthode d'un objet qui n'a pas été initialisé.

```
ORA-30625 SQLCODE= -30625
```

STORAGE_ERROR

Le programme a épuisé la mémoire disponible, ou la mémoire est corrompue.

```
ORA-06500  SQLCODE= -6500
```

SUBSCRIPT_BEYOND_COUNT

Le programme a tenté d'utiliser pour un tableau associatif une valeur de l'indice trop grande.

```
ORA-06533  SQLCODE= -06533
```

SUBSCRIPT_OUTSIDE_LIMIT

Le programme a tenté d'utiliser pour un tableau une valeur de l'indice hors limites.

```
ORA-06532  SQLCODE= -06532
```

SYS_INVALID_ROWID

La conversion d'une chaîne de caractères en « **ROWID** » n'est pas possible.

```
ORA-01410CODE= -1410
```

TIMEOUT_ON_RESOURCE

Le délai maximum d'attente d'une ressource par Oracle a expiré.

```
ORA-00051  SQLCODE= -51
```

TOO_MANY_ROWS

Un ordre « **SELECT INTO** » a ramené plus d'une ligne.

```
ORA-01422  SQLCODE= -1422
```

VALUE_ERROR

Cette exception est déclenchée par PL/SQL lorsqu'il rencontre, en dehors d'un ordre LMD, une erreur de conversion, de troncature ou de bornes sur des données numériques ou alphanumériques.

```
ORA-06502  SQLCODE= -6502
```

ZERO_DIVIDE

Un programme a tenté une division par zéro.

```
ORA-01476  SQLCODE= -1476
```

Les exceptions anonymes

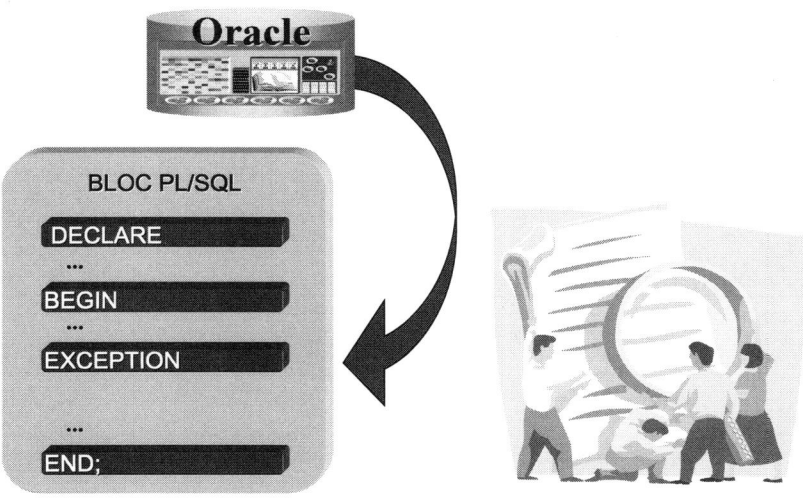

Le langage PL/SQL a besoin, pour les gestionnaires d'exceptions, que l'erreur soit désignée par son nom et non par son code d'erreur interne, pour l'identifier.

Précédemment, nous avons vu que seulement une partie des codes d'erreur Oracle comporte des noms prédéfinis.

On utilisera la clause « **WHEN OTHERS** » pour traiter toutes les exceptions non gérées, y compris les erreurs système non définies par PL/SQL. Il est toutefois souhaitable de pouvoir déterminer au sein du gestionnaire d'exceptions la nature de l'erreur survenue.

Oracle fournit les fonctions « **SQLCODE** » et « **SQLERRM** », qui renvoient respectivement le code et le message d'erreur correspondant à l'exception.

```
SQL> declare
  2      DELETE CATEGORIES WHERE CODE_CATEGORIE = 2;
  3      exception
  4      when OTHERS then
  5          dbms_output.put_line( 'SQLCODE = '||SQLCODE);
  6          dbms_output.put_line( 'SQLERRM = '||SQLERRM);
  7  end;
  8  /
SQLCODE = -2292
SQLERRM = ORA-02292: violation de contrainte
(STAGIAIRE.FK_PRODUITS_CATEGORIE)
d'intégrité - enregistrement fils existant

Procédure PL/SQL terminée avec succès.
```

On préférera, dans de nombreux cas, traiter ces erreurs de manière spécifique afin de mieux les documenter. Pour ce faire, on affecte un nom particulier à l'erreur Oracle ou PL/SQL que le programme est susceptible de rencontrer, puis on écrit un gestionnaire d'exceptions dédié à cette exception nommée.

Module 6 : Les exceptions

La syntaxe de la fonction « **SQLERRM** » vous permet de retrouver le message d'erreur de n'importe quelle exception Oracle, comme suit :

SQLERRM (CODE_ERREUR) ;

Vous pouvez utiliser le bloc suivant pour retrouver les exceptions Oracle, sachant que le code erreur de ces exceptions est négatif et compris entre –1 et –65 535. La plage entre –20 000 et –20 999 est réservée pour les exceptions applicatives.

```
SQL> SET SERVEROUTPUT ON
SQL> SET VERIFY OFF
SQL> begin
  2     dbms_output.put_line( 'Message : '||SQLERRM(-&code_erreur));
  3  end;
  4  /
Entrez une valeur pour code_erreur : 1
Message : ORA-00001: violation de contrainte unique (.)

Procédure PL/SQL terminée avec succès.

SQL> begin
  2     for i in -2299..-2290 loop
  3        dbms_output.put_line(
  4           SUBSTR( SQLERRM(i),1,62)||' ...');
  5     end loop;
  6  end;
  7  /
ORA-02299: impossible de valider (.) - clés en double trouvées ...
ORA-02298: impossible de valider (.) - clés parents introuvabl ...
ORA-02297: impossible de désactiver la contrainte (.) - des dé ...
ORA-02296: impossible d'activer la contrainte (.) - valeurs nu ...
ORA-02295: plusieurs clauses ENABLE/DISABLE trouvées pour la c ...
ORA-02294: impossible d'activer (.) - contrainte modifiée pend ...
ORA-02293: impossible de valider (.) - violation d'une contrai ...
ORA-02292: violation de contrainte (.) d'intégrité - enregistr ...
ORA-02291: violation de contrainte d'intégrité (.) - clé paren ...
ORA-02290: violation de contraintes (.) de vérification ...

Procédure PL/SQL terminée avec succès.
```

EXCEPTION_INIT

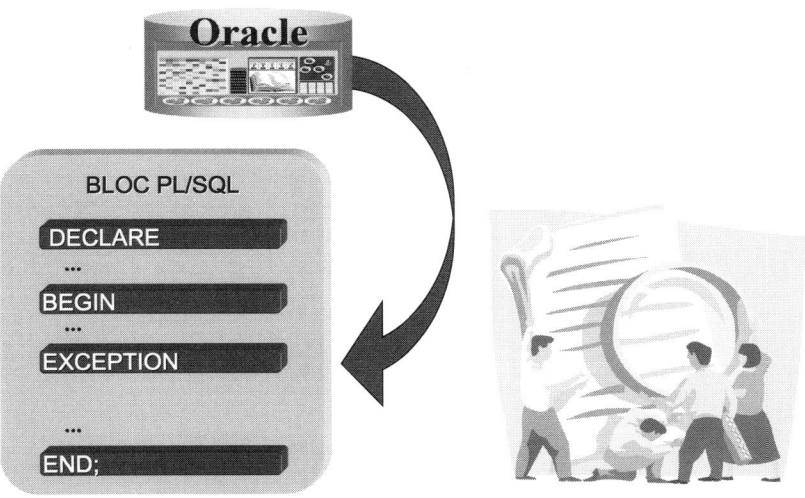

Pour associer un nom à un code d'erreur interne, on se servira d'une pragma, une instruction spéciale du compilateur, qui est traitée lors de la compilation plutôt que durant l'exécution.

L'instruction « **PRAGMA EXCEPTION_INIT** » demande au compilateur d'associer une exception utilisateur à un code d'erreur Oracle spécifique. Une fois l'erreur associée à un nom, il est possible de la déclencher à volonté et d'écrire un gestionnaire d'exceptions qui la traitera. Bien que dans la majorité des cas, on laisse à Oracle le soin de déclencher les exceptions système, il devient possible de les déclencher soi-même.

L'instruction « **PRAGMA EXCEPTION_INIT** » doit apparaître dans la section de déclaration d'un bloc, après la déclaration du nom d'exception qui est utilisé dans l'instruction, comme dans la syntaxe suivante :

```
DECLARE
    NOM_EXCEPTION EXCEPTION ;
    PRAGMA EXCEPTION_INIT( NOM_EXCEPTION, CODE_ERREUR) ;
BEGIN
 ...
EXCEPTION
    WHEN NOM_EXCEPTION THEN
        INSTRUCTIONS ;
END ;
```

CODE_ERREUR C'est le code d'erreur Oracle. Il comprend le signe moins si le code d'erreur est négatif, ce qui est généralement le cas.

Le programme suivant montre la déclaration d'une exception associée à l'erreur « **ORA-2292** ». Cette erreur survient lorsque l'on tente d'effacer un enregistrement qui est encore référencé comme clé étrangère. Un enregistrement fils est un enregistrement qui référence une clé étrangère dans la table parent.

Module 6 : Les exceptions

Dans le gestionnaire d'exceptions, tous les enregistrements correspondants de la table enfant DETAILS_COMMANDES sont effacés.

```
SQL> declare
  2      DELETE_CASCADE_ENFANT EXCEPTION;
  3      PRAGMA EXCEPTION_INIT(DELETE_CASCADE_ENFANT, -2292);
  4      v_no_commande COMMANDES.NO_COMMANDE%TYPE;
  5  begin
  6      v_no_commande := &no_commande;
  7      DELETE COMMANDES WHERE NO_COMMANDE = v_no_commande;
  8  exception
  9  when DELETE_CASCADE_ENFANT then
 10      dbms_output.put_line( 'Exception : DELETE_CASCADE_ENFANT ');
 11       DELETE DETAILS_COMMANDES WHERE NO_COMMANDE = v_no_commande;
 12          DELETE COMMANDES WHERE NO_COMMANDE = v_no_commande;
 13  end;
 14  /
Entrez une valeur pour no_commande : 11070
Exception : DELETE_CASCADE_ENFANT

Procédure PL/SQL terminée avec succès.
```

Les exceptions utilisateur

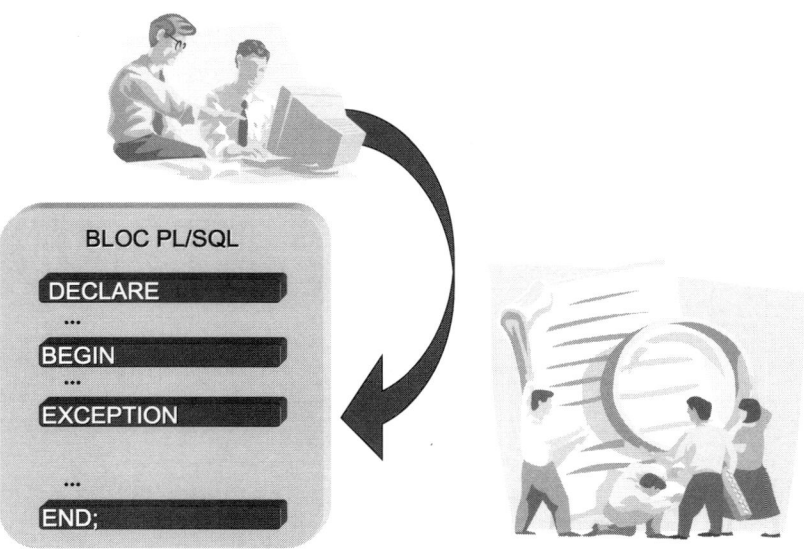

Les exceptions déclarées par PL/SQL dans le package STANDARD se rapportent aux erreurs internes ou système.

Les problèmes rencontrés par un utilisateur dans une application sont pour la plupart spécifiques à cette application. Un programme peut nécessiter la gestion d'erreurs telles que « solde négatif dans un compte » ou « impossible d'antidater une visite ». Bien qu'elles diffèrent en nature d'une « division par zéro », ces erreurs constituent néanmoins des exceptions aux traitements normaux, et vos programmes se doivent de les gérer élégamment.

L'absence de distinction structurelle entre erreurs internes et erreurs spécifiques à l'application est l'une des caractéristiques les plus utiles de la gestion des exceptions en PL/SQL.

Une exception doit être nommée afin de pouvoir être traitée. Elle doit être déclarée dans la section de déclaration du bloc PL/SQL, en spécifiant le nom sous laquelle on souhaite la déclencher par programme, suivi du mot clé « **EXCEPTION** », comme dans la syntaxe suivante :

```
DECLARE
    NOM_EXCEPTION EXCEPTION ;
    PRAGMA EXCEPTION_INIT( NOM_EXCEPTION, CODE_ERREUR) ;
BEGIN
...
 ...RAISE NOM_EXCEPTION ;
...
EXCEPTION
    WHEN NOM_EXCEPTION THEN
        INSTRUCTIONS ;
END ;
```

EXCEPTION   Mot clé pour la définition de l'exception.
RAISE   L'instruction permet de lancer une exception utilisateur.

Module 6 : Les exceptions

```
SQL> declare
  2      UPDATE_EMPLOYES EXCEPTION;
  3      v_no_employe EMPLOYES.NO_EMPLOYE%TYPE;
  4      v_salaire    EMPLOYES.SALAIRE%TYPE;
  5  begin
  6      v_no_employe := &no_employe;
  7      v_salaire    := &salaire;
  8      for emp in ( SELECT SALAIRE FROM EMPLOYES
  9                   WHERE NO_EMPLOYE = v_no_employe) loop
 10          if v_salaire < emp.salaire then
 11              dbms_output.put_line( 'Le salaire actuel est '||
 12                                    emp.salaire);
 13              RAISE UPDATE_EMPLOYES;
 14          end if;
 15      end loop;
 16      UPDATE EMPLOYES SET SALAIRE = v_salaire
 17      WHERE NO_EMPLOYE = v_no_employe;
 18  exception
 19    when UPDATE_EMPLOYES then
 20        dbms_output.put_line( 'Exception : UPDATE_EMPLOYES ');
 21  end;
 22  /
Entrez une valeur pour no_employe : 8
Entrez une valeur pour salaire : 1800
Le salaire actuel est 2000
Exception : UPDATE_EMPLOYES

Procédure PL/SQL terminée avec succès.
```

Le bloc PL/SQL commence par la définition d'une exception UPDATE_EMPLOYES. Si le salaire saisi est inférieur au salaire actuel, la modification de l'employé n'est pas effectuée et l'exception est lancée.

Attention

Il est possible de déclarer des exceptions avec le même nom que les exceptions système. Dans ce cas les exceptions utilisateur cachent les exceptions système ; alors pour pouvoir accéder aux exceptions système, il faut les préfixer par le nom du package « **STANDARD** ».

```
SQL> declare
  2      NO_DATA_FOUND EXCEPTION;
  3      v_employe EMPLOYES%ROWTYPE;
  4  begin
  5      SELECT * INTO v_employe FROM EMPLOYES
  6      WHERE NO_EMPLOYE = 0;
  7  exception
  8      WHEN NO_DATA_FOUND THEN
  9         dbms_output.put_line( 'Exception NO_DATA_FOUND');
 10      WHEN STANDARD.NO_DATA_FOUND THEN
 11         dbms_output.put_line( 'Exception STANDARD.NO_DATA_FOUND');
 12  end;
 13  /
```

```
Exception STANDARD.NO_DATA_FOUND

Procédure PL/SQL terminée avec succès.
```

Comme vous pouvez le voir l'exception exécutée est l'exception système « **STANDARD.NO_DATA_FOUND** ».

Les exceptions peuvent être déclenchées par le moteur PL/SQL ou par le programmeur de trois manières différentes :

- Le moteur PL/SQL déclenche une exception système nommée. Ces exceptions sont déclenchées automatiquement par le programme. Le déclenchement d'exception système par PL/SQL n'est pas contrôlable.
- Le programmeur déclenche une exception nommée. Le développeur peut utiliser un appel explicite à l'ordre RAISE pour déclencher une erreur nommée.
- Le programmeur déclenche une erreur utilisateur anonyme. Ces exceptions sont déclenchées par l'appel explicite à la procédure « **RAISE_APPLICATION_ERROR** » du package « **DBMS_STANDARD** ».

RAISE_APPLICATION_ERROR

La procédure « **RAISE_APPLICATION_ERROR** » facilite les notifications d'erreurs applicatives entre le serveur et le client. Cette procédure standard est le seul moyen de faire gérer une erreur survenue sur le serveur par une application cliente.

La syntaxe d'appel de cette procédure est la suivante :

```
RAISE_APPLICATION_ERROR( CODE_ERREUR, MESSAGE
                                [,{TRUE |FALSE }]) ;
```

CODE_ERREUR	Le code d'erreur renvoyé doit être compris entre -20 000 et -20 999 pour ne pas entrer en conflit avec les codes d'erreur Oracle.
MESSAGE	Une chaîne de caractères comportant le message qui sera affichée par « **SQLERRM** ». La taille du message d'erreur doit être limitée à 2Ko.
**TRUE	FALSE**	Paramètre optionnel. Permet de savoir si l'erreur doit être placée sur la pile des erreurs, TRUE, ou bien si l'erreur doit remplacer toutes les autres erreurs, « **FALSE** ».

Les effets de « **RAISE_APPLICATION_ERROR** » sont semblables au déclenchement d'une exception par l'ordre « **RAISE** ».

```
SQL> begin
  2      RAISE_APPLICATION_ERROR(-20000,
  3              'Exception utilisateur anonyme.');
  4  end;
  5  /
begin
*
ERREUR à la ligne 1 :
ORA-20000: Exception utilisateur anonyme.
ORA-06512: à ligne 2
```

Module 6 : Les exceptions

Propagation d'une exception

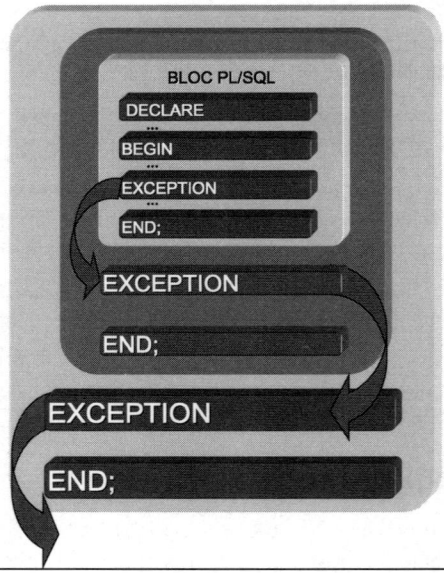

Les règles de portée déterminent le bloc dans lequel une exception peut être déclenchée. Les règles de propagation concernent la manière dont une exception est traitée une fois déclenchée.

```
SQL> declare
  2      MY_EXCEPTION EXCEPTION;
  3  begin --bloc 1
  4      begin --bloc 2
  5          begin --bloc 3
  6              RAISE MY_EXCEPTION;
  7            dbms_output.put_line( 'Suite traitements bloc 1.');
  8          exception
  9              when MY_EXCEPTION then
 10                  dbms_output.put_line( 'Exception MY_EXCEPTION');
 11          end;
 12          dbms_output.put_line( 'Suite traitements bloc 2.');
 13      end;
 14      dbms_output.put_line( 'Suite traitements bloc 3.');
 15  exception
 16      when OTHERS then
 17          dbms_output.put_line( 'Une autre erreur.');
 18  end;
 19  /
Exception MY_EXCEPTION
Suite traitements bloc 2.
Suite traitements bloc 3.

Procédure PL/SQL terminée avec succès.
```

Le bloc intérieur bloc 3 déclenche l'exception MY_EXCEPTION ; ce bloc comporte un gestionnaire d'exception pour MY_EXCEPTION ; alors après l'exécution du

Module 6 : Les exceptions

gestionnaire, PL/SQL ferme ce bloc et continue normalement l'exécution du programme.

Lorsqu'une exception est déclenchée, PL/SQL cherche dans le bloc courant un gestionnaire pour cette exception. Si aucun gestionnaire n'est trouvé, PL/SQL propage l'exception au bloc englobant le bloc courant. PL/SQL essaie ensuite de traiter l'exception en la déclenchant à nouveau dans le bloc englobant, et ainsi de suite jusqu'à ce qu'il n'y ait plus de bloc dans lequel déclencher l'exception. Lorsque tous les blocs ont été parcourus, PL/SQL renvoie un message d'exception non gérée à l'application qui exécutait le bloc de niveau maximum. Une exception non gérée arrête l'exécution du programme.

```
SQL> declare
  2      MY_EXCEPTION EXCEPTION;
  3  begin --bloc 1
  4      begin --bloc 2
  5          begin --bloc 3
  6            RAISE MY_EXCEPTION;
  7            dbms_output.put_line( 'Suite traitements bloc 1.');
  8          end;
  9          dbms_output.put_line( 'Suite traitements bloc 2.');
 10      end;
 11      dbms_output.put_line( 'Suite traitements bloc 3.');
 12  exception
 13      when MY_EXCEPTION then
 14          dbms_output.put_line( 'Exception MY_EXCEPTION');
 15      when OTHERS then
 16          dbms_output.put_line( 'Une autre erreur.');
 17  end;
 18  /
Exception MY_EXCEPTION

Procédure PL/SQL terminée avec succès.
```

Le bloc intérieur `bloc 3` déclenche l'exception `MY_EXCEPTION` gérée dans le `bloc 1`. PL/SQL cherche d'abord un gestionnaire pour `MY_EXCEPTION` dans cette section ; comme il n'en existe pas, PL/SQL ferme ce bloc. PL/SQL continue la recherche dans le bloc supérieur `bloc 2`, mais il ne comporte pas de gestionnaire pour cette exception, alors le bloc est fermé. Le bloc principal `bloc 1` a un gestionnaire pour l'exception `MY_EXCEPTION` ; après l'exécution du gestionnaire, le bloc est fermé, et l'application est alors fermée.

Dans cet exemple vous pouvez voir que l'exécution des instructions du `bloc 2` et du `bloc 1` n'a pas été effectuée étant donné que l'exception a été traitée dans le `bloc 1`.

Attention

Les exceptions sont utilisées comme traitement d'erreurs et n'ont pas la possibilité de naviguer dans votre programme. N'utilisez pas « **RAISE** » à la place de « **GOTO** ».

Atelier

- La gestion des exceptions

Durée : 30 minutes

Questions

```
SQL> declare
  2      EXCEPTION_1 EXCEPTION;
  3      EXCEPTION_2 EXCEPTION;
  4      EXCEPTION_3 EXCEPTION;
  5      EXCEPTION_4 EXCEPTION;
  6      EXCEPTION_5 EXCEPTION;
  7  begin --bloc 1
  8    begin --bloc 2
  9      begin --bloc 3
 10        begin --bloc 4
 11          begin --bloc 5
 12            RAISE EXCEPTION_5;
 13            dbms_output.put_line( 'Suite traitements bloc 5.');
 14          exception--exception bloc 5
 15            when EXCEPTION_5 then
 16                dbms_output.put_line( 'Exception EXCEPTION_5');
 17                RAISE EXCEPTION_4;
 18          end;--end bloc 5
 19          dbms_output.put_line( 'Suite traitements bloc 4.');
 20        exception--exception bloc 4
 21          when EXCEPTION_4 then
 22              dbms_output.put_line( 'Exception EXCEPTION_4');
 23              RAISE EXCEPTION_3;
 24        end;--end bloc 4
 25        dbms_output.put_line( 'Suite traitements bloc 3.');
 26      exception--exception bloc 3
 27        when EXCEPTION_3 then
```

```
28                dbms_output.put_line( 'Exception EXCEPTION_3');
29                RAISE EXCEPTION_2;
30       end;--end bloc 3
31       dbms_output.put_line( 'Suite traitements bloc 2.');
32    exception--exception bloc 2
33       when EXCEPTION_2 then
34                dbms_output.put_line( 'Exception EXCEPTION_2');
35                RAISE EXCEPTION_1;
36    end;--end bloc 2
37    dbms_output.put_line( 'Suite traitements bloc 1.');
38 exception--exception bloc 1
39       when EXCEPTION_1 then
40                dbms_output.put_line( 'Exception EXCEPTION_1');
41       when OTHERS then
42                dbms_output.put_line( 'Une autre erreur.');
43 end;--end bloc 1
44 /
```

6-1.   Quel est l'affichage effectué par le bloc suite au traitement ?

A.

```
Exception EXCEPTION_5
Suite traitements bloc 4.
Exception EXCEPTION_4
Suite traitements bloc 3.
Exception EXCEPTION_3
Suite traitements bloc 2.
Exception EXCEPTION_2
Suite traitements bloc 1.
Exception EXCEPTION_1
```

B.

```
Exception EXCEPTION_5
Suite traitements bloc 4.
Suite traitements bloc 3.
Suite traitements bloc 2.
Suite traitements bloc 1.
```

C.

```
Exception EXCEPTION_5
Exception EXCEPTION_4
Exception EXCEPTION_3
Exception EXCEPTION_2
Exception EXCEPTION_1
```

D.

```
Suite traitements bloc 5.
Suite traitements bloc 4.
Suite traitements bloc 3.
Suite traitements bloc 2.
Suite traitements bloc 1.
```

E.

```
Une autre erreur.
```

Exercice n°1   La gestion des exceptions

Créez le bloc PL/SQL qui permet d'effectuer les opérations :

- Récupérez dans trois variables PL/SQL les valeurs saisies à l'aide des variables de substitution. Les variables représentent le code d'une catégorie, le numéro d'un fournisseur et la référence d'un produit qui doivent être effacés. Ainsi vous effacez un enregistrement dans la table CATEGORIES, un enregistrement de la table FOURNISSEURS et un enregistrement de la table PRODUITS. Il faut enchaîner les traitements dans plusieurs blocs de sorte que si une de ces commandes n'aboutit pas, les suivantes seront exécutées quand même.

- Ecrire le code permettant de générer et de traiter chacune des exceptions suivantes :
CASE_NOT_FOUND,
CURSOR_ALREADY_OPEN,
DUP_VAL_ON_INDEX,
INVALID_CURSOR,
INVALID_NUMBER,
NO_DATA_FOUND,
TOO_MANY_ROWS,
VALUE_ERROR,
ZERO_DIVIDE
Suivant les choix à l'exécution, par la saisie d'une variable de substitution, vous exécutez le code erroné qui passe directement à la section de l''exception choisie du programme qui affiche le nom de l'exception.

Exercice n°2   Les exceptions anonymes

Créez le bloc PL/SQL qui permet d'effectuer les opérations :

- A chaque fois qu'on efface une commande saisie par l'utilisateur, gérez l'exception « ORA-02292: violation de contrainte (.) d'intégrité - enregistrement fils existant », en effaçant tous les enregistrements de la table DETAILS_COMANDES correspondantes.

Exercice n°2   Les exceptions utilisateur

Créez le bloc PL/SQL qui permet d'effectuer les opérations :

- Modifiez le salaire d'un employé pour le NO_EMPLOYE saisi à l'exécution. Contrôlez que le salaire ne soit pas inférieur au salaire actuel ; si c'est le cas, lancez une exception.

- Permettre de saisir les informations d'un employé et de les insérer dans la table EMPLOYES. Si l'âge de l'employé est inférieur à 18 ans, n'insérez pas et lancez une exception.

- *Les procédures*
- *Les fonctions*
- *IN OUT*
- *NOCOPY*
- *SHOW ERRORS*

7

Les sous-programmes

Objectifs

A la fin de ce module, vous serez à même d'effectuer les tâches suivantes :
- Décrire les types des blocs nommés.
- Créer des procédures.
- Créer des fonctions.
- Appeler des procédures et fonctions.
- Déboguer le code de création des blocs nommés.

Contenu

Les sous-programmes	Les arguments
Les blocs nommés	Les arguments IN
Les blocs locaux	Les arguments OUT
Le déboguage des blocs	Les arguments IN OUT
Les procédures	NOCOPY
Les fonctions	Les valeurs par défaut
L'appel de fonction	La surcharge de blocs
La suppression des blocs	Atelier

Les sous-programmes

Dans les précédents chapitres, nous avons présenté des exemples de programmes PL/SQL qui ne peuvent pas être partagés et dont le code est entré directement dans SQL*Plus pour y être exécuté.

Le langage PL/SQL est un langage algorithmique complet ; il bénéficie de la possibilité de structuration du code, avec un procédé de décomposition de gros blocs de code en plus petits modules qui peuvent être appelés par d'autres modules.

Bloc Le PL/SQL fournit les structures suivantes, qui permettent de structurer le code de différentes façons :

Procédure Un bloc PL/SQL nommé qui ne renvoie aucune information, exécute une ou plusieurs actions et est appelé comme une commande PL/SQL. On peut passer et récupérer de l'information d'une procédure à travers sa liste d'arguments.

Fonction Un bloc PL/SQL nommé qui renvoie une seule valeur et est utilisé comme une expression PL/SQL. On peut passer de l'information à une fonction à travers sa liste d'arguments.

Bloc Anonyme Un bloc PL/SQL non nommé qui exécute une ou plusieurs actions. Un bloc anonyme permet au développeur de contrôler la portée des identifiants et la gestion des exceptions.

Package Un ensemble nommé de procédures, fonctions, types et variables. Un package n'est pas vraiment un module, c'est une application.

Les blocs nommés

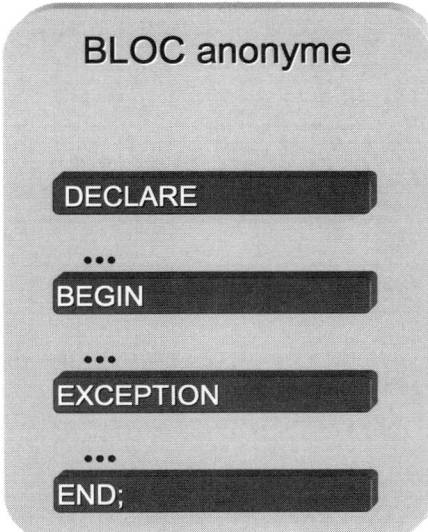 

Le bloc détermine à la fois la portée des identifiants et la façon dont les exceptions sont gérées et propagées. Un bloc peut aussi contenir des sous-blocs imbriqués, chacun ayant sa propre portée.

Tous les différents types de modules ont une structure de bloc commune.

Les blocs PL/SQL nommés, les procédures et les fonctions, ont l'entête du bloc qui contient la déclaration du nom et du type du bloc. Contrairement aux deux autres types de blocs PL/SQL nommés, le bloc anonyme ne porte aucun nom ; il utilise simplement le mot réservé « **DECLARE** » pour marquer le début de sa section déclarative.

En l'absence de nom, le bloc anonyme ne peut pas être appelé par un autre bloc. Les blocs anonymes sont utilisés comme des scripts de commandes PL/SQL, pouvant contenir des appels de procédures et de fonctions. Ils peuvent également servir de blocs imbriqués dans des procédures, des fonctions ou d'autres blocs anonymes.

Le bloc est décomposé en quatre sections, comme suit :

En-tête : Seulement utile pour les blocs nommés, l'en-tête indique comment un bloc nommé ou un programme doit être appelé.

Déclaration : La partie du bloc PL/SQL qui contient les déclarations de variables, curseurs et sous-blocs qui sont référencés dans les sections d'exécution et de gestion des exceptions.

Exécution : La partie du bloc PL/SQL qui contient les commandes exécutables, le code exécuté par le moteur PL/SQL. Tout bloc doit comprendre au moins une commande exécutable dans la section d'exécution.

Exception : La section qui gère les exceptions au déroulement normal du programme. Cette section est optionnelle. Si elle existe, elle hérite du contrôle lorsqu'une erreur est détectée. Cette section gère alors les erreurs et passe la main au bloc appelant.

Les blocs locaux

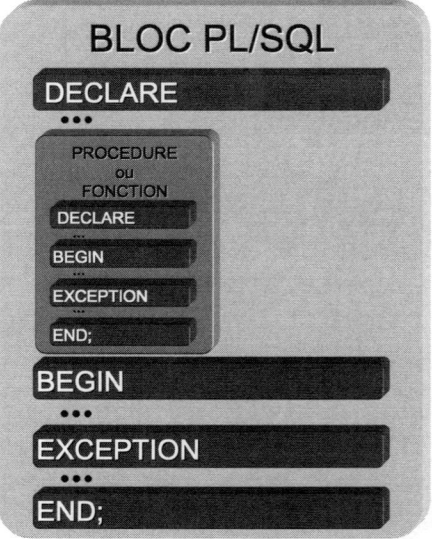

Avant de parler de la syntaxe de mise en œuvre des procédures ou des fonctions, nous allons détailler les possibilités d'emplacement de ces blocs nommés.

Les procédures et les fonctions peuvent être stockées dans la base de données mais elles peuvent être également stockées 'localement' dans la section déclarative d'un bloc PL/SQL.

La syntaxe de stockage dans la base de données ainsi que la syntaxe détaillée de création des procédures et des fonctions sont décrites plus loin dans ce module. Cette section vous parle des implications de déclarations des blocs nommés 'localement', ainsi que des règles des corrélations entre eux.

Attention

Les déclarations des blocs nommés 'localement' doivent être déclarés à la fin de la section déclarative « **DECLARE** », sans quoi il y a une erreur de compilation.

Vous ne pouvez pas déclarer des variables après la déclaration d'un bloc, ainsi toutes les variables du bloc anonyme doivent être déclarées avant la déclaration des blocs.

```
SQL> declare
  2      FUNCTION SumSalaires RETURN NUMBER IS
  3        v_sum EMPLOYES.SALAIRE%TYPE;
  4      begin
  5        SELECT SUM(SALAIRE) INTO v_sum FROM EMPLOYES;
  6        RETURN v_sum;
  7      end;
  8      v_sumsalaires EMPLOYES.SALAIRE%TYPE;
  9  begin
 10   dbms_output.put_line( 'La somme des salaires :'||SumSalaires);
 11  end;
 12  /
```

```
      v_sumsalaires EMPLOYES.SALAIRE%TYPE;
      *
ERREUR à la ligne 8 :
ORA-06550: Ligne 8, colonne 5 :
PLS-00103: Symbole "V_SUMSALAIRES" rencontré à la place d'un des
symboles suivants :
begin function package pragma procedure form
ORA-06550: Ligne 11, colonne 4 :
PLS-00103: Symbole "end-of-file" rencontré à la place d'un des
symboles suivants :
end not pragma final instantiable order overriding static
member constructor map

SQL> declare
  2     FUNCTION SumSalaires RETURN NUMBER IS
  3        v_sum EMPLOYES.SALAIRE%TYPE;
  4     begin
  5       SELECT SUM(SALAIRE) INTO v_sum FROM EMPLOYES;
  6       RETURN v_sum;
  7     end;
  8  begin
  9    dbms_output.put_line( 'La somme des salaires : '||SumSalaires);
 10  end;
 11  /
La somme des salaires : 36561

Procédure PL/SQL terminée avec succès.
```

Le bloc nommé, une fois déclaré 'localement', est un identifiant PL/SQL soumis aux mêmes règles de portée et visibilité que les autres identifiants PL/SQL, c'est-à-dire qu'il est visible uniquement dans le bloc dans lequel il est déclaré.

```
SQL> declare
  2     PROCEDURE AfficheCommande
  3            ( a_no_commande COMMANDES.NO_COMMANDE%TYPE )
  4     IS
  5        PROCEDURE AfficheDetailsCommande
  6               ( a_no_commande COMMANDES.NO_COMMANDE%TYPE )
  7        IS
  8        begin
  9          for i_dcomm in ( SELECT NOM_PRODUIT,A.PRIX_UNITAIRE,
 10                                  A.QUANTITE, REMISE
 11                           FROM DETAILS_COMMANDES A, PRODUITS B
 12                           WHERE A.REF_PRODUIT = B.REF_PRODUIT
 13                             AND NO_COMMANDE = a_no_commande )
 14          loop
 15            dbms_output.put_line( '--   Produit : '||
 16                 i_dcomm.NOM_PRODUIT||' '||i_dcomm.PRIX_UNITAIRE
 17                 ||' '||i_dcomm.QUANTITE||' '||i_dcomm.REMISE );
 18          end loop;
 19        end;
 20     begin
 21       for i_comm in ( SELECT NO_COMMANDE,SOCIETE,DATE_COMMANDE
 22                       FROM COMMANDES NATURAL JOIN CLIENTS
 23                       WHERE NO_COMMANDE = a_no_commande)
 24       loop
```

```
25              dbms_output.put_line( 'Commnade :'||i_comm.NO_COMMANDE
26                      ||' '||i_comm.SOCIETE||' '||
27                      TO_CHAR( i_comm.DATE_COMMANDE,'DD/MM/YYYY'));
28          AfficheDetailsCommande( a_no_commande);
29        end loop;
30      end;
31   begin
32        AfficheCommande( 10972);
33   end;
34   /
Commnade :10972 La corne d'abondance 24/03/1998
--     Produit : Alice Mutton 195 6 0
--     Produit : Geitost 12,5 7 0

Procédure PL/SQL terminée avec succès.

...
30      end;
31   begin
32        AfficheDetailsCommande( 10972);
33   end;
34   /
     AfficheDetailsCommande( 10972);
     *
ERREUR à la ligne 32 :
ORA-06550: Ligne 32, colonne 3 :
PLS-00201: l'identificateur 'AFFICHEDETAILSCOMMANDE' doit être
déclaré
ORA-06550: Ligne 32, colonne 3 :
PL/SQL: Statement ignored
```

Les « ... » dans la deuxième partie de l'exemple précédent représente le même script que dans la première partie jusqu'à la ligne 30. Ainsi vous pouvez voir que la procédure `AfficheDetailsCommande` n'est pas connue dans le bloc anonyme, elle a été déclarée 'localement' dans la procédure `AfficheCommande`.

Les noms des blocs locaux étant des identifiants, ils doivent être déclarés avant qu'on puisse s'y référer. Lorsqu'il s'agit de blocs mutuellement référentiels, un problème se présente.

```
SQL> declare
  2      PROCEDURE ProcedureB;
  3      PROCEDURE ProcedureA IS
  4      begin
  5        dbms_output.put_line( 'ProcedureA');
  6        ProcedureB;
  7      end;
  8      PROCEDURE ProcedureB IS
  9      begin
 10        dbms_output.put_line( 'ProcedureB');
 11      end;
 12   begin
 13        ProcedureA;
 14   end;
 15   /
ProcedureA
```

Module 7 : Les sous-programmes

```
ProcedureB
```

Procédure PL/SQL terminée avec succès.

La procédure ProcedureA appelle la procédure ProcedureB, alors ProcedureB doit être déclarée avant ProcedureA de sorte que la référence à ProcedureB puisse être résolue. Pour y remédier, vous pouvez utiliser une déclaration préalable, consistant simplement en un nom du bloc et ses paramètres formels.

```
SQL> declare
  2      v_quantite PRODUITS.UNITES_STOCK%TYPE;
  3      v_prod     PRODUITS.REF_PRODUIT%TYPE := &numero_du_produit;
  4      FUNCTION UnitesCommandes( a_ref_produit
  5                                        PRODUITS.REF_PRODUIT%TYPE)
  6      RETURN NUMBER;
  7
  8      FUNCTION UnitesStock( a_ref_produit
  9                                        PRODUITS.REF_PRODUIT%TYPE)
 10      RETURN NUMBER AS
 11      begin
 12
 13        for v_produit in ( SELECT * FROM PRODUITS
 14                           WHERE REF_PRODUIT = a_ref_produit)
 15        loop
 16           case
 17             when v_produit.UNITES_STOCK     > 0 then
 18                  RETURN v_produit.UNITES_STOCK;
 19             when v_produit.UNITES_COMMANDEES > 0 then
 20                  RETURN UnitesCommandes(a_ref_produit);
 21             else
 22                  RETURN -1;
 23           end case;
 24        end loop;
 25        RETURN NULL;
 26      end;
 27
 28      FUNCTION UnitesCommandes( a_ref_produit
 29                                        PRODUITS.REF_PRODUIT%TYPE)
 30      RETURN NUMBER IS
 31      begin
 32        for v_produit in ( SELECT * FROM PRODUITS
 33                           WHERE REF_PRODUIT = a_ref_produit)
 34        loop
 35           case
 36             when v_produit.UNITES_COMMANDEES > 0 then
 37                  RETURN v_produit.UNITES_COMMANDEES;
 38             when v_produit.UNITES_STOCK     > 0 then
 39                  RETURN UnitesStock(a_ref_produit);
 40             else
 41                  RETURN -1;
 42           end case;
 43        end loop;
 44        RETURN NULL;
 45      end;
```

```
46  begin
47    v_quantite := UnitesStock(v_prod);
48    case
49      when v_quantite > 0 then
50        dbms_output.put_line( 'Les unités en stock ou commandées '
51                                       ||v_quantite);
52      when v_quantite = -1 then
53        dbms_output.put_line( 'Il n''y a pas d'''||
54                                       'unités en stock ou commandées ');
55      else
56        dbms_output.put_line( 'Il n''y a pas de produit');
57    end case;
58  end;
59  /
Entrez une valeur pour numero_du_produit : 1
Les unités en stock ou commandées 39

Procédure PL/SQL terminée avec succès.


SQL> /
Entrez une valeur pour numero_du_produit : 17
Il n'y a pas d'unités en stock ou commandées

Procédure PL/SQL terminée avec succès.

SQL> /
Entrez une valeur pour numero_du_produit : 500
Il n'y a pas de produit

Procédure PL/SQL terminée avec succès.
```

La fonction UnitesStock appelle la fonction UnitesCommandes, alors UnitesCommandes doit être déclarée avant UnitesStock de sorte que la référence à UnitesCommandes puisse être résolue. En même temps, UnitesCommandes appelle la fonction UnitesStock, alors UnitesStock doit être déclarée avant UnitesCommandes de sorte que la référence à UnitesStock puisse être résolue.

Ces deux conditions ne peuvent être vraies au même moment. Pour y remédier, nous pouvons utiliser une déclaration préalable, consistant simplement en un nom de fonction et ses paramètres formels, ce qui permet l'existence de fonctions mutuellement référentielles.

Le déboguage des blocs

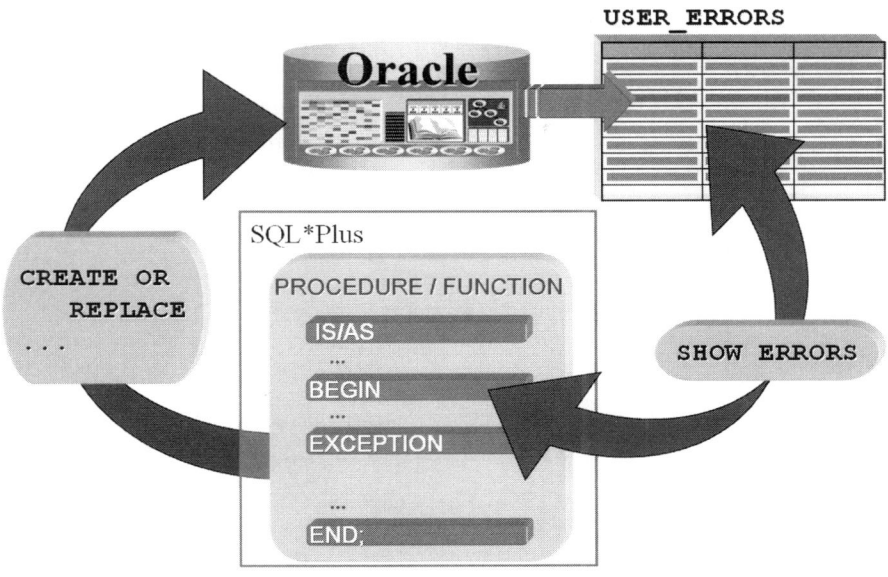

La commande « **SHOW ERRORS** » affiche toutes les erreurs associées au dernier objet procédural créé. Cette commande extrait de la vue du dictionnaire de données « **USER_ERRORS** » les erreurs associées à la tentative de compilation la plus récente pour cet objet. Elle indique aussi les numéros de la ligne et de la colonne pour chaque erreur ainsi que le texte du message d'erreur.

```
SQL> CREATE OR REPLACE PROCEDURE ProcedureErreur IS
  2  begin
  3    Cette ligne ce n'est pas du PL/SQL;
  4  end;
  5  /

Avertissement : Procédure créée avec erreurs de compilation.

SQL> SHOW ERRORS
Erreurs pour PROCEDURE PROCEDUREERREUR :

LINE/COL ERROR
-------- ------------------------------------------------------------
3/9      PLS-00103: Symbole "LIGNE" rencontré à la place d'un des
         symboles suivants :
            := . ( @ % ;
```

Pour visualiser les erreurs associées à des objets procéduraux qui ont été créés, vous pouvez donc interroger directement la vue « **USER_ERRORS** ».

Les informations concernant les sous-programmes sont accessibles au moyen des diverses vues du dictionnaire de données. Il y a trois vues du dictionnaire de données accessibles au niveau utilisateur « **USER_ERRORS** », « **USER_OBJECTS** » et « **USER_SOURCE** », mais vous pouvez également utiliser leurs vues correspondantes « **ALL_** » ou « **DBA_** ».

USER_ERRORS

La vue « **USER_ERRORS** » contient les informations concernant les erreurs de compilation des objets compilés par l'utilisateur. Les colonnes de cette vue sont :

NAME	Le nom de l'objet.
TYPE	Le type de l'objet. Il peut être un des objets suivants : « **VIEW** » « **PROCEDURE** » « **FUNCTION** » « **PACKAGE** » « **PACKAGE BODY** » « **TRIGGER** » « **TYPE** » « **TYPE BODY** » « **LIBRARY** » « **JAVA SOURCE** » « **JAVA CLASS** » « **DIMENSION** »
SEQUENCE	Le numéro d'ordre de l'erreur pour l'objet correspondant.
LINE	Le numéro de la ligne.
POSITION	La position.
TEXT	Le message d'erreur, il s'agit du message du compilateur qui généralement fait référence à un code qui ne devrait pas se trouver là. Il s'agit généralement d'une erreur précédente au point indiqué.
ATTRIBUTE	Indique s'il s'agit d'une erreur ou d'un message d'attention.
MESSAGE_NUMBER	Le code d'erreur « **SQLCODE** ».

Dans l'exemple suivant, les messages d'erreur émis lors de la création de la procédure ProcedureErreur sont recherchés :

```
SQL> SELECT LINE L, POSITION P, TEXT
  2  FROM USER_ERRORS
  3  WHERE NAME = 'PROCEDUREERREUR' AND
  4        TYPE = 'PROCEDURE'
  5  ORDER BY SEQUENCE;

--- --- ----------------------------------------------------------------
  3   9 PLS-00103: Symbole "LIGNE" rencontré à la place d'un des sym
      boles suivants :

         := . ( @ % ;
```

USER_OBJECTS

La vue « **USER_OBJECTS** » contient les informations concernant chacun des objets, y compris les sous-programmes stockés que possède l'utilisateur courant. Les colonnes de cette vue sont :

OBJECT_NAME	Le nom de l'objet.
OBJECT_ID	L'identifiant de l'objet dans le dictionnaire de données.
DATA_OBJECT_ID	L'identifiant de l'emplacement de stockage de la description de l'objet.

OBJECT_TYPE	Le type de l'objet.
CREATED	La date de création.
LAST_DDL_TIME	La date de la dernière modification.
STATUS	L'état de l'objet qui peut être : « **VALID** » « **INVALID** » « **N/A** »

```
SQL> SELECT OBJECT_NAME, OBJECT_TYPE, STATUS
  2  FROM USER_OBJECTS
  3  WHERE OBJECT_NAME = 'PROCEDUREERREUR';

OBJECT_NAME                    OBJECT_TYPE          STATUS
------------------------------ -------------------- -------
PROCEDUREERREUR                PROCEDURE            INVALID
```

USER_SOURCE

La vue « **USER_OBJECTS** » contient les informations concernant chacun des objets, y compris les sous-programmes stockés que possède l'utilisateur courant. Les colonnes de cette vue sont :

NAME	Le nom de l'objet.
TYPE	Le type de l'objet. Il peut être un des objets suivants : « **VIEW** » « **PROCEDURE** » « **FUNCTION** » « **PACKAGE** » « **PACKAGE BODY** » « **TRIGGER** » « **TYPE** » « **TYPE BODY** » « **LIBRARY** » « **JAVA SOURCE** » « **JAVA CLASS** » « **DIMENSION** »
LINE	Le numéro de la ligne.
TEXT	Le script PL/SQL de l'objet.

```
SQL> SELECT TYPE, LINE, TEXT FROM USER_SOURCE
  2  WHERE NAME = 'PROCEDUREERREUR';

TYPE         LINE TEXT
------------ ---- --------------------------------------
PROCEDURE       1 PROCEDURE ProcedureErreur IS
PROCEDURE       2 begin
PROCEDURE       3   Cette ligne ce n'est pas du PL/SQL;
PROCEDURE       4 end;
```

Les procédures

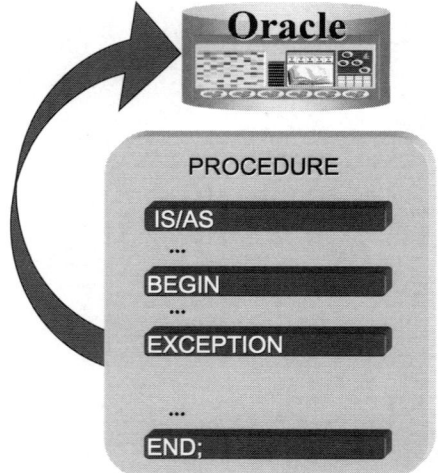

Une procédure est un sous-programme qui effectue un traitement particulier.

Lorsqu'une procédure est créée, elle est d'abord compilée puis stockée dans la base de données sous sa forme compilée. Ce code compilé peut ensuite être exécuté à partir d'un autre bloc PL/SQL ; le code source de la procédure est également stocké et n'a nul besoin d'être analysé une seconde fois à l'exécution.

Un gain de place en mémoire contribuera à cette amélioration de performances car la procédure chargée en mémoire pour son exécution sera partagée par tous les objets qui la demandent.

Une procédure est un bloc PL/SQL comprenant une section déclarative, une section exécutable et une section de gestion des exceptions, et comme dans un bloc anonyme, seule la section exécutable est requise.

A l'instar des autres objets du dictionnaire de données, les sous-programmes sont créés au moyen de l'instruction « **CREATE** ». Examinons le code suivant, qui crée une procédure dans la base :

```
[CREATE [OR REPLACE]] PROCEDURE NOM_PROCEDURE
        [(NOM_ARGUMENT [{IN | OUT | IN OUT}] TYPE [,...])]
{IS | AS}
BEGIN
 ...
EXCEPTION
    WHEN NOM_EXCEPTION THEN
         INSTRUCTIONS ;
END [NOM_PROCEDURE];
```

CREATE   Cette option permet de stocker la procédure dans la base de données. Si vous n'utilisez pas cette option il s'agit d'un bloc nommé déclaré 'localement'.

`OR REPLACE`	Cette option permet d'effectuer en une seule opération la modification du code d'une procédure qui implique la suppression de la procédure, puis sa recréation.
`NOM_PROCEDURE`	C'est le nom de la procédure ; il est placé directement après le mot clé « `PROCEDURE` ». Le nom de la procédure peut, au moment de sa déclaration, être inclus après l'instruction « `END` » finale, pour mettre en évidence la fin de la procédure et de permettre au compilateur PL/SQL de signaler le plus tôt possible toute discordance entre les instructions « `BEGIN` » et « `END` ».
`NOM_ARGUMENT`	Liste optionnelle des arguments définis pour transférer de l'information à la procédure, et pour récupérer de l'information à partir du programme appelant.
`IS` | `AS`	Les deux mots clés sont équivalents ; ils déterminent le début de la section des déclarations.

Attention

La création d'une procédure est une opération LDD, de même que toute autre instruction « `CREATE` », aussi un « `COMMIT` » implicite est-il exécuté tant avant qu'après la création de la procédure.

Corps de procédure

Le corps d'une procédure est un bloc PL/SQL comprenant des sections déclaratives, exécutables et de gestion des exceptions. La section déclarative est située entre les mots-clés « `IS` » ou « `AS` » et le mot-clé « `BEGIN` ». La section exécutable, la seule qui soit requise, est située entre les mots-clés « `BEGIN` » et « `EXCEPTION` ».

Note

Notez que le mot-clé « `DECLARE` » n'est pas inclus dans une déclaration de procédure ou de fonction.

Le mot-clé utilisé ici est « `IS` » ou « `AS` ».

```
SQL> CREATE OR REPLACE PROCEDURE AugmenterSalaire
  2  IS
  3      CURSOR c_employe IS SELECT NOM, PRENOM, FONCTION,
  4                                 SALAIRE, COMMISSION
  5                          FROM EMPLOYES
  6      FOR UPDATE OF SALAIRE, COMMISSION;
  7  begin
  8    for v_employe in c_employe loop
  9      case v_employe.FONCTION
 10      when 'Représentant(e)' then
 11         UPDATE EMPLOYES SET SALAIRE = SALAIRE * 1.25
 12             WHERE CURRENT OF c_employe;
 13      else
```

Module 7 : Les sous-programmes

```
14              UPDATE EMPLOYES SET SALAIRE = SALAIRE * 1.1
15                WHERE CURRENT OF c_employe;
16         end case;
17      end loop;
18   end AugmenterSalaire;
19   /

Procédure créée.
```

La création de la procédure n'implique pas l'exécution du code ; elle est d'abord compilée puis stockée dans la base de données sous sa forme compilée, le code compilé pouvant ensuite être exécuté à partir d'un autre bloc PL/SQL.

On peut accoler directement le nom de la procédure après le mot clé « **END** » ; ce nom sert d'étiquette permettant de relier explicitement la fin du programme et son début. Utiliser une étiquette « **END** » est une bonne habitude. Il est tout particulièrement important de s'en servir lorsqu'une procédure fait plus d'une page, ou fait partie d'une série de procédures et de fonctions dans un corps de package.

Appel de procédure

On appelle une procédure comme on appelle une commande exécutable PL/SQL.

La syntaxe pour exécuter une procédure est la suivante :

```
NOM_PROCEDURE [(VALEUR_ARGUMENT [,...])] ;
```

Si la procédure n'a aucun argument, il faut l'appeler sans parenthèse ou sans aucun argument entre les parenthèses comme dans l'exemple suivant.

```
SQL> begin
  2    AugmenterSalaire;
  3  end;
  4  /

Procédure PL/SQL terminée avec succès.

SQL> begin
  2    AugmenterSalaire();
  3  end;
  4  /

Procédure PL/SQL terminée avec succès.
```

Vous pouvez également utiliser l'instruction « **CALL** » ou « **EXECUTE** » pour appeler une procédure stockée. La syntaxe est la suivante :

```
SQL> CREATE OR REPLACE PROCEDURE SumSalaires
  2  IS
  3     v_sum EMPLOYES.SALAIRE%TYPE;
  4  begin
  5     SELECT SUM( SALAIRE ) INTO v_sum
  6     FROM EMPLOYES;
  7     dbms_output.put_line( v_sum);
  8  end;
  9  /

Procédure créée.
```

```
SQL> CALL SumSalaires();
36561

Appel terminé.

SQL> EXECUTE SumSalaires();
36561

Procédure PL/SQL terminée avec succès.

SQL> EXEC SumSalaires();
36561

Procédure PL/SQL terminée avec succès.
```

Module 7 : Les sous-programmes

Les fonctions

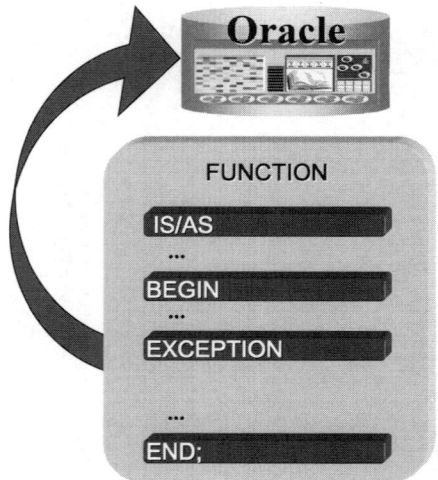

Une fonction est très semblable à une procédure. Toutes deux peuvent recevoir des arguments, être stockées directement dans la base et chacune de ces structures représente une forme différente de bloc PL/SQL, comprenant une section déclarative, une section exécutable et une section de gestion des exceptions.

La différence entre une procédure et une fonction réside en ce qu'un appel de procédure est en soi une instruction PL/SQL, tandis qu'un appel de fonction fait partie d'une expression.

La syntaxe de création d'une fonction est :

```
[CREATE [OR REPLACE]] FUNCTION NOM_FONCTION
        [(NOM_ARGUMENT [{IN | OUT | IN OUT}] TYPE [,...])]
RETURN TYPE_VALEUR
{IS | AS}
BEGIN
  ...
    RETURN EXPRESSION ;
EXCEPTION
    WHEN NOM_EXCEPTION THEN
         INSTRUCTIONS ;
END [NOM_FONCTION];
```

CREATE   Cette option permet de stocker la fonction dans la base de données. Si vous n'utilisez pas cette option il s'agit d'un bloc nommé déclaré 'localement'.

TYPE_VALEUR   C'est le type de la valeur de retour de la fonction ; il est requis et sert à déterminer le type de l'expression contenant l'appel de fonction.

Instruction RETURN

Une fonction doit contenir au moins une clause « **RETURN** » dans sa section d'exécution. Elle peut contenir plus d'une clause RETURN, mais seul l'un d'eux est exécuté à chaque appel de la fonction. La clause « **RETURN** » qui est exécutée par la fonction détermine la valeur renvoyée par cette fonction. Lorsqu'un « **RETURN** » est exécuté, la fonction s'arrête immédiatement et rend le contrôle au bloc PL/SQL appelant.

Voici la syntaxe générale de cette instruction :

RETURN EXPRESSION ;

```
SQL> CREATE OR REPLACE FUNCTION NombreProduits
  2    RETURN number
  3  IS
  4    v_nombre_produits number;
  5  begin
  6    SELECT count(*) INTO v_nombre_produits FROM PRODUITS;
  7    RETURN v_nombre_produits;
  8  end  NombreProduits;
  9  /
```

Fonction créée.

Attention

Lors de l'exécution de « **RETURN** », si l'expression n'est pas du type spécifié dans la clause « **RETURN** » de la définition de la fonction, une conversion dans ce type est effectuée.

```
SQL> CREATE OR REPLACE FUNCTION RetourNombre RETURN number IS
  2  begin
  3    RETURN UID;
  4  end   RetourNombre;
  5  /
```

Fonction créée.

```
SQL> begin
  2      dbms_output.put_line('L''identifiant utilisateur :'
  3                   ||RetourNombre);
  4  end;
  5  /
L'identifiant utilisateur :64

Procédure PL/SQL terminée avec succès.

SQL> CREATE OR REPLACE FUNCTION RetourNombre RETURN number IS
  2  begin
  3    RETURN 'Erreur de conversion.';
  4  end   RetourNombre;
```

```
     5  /

Fonction créée.

SQL> begin
  2      dbms_output.put_line('L''identifiant utilisateur :'
  3                     ||RetourNombre);
  4  end;
  5  /
begin
*
ERREUR à la ligne 1 :
ORA-06502: PL/SQL : erreur numérique ou erreur sur une valeur:
erreur de
conversion des caractères en chiffres
ORA-06512: à "STAGIAIRE.RETOURNOMBRE", ligne 3
ORA-06512: à ligne 2
```

La fonction **RetourNombre,** retourne une valeur numérique. Elle peut être appelée à partir du bloc PL/SQL anonyme suivant. Remarquez que l'appel de fonction n'est pas une instruction en soi ; il est utilisé comme partie d'une expression. Comme vous pouvez le remarquer, le contrôle de la valeur de retour se fait à l'exécution de la fonction et non à la compilation de cette fonction.

```
SQL> CREATE OR REPLACE FUNCTION NombreProduits
  2  RETURN number
  3  IS
  4    v_nombre_produits number;
  5  begin
  6    SELECT count(*) INTO v_nombre_produits FROM PRODUITS;
  7  end  NombreProduits;
  8  /

Fonction créée.

SQL> begin
  2      dbms_output.put_line('Nombre produits :'||NombreProduits);
  3  end;
  4  /
begin
*
ERREUR à la ligne 1 :
ORA-06503: PL/SQL : La fonction ne ramène aucune valeur
ORA-06512: à "STAGIAIRE.NOMBREPRODUITS", ligne 7
ORA-06512: à ligne 2
```

La fonction NombreProduits ne retourne aucune valeur ; comme vous l'avez constaté, l'erreur est survenue à l'exécution et non a la compilation.

```
SQL> CREATE OR REPLACE FUNCTION SalEmployes
  2  RETURN number
  3  IS
  4     v_sum_salaire    EMPLOYES.SALAIRE%TYPE;
  5     v_avg_salaire    EMPLOYES.SALAIRE%TYPE;
  6  begin
  7    SELECT AVG(SALAIRE) INTO v_avg_salaire FROM EMPLOYES;
  8    SELECT SUM(SALAIRE) INTO v_sum_salaire FROM EMPLOYES
```

```
 9       WHERE FONCTION = 'Représentant(e)';
10     if v_avg_salaire < v_sum_salaire then
11         RETURN v_sum_salaire;
12     else
13         RETURN v_avg_salaire;
14     end if;
15   end SalEmployes;
16   /
```

Fonction créée.

Une fonction peut contenir plus d'une instruction « **RETURN** », bien que seule l'une d'entre elles soit exécutée. Dans cet exemple, une seule fonction comprend plusieurs instructions « **RETURN** », une seule d'entre elles étant exécutée.

Vous n'êtes pas obligé d'utiliser dans la clause « **RETURN** » uniquement des variables scalaires, vous pouvez utiliser tout type de variable.

```
SQL> declare
  2       TYPE EMPLOYE IS RECORD ( NOM          VARCHAR2(30),
  3                                PRENOM       VARCHAR2(30),
  4                                FONCTION     VARCHAR2(40));
  5       TYPE TABLEAU_EMPLOYES IS TABLE OF EMPLOYE NOT NULL
  6            INDEX BY BINARY_INTEGER;
  7       t_emp TABLEAU_EMPLOYES;
  8       FUNCTION ListeEmployes
  9       RETURN TABLEAU_EMPLOYES
 10       IS
 11           t_emp TABLEAU_EMPLOYES;
 12       begin
 13           SELECT NOM, PRENOM, FONCTION BULK COLLECT INTO t_emp
 14           FROM EMPLOYES;
 15           RETURN t_emp;
 16       end;
 17  begin
 18      t_emp := ListeEmployes;
 19      for i in 1..9 loop
 20          dbms_output.put_line( t_emp(i).NOM||' '||t_emp(i).PRENOM
 21                              ||' '||t_emp(i).FONCTION );
 22      end loop;
 23  end;
 24  /
Callahan Laura Assistante commerciale
Buchanan Steven Chef des ventes
Peacock Margaret Représentant(e)
Leverling Janet Représentant(e)
Davolio Nancy Représentant(e)
Dodsworth Anne Représentant(e)
King Robert Représentant(e)
Suyama Michael Représentant(e)
Fuller Andrew Vice-Président

Procédure PL/SQL terminée avec succès.
```

Clause RETURN dans une procédure

La clause « **RETURN** » peut être utilisée dans les procédures ; cette syntaxe ne comporte aucune expression et par conséquent ne retourne aucune valeur. La clause « **RETURN** » est utilisée pour arrêter tout simplement l'exécution de la procédure et rend le contrôle au programme appelant.

```
SQL> CREATE OR REPLACE PROCEDURE
  2      AffCommandesEmp(a_no_employe EMPLOYES.NO_EMPLOYE%TYPE := 0,
  3              a_deb    COMMANDES.DATE_COMMANDE%TYPE := SYSDATE,
  4              a_fin    COMMANDES.DATE_COMMANDE%TYPE := SYSDATE)
  5  IS
  6  begin
  7    case
  8      when a_no_employe <= 0 then
  9          dbms_output.put_line( 'Employé mal initialisé');
 10          RETURN ;
 11      when a_deb > a_fin then
 12          dbms_output.put_line( 'date de debut > date de fin ');
 13          RETURN ;
 14      else
 15          NULL;
 16    end case;
 17    for r_comm in (   SELECT NO_COMMANDE,CODE_CLIENT,DATE_COMMANDE
 18                      FROM EMPLOYES NATURAL JOIN COMMANDES
 19                      WHERE NO_EMPLOYE = a_no_employe AND
 20                          FONCTION LIKE 'Rep%'       AND
 21                          DATE_COMMANDE BETWEEN a_deb AND a_fin)
 22    loop
 23      dbms_output.put_line( r_comm.NO_COMMANDE||' '||
 24              r_comm.CODE_CLIENT||' '||r_comm.DATE_COMMANDE);
 25    end loop;
 26  end;
 27  /

Procédure créée.

SQL> exec AffCommandesEmp( 1, '06/05/1998','06/05/1998');
11075 RICSU 06/05/98
11077 RATTC 06/05/98

Procédure PL/SQL terminée avec succès.
```

L'appel de fonction

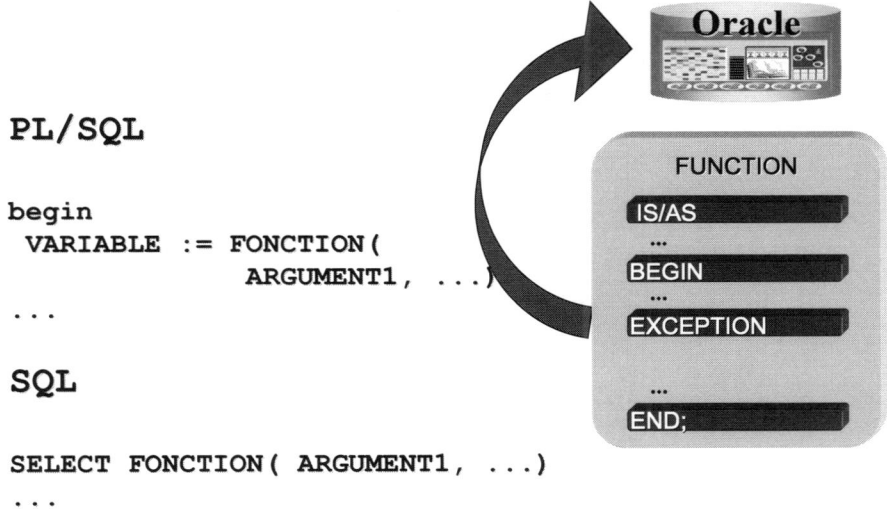

```
PL/SQL

begin
 VARIABLE := FONCTION(
              ARGUMENT1, ...)
...

SQL

SELECT FONCTION( ARGUMENT1, ...)
...
```

Une fonction est appelée comme une partie d'une commande exécutable PL/SQL. En comparaison avec une procédure, une fonction doit toujours retourner une valeur ce qui implique qu'à chaque utilisation d'une fonction, il faut affecter une variable avec la valeur de retour de la fonction. C'est une contrainte à laquelle on ne peut pas déroger.

```
SQL> CREATE OR REPLACE FONCTION Age( a_no_emp
  2                                  EMPLOYES.NO_EMPLOYE%TYPE)
  3  RETURN NUMBER
  4  IS
  5  begin
  6     for i_emp in ( SELECT TRUNC(( SYSDATE -
  7                           DATE_NAISSANCE)/356) AGE
  8                    FROM EMPLOYES
  9                    WHERE NO_EMPLOYE = a_no_emp )
 10     loop
 11         RETURN i_emp.AGE;
 12     end loop;
 13  end;
 14  /

Fonction créée.

SQL> begin
  2     Age(2);
  3  end;
  4  /
   Age(2);
   *
ERREUR à la ligne 2 :
ORA-06550: Ligne 2, colonne 3 :
```

```
PLS-00221: 'AGE' n'est pas une procédure ou est indéfini
ORA-06550: Ligne 2, colonne 3 :
PL/SQL: Statement ignored
```

L'appel a échoué, il s'agit d'une fonction et non pas d'une procédure mais comme on n'utilise aucune variable pour acquérir la variable de retour, le compilateur cherche une procédure. Dans l'exemple suivant, il y a utilisation d'une variable de liaison pour accueillir la variable de retour de la fonction.

```
SQL> VARIABLE age NUMBER
SQL> declare
  2     v_age NUMBER(3)
  3  begin
  4     dbms_output.put_line( 'Variable PL/SQL    v_age :'||v_age);
  5
  6     v_age := Age(3);
  7     :age  := v_age;
  8     dbms_output.put_line( 'Variable de liaison :age  :'||:age);
  9  end;
 10  /
Variable PL/SQL    v_age :55
Variable de liaison :age  :43

Procédure PL/SQL terminée avec succès.

SQL> PRINT age

       AGE
----------
        43
```

Une fonction peut être utilisée directement dans une requête SQL ce qui n'est pas le cas d'une procédure.

```
SQL> CREATE OR REPLACE FUNCTION Age( a_date_naisance DATE)
  2  RETURN NUMBER
  3  IS
  4  begin
  5      RETURN TRUNC(( SYSDATE - a_date_naisance)/356);
  6  end;
  7  /

Fonction créée.

SQL> SELECT NOM, PRENOM, AGE( DATE_NAISSANCE) FROM EMPLOYES;

NOM            PRENOM        AGE(DATE_NAISSANCE)
------------   ------------  -------------------
Callahan       Laura                          49
Buchanan       Steven                         52
Peacock        Margaret                       48
Leverling      Janet                          43
Davolio        Nancy                          38
Dodsworth      Anne                           37
King           Robert                         47
...
```

Module 7 : Les sous-programmes

La suppression des blocs

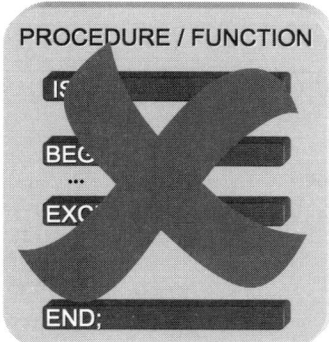

Comme les tables, les procédures et les fonctions peuvent faire l'objet d'une suppression, provoquant leur élimination du dictionnaire de données. Voici la syntaxe de suppression d'une procédure :

```
DROP PROCEDURE NOM_PROCEDURE ;
DROP FUNCTION NOM_FONCTION ;
```

Si l'objet à supprimer est une fonction, vous devez utiliser « **DROP FUNCTION** » et, s'il s'agit d'une procédure, vous devrez utiliser « **DROP PROCEDURE** ».

Si le sous-programme n'existe pas, l'instruction « **DROP** » provoquera une erreur.

```
SQL> DROP FUNCTION SalEmployes;
DROP FUNCTION SalEmployes
            *
ERREUR à la ligne 1 :
ORA-04043: objet SALEMPLOYES inexistant
```

Lors de la création d'une procédure ou d'une fonction, l'objet ne doit pas exister, sinon l'opération « **CREATE** » provoquera une erreur.

```
SQL> CREATE FUNCTION NombreProduits
  2    RETURN number
  3    IS
  4      v_nombre_produits number;
  5    begin
  6      SELECT count(*) INTO v_nombre_produits FROM PRODUITS;
  7    end NombreProduits;
  8  /
CREATE FUNCTION NombreProduits
                *
```

Module 7 : Les sous-programmes

```
ERREUR à la ligne 1 :
ORA-00955: ce nom d'objet existe déjà
```

Il faut soit détruire l'objet avant la création, soit utiliser l'option « **OR REPLACE** » dans la syntaxe de création.

```
SQL> DROP FUNCTION NombreProduits;

Fonction supprimée.

SQL> CREATE OR REPLACE FUNCTION NombreProduits
  2  RETURN number
  3  IS
  4    v_nombre_produits number;
  5  begin
  6    SELECT count(*) INTO v_nombre_produits FROM PRODUITS;
  7  end   NombreProduits;
  8  /

Fonction créée.

SQL> CREATE OR REPLACE FUNCTION NombreProduits
  2  RETURN number
  3  IS
  4    v_nombre_produits number;
  5  begin
  6    SELECT count(*) INTO v_nombre_produits FROM PRODUITS;
  7  end   NombreProduits;
  8  /

Fonction créée.
```

> **Attention**
>
> L'instruction « **DROP** » est une commande LDD, aussi un « **COMMIT** » implicite est-il effectué tant avant qu'après l'instruction.
>
> Il faut également être attentif avec la commande « **CREATE** » qui est aussi une commande LDD.

```
SQL> SELECT NO_EMPLOYE, SALAIRE FROM EMPLOYES WHERE REND_COMPTE = 5;

NO_EMPLOYE    SALAIRE
----------  ----------
         9        2180
         6        2534

SQL> UPDATE EMPLOYES SET SALAIRE = SALAIRE * 1.2
  2  WHERE REND_COMPTE = 5;

2 ligne(s) mise(s) à jour.

SQL> SELECT NO_EMPLOYE, SALAIRE FROM EMPLOYES WHERE REND_COMPTE = 5;
```

```
NO_EMPLOYE   SALAIRE
----------   ----------
         9        2616
         6      3040,8

SQL> CREATE OR REPLACE FUNCTION NombreProduits
  2    RETURN number
  3    IS
  4      v_nombre_produits number;
  5    begin
  6      SELECT count(*) INTO v_nombre_produits FROM PRODUITS;
  7    end NombreProduits;
  8  /
```

Fonction créée.

SQL> **ROLLBACK;**

Annulation (rollback) effectuée.

SQL> **SELECT NO_EMPLOYE, SALAIRE FROM EMPLOYES WHERE REND_COMPTE = 5;**

```
NO_EMPLOYE   SALAIRE
----------   ----------
         9        2616
         6      3040,8
```

Dans l'exemple précédent, l'ordre LDD « **CREATE** » effectue un « **COMMIT** » dans la transaction en cours.

SQL> **UPDATE EMPLOYES SET SALAIRE = 2180 WHERE NO_EMPLOYE = 9;**

1 ligne mise à jour.

SQL> **UPDATE EMPLOYES SET SALAIRE = 2534 WHERE NO_EMPLOYE = 6;**

1 ligne mise à jour.

SQL> **DROP FUNCTION NombreProduits;**

Fonction supprimée.

SQL> **ROLLBACK;**

Annulation (rollback) effectuée.

SQL> **SELECT NO_EMPLOYE, SALAIRE FROM EMPLOYES WHERE REND_COMPTE = 5;**

```
NO_EMPLOYE   SALAIRE
----------   ----------
         9        2180
         6        2534
```

Les arguments

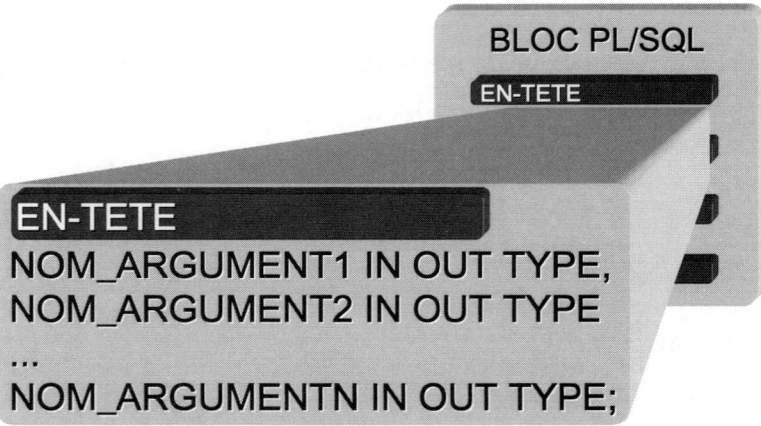

Comme dans tout autre **L3G**, vous pouvez créer des procédures et des fonctions qui reçoivent des arguments ayant différents modes et dont le passage se fera par valeur ou par référence.

Les arguments contiennent les valeurs passées au bloc lors de son appel, et ils peuvent recevoir ensuite les résultats générés par celle-ci lorsqu'elle se termine. Ce sont les valeurs de ces arguments qui sont utilisés dans la procédure.

Les arguments formels servent de conteneurs pour les valeurs des arguments réels. Lorsque la procédure est appelée, les arguments formels se voient assigner les valeurs des arguments réels. Au sein de la procédure, il est fait référence à ces valeurs par le biais des arguments formels. Une fois la procédure terminée, les valeurs contenues dans les arguments formels sont repassées aux arguments réels. Ces affectations respectent les règles PL/SQL, incluant toute conversion de type nécessaire.

Les arguments formels peuvent avoir trois modes : « **IN** », « **OUT** » ou « **IN OUT** », « **IN** » étant la valeur par défaut.

La syntaxe de déclaration des arguments est :

```
NOM_ARGUMENT [{IN | OUT | IN OUT}] TYPE
[,...]
```

La définition d'un argument est très proche de la déclaration d'une variable.

```
SQL> CREATE OR REPLACE PROCEDURE
  2                      AugmenterSalaire( Montant IN number(10))
  3  IS
  4  begin
  5      UPDATE EMPLOYES SET SALAIRE = SALAIRE + Montant;
  6  end AugmenterSalaire;
  7  /

Avertissement : Procédure créée avec erreurs de compilation.
```

```
SQL> CREATE OR REPLACE PROCEDURE
  2                     AugmenterSalaire( Montant IN number)
  3  IS
  4  begin
  5     UPDATE EMPLOYES SET SALAIRE = SALAIRE + Montant;
  6  end AugmenterSalaire;
  7  /
```

Procédure créée.

Attention

Il faut être attentif au fait que, dans une déclaration de procédure, une contrainte de longueur ne peut être appliquée aux arguments « **CHAR** » et « **VARCHAR2** », de même qu'une contrainte de précision et/ou d'étendue ne peut être appliquée aux arguments « **NUMBER** », puisque que ces contraintes proviennent des arguments réels.

Les arguments IN

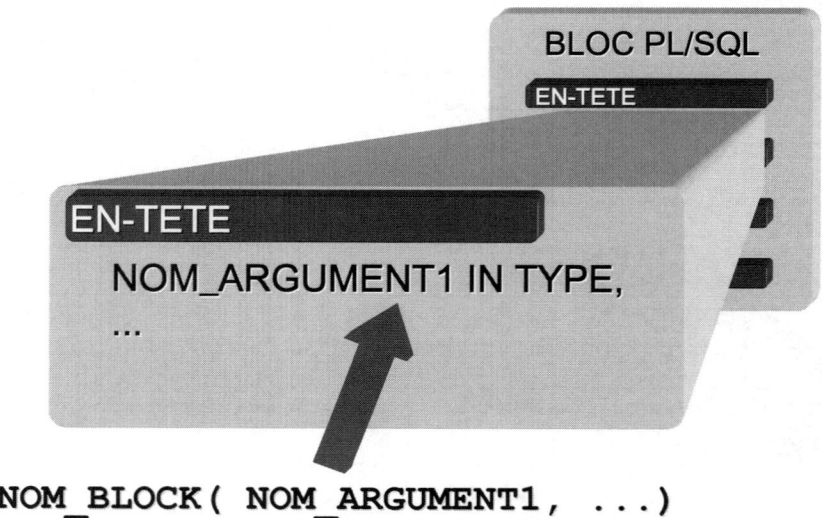

```
NOM_BLOCK( NOM_ARGUMENT1, ...)
```

La valeur de l'argument réel est passée à la procédure lors de son invocation. A l'intérieur de celle-ci, l'argument formel se comporte comme une constante PL/SQL, à savoir qu'il est en lecture seule et ne peut donc être modifié. Lorsque la procédure se termine et que le contrôle repasse à l'environnement appelant, l'argument réel n'est pas modifié.

```
SQL> CREATE OR REPLACE PROCEDURE
  2                  AugmenterSalaire( Montant IN number)
  3  IS
  4  begin
  5      UPDATE EMPLOYES SET SALAIRE = SALAIRE + Montant;
  6      Montant := 2000;
  7  end AugmenterSalaire;
  8  /

Avertissement : Procédure créée avec erreurs de compilation.
```

Comme vous pouvez l'observer, il est impossible d'affecter une valeur à un argument de type « **IN** ».

```
SQL> CREATE OR REPLACE FUNCTION Age( a_date_naisance DATE)
  2  RETURN NUMBER IS
  3  begin
  4      RETURN TRUNC(( SYSDATE - a_date_naisance)/356);
  5  end;
  6  /

Fonction créée.
SQL> SELECT Age( '03/02/1965') FROM DUAL;

AGE('03/02/1965')
-----------------
               42
```

Les arguments OUT

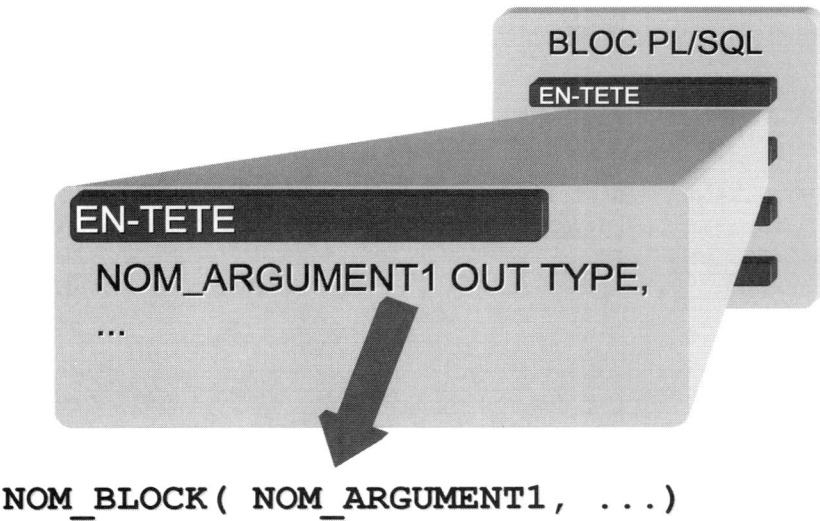

La valeur de l'argument réel est ignorée lors de l'invocation de la procédure. À l'intérieur de celle-ci, l'argument formel se comporte comme une variable PL/SQL n'ayant pas été initialisée, contenant donc la valeur « **NULL** » et supportant les opérations de lecture et d'écriture. Au terme de la procédure et au retour du contrôle à l'environnement appelant, le contenu de l'argument formel est affecté à l'argument réel.

```
SQL> declare
  2     v_nombre_produits number := 0;
  3     PROCEDURE NombreProduits( nombre_produits OUT number )
  4     IS
  5     begin
  6        dbms_output.put_line( 'La valeur est :'||nombre_produits);
  7        SELECT count(*) INTO nombre_produits FROM PRODUITS;
  8     end NombreProduits;
  9  begin
 10     NombreProduits(v_nombre_produits);
 11     dbms_output.put_line('La valeur est :'||v_nombre_produits);
 12  end;
 13  /
La valeur est :
La valeur est :77

Procédure PL/SQL terminée avec succès.
```

Comme vous avez pu vous en apercevoir, l'argument réel, la variable v_nombre_produits, est ignorée ; par contre, au retour, la variable v_nombre_produits est affectée au nombre_produits, l'argument formel.

Les arguments IN OUT

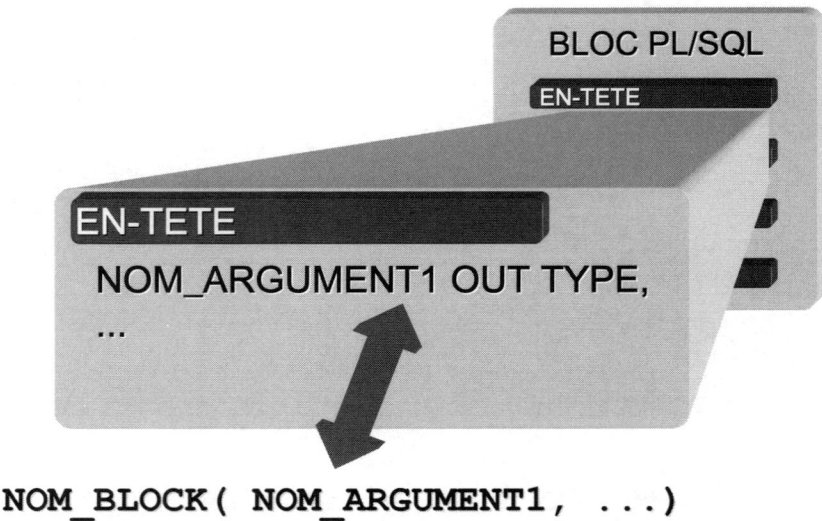

Ce mode est une combinaison de « **IN** » et « **OUT** ». La valeur de l'argument réel est transmise à la procédure lors de son invocation. Au terme de la procédure et au retour du contrôle à l'environnement appelant, le contenu de l'argument formel est affecté à l'argument réel.

```
SQL> CREATE OR REPLACE PROCEDURE
  2             NombreProduits( nombre_produits IN OUT number )
  3  IS
  4  begin
  5    dbms_output.put_line( 'La valeur est :'||nombre_produits);
  6    SELECT count(*) INTO nombre_produits FROM PRODUITS;
  7  end   NombreProduits;
  8  /

Procédure créée.

SQL> declare
  2    v_nombre_produits number := 0;
  3  begin
  4   NombreProduits(v_nombre_produits);
  5   dbms_output.put_line('La valeur est :'||v_nombre_produits);
  6  end;
  7  /
La valeur est :0
La valeur est :77

Procédure PL/SQL terminée avec succès.
```

NOCOPY

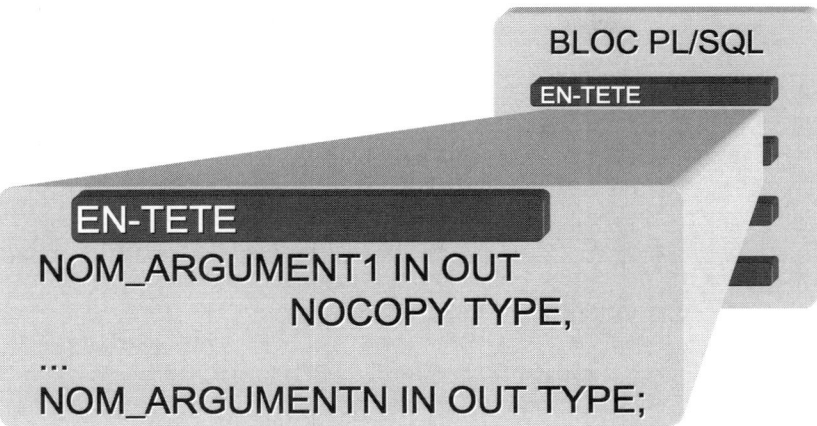

Le passage d'un argument de sous-programme peut s'effectuer de deux manières : par référence ou par valeur. Dans le premier cas, un pointeur sur l'argument réel est passé à l'argument formel correspondant, et dans le second, la valeur de l'argument réel est copiée dans l'argument formel. Le passage par référence, qui évite la copie, est généralement plus rapide, particulièrement dans le cas d'arguments de collections.

Par défaut, PL/SQL passera les paramètres « **IN** » par référence et les paramètres « **IN OUT** » et « **OUT** » par valeur.

Oracle dispose d'un indicateur de compilation, "hint", appelé « **NOCOPY** », utilisé lors de la déclaration des arguments « **OUT** » et « **IN OUT** ». La présence de « **NOCOPY** » indique au compilateur PL/SQL de passer l'argument par référence plutôt que par valeur.

Voici la syntaxe utilisée pour déclarer un argument avec cet indicateur :

```
NOM_ARGUMENT [{ OUT | IN OUT}] [NOCOPY] TYPE [,...]
```

Astuce

Etant donné que « **NOCOPY** » est un indicateur de compilateur, et non une directive, il n'est pas toujours pris en considération.

L'avantage principal dont « **NOCOPY** » permet de bénéficier est, dans certains cas, une amélioration des performances, amélioration particulièrement sensible lors du passage des objets de type collection volumineux.

```
SQL> declare
  2     TYPE t_det_comm IS TABLE OF DETAILS_COMMANDES%ROWTYPE
  3                                 INDEX BY BINARY_INTEGER;
  4     t_dc      t_det_comm;
  5     ts1       TIMESTAMP;
```

Module 7 : Les sous-programmes

```
  6      ts2         TIMESTAMP;
  7      ts3         TIMESTAMP;
  8      nb_enreg    NUMBER;
  9      PROCEDURE ne_fait_rien01 (tab IN OUT t_det_comm) IS
 10        begin NULL; end;
 11      PROCEDURE ne_fait_rien02 (tab IN OUT NOCOPY t_det_comm) IS
 12        begin NULL; end;
 13   begin
 14      SELECT COUNT(*) INTO nb_enreg
 15      FROM DETAILS_COMMANDES A1, EMPLOYES, EMPLOYES;
 16      dbms_output.put_line('La taille du tableau : '||nb_enreg);
 17      SELECT A1.NO_COMMANDE,A1.REF_PRODUIT,A1.PRIX_UNITAIRE,
 18             A1.QUANTITE,A1.REMISE
 19      BULK COLLECT INTO t_dc
 20      FROM DETAILS_COMMANDES A1, EMPLOYES, EMPLOYES;
 21      ts1 := SYSTIMESTAMP;
 22      ne_fait_rien01(t_dc);
 23      ts2 := SYSTIMESTAMP;
 24      ne_fait_rien02(t_dc);
 25      ts3 := SYSTIMESTAMP;
 26      dbms_output.put_line('IN OUT: '||TO_CHAR(ts2 - ts1));
 27      dbms_output.put_line('NOCOPY: '||TO_CHAR(ts3 - ts2));
 28   end;
 29   /
La taille du tableau : 174555
IN OUT: +000000000 00:00:00.250000000
NOCOPY: +000000000 00:00:00.000000000

Procédure PL/SQL terminée avec succès.
```

Les procédures ne_fait_rien01 et ne_fait_rien02 n'effectuent aucune action, chacune reçoit simplement un argument qui est un tableau associatif de détails de commandes contenant 174 555 enregistrements.

La procédure ne_fait_rien01 reçoit l'argument par valeur « **IN** » et la procédure ne_fait_rien02 reçoit l'argument par référence « **NOCOPY IN OUT** ».

Vous pouvez remarquer que le temps requis pour passer l'argument par valeur est supérieur à celui pour le passer par référence.

Le "hint" « **NOCOPY** » sera ignoré dans les situations suivantes :

- L'argument réel est un membre d'un tableau associatif. Cette restriction ne s'applique pas toutefois dans le cas où l'argument réel est un tableau associatif complet.

- L'argument réel est soumis à une contrainte de précision, d'étendue ou « **NOT NULL** ».

- Les arguments réel et formel sont tous deux des enregistrements et les contraintes portant sur les champs correspondants diffèrent.

- Le passage de l'argument réel exige une conversion implicite du type de données.

- Le sous-programme est impliqué dans un appel de procédure émis vers un serveur distant via un lien de base de données.

Module 7 : Les sous-programmes

Les valeurs par défaut

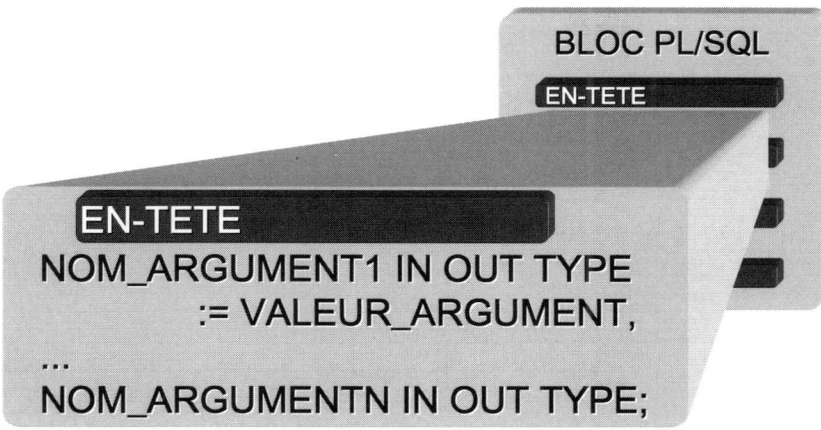

Comme lors de la déclaration de variables, les arguments formels d'une procédure ou d'une fonction peuvent avoir des valeurs par défaut, lesquelles ne sont pas passées par l'environnement appelant. Lorsqu'un argument réel est passé, sa valeur vient remplacer la valeur par défaut de l'argument formel.

La syntaxe suivante est utilisée pour attribuer à un argument une valeur par défaut :

```
NOM_ARGUMENT [{IN | OUT | IN OUT}] TYPE
                    [{ := | DEFAULT } VALEUR_DEFAUT]
```

```
SQL> CREATE OR REPLACE FUNCTION UnitesStock
  2          ( a_code_categorie IN PRODUITS.CODE_CATEGORIE%TYPE :=1,
  3            a_fournisseur    IN PRODUITS.NO_FOURNISSEUR%TYPE :=1)
  4  RETURN PRODUITS.UNITES_STOCK%TYPE
  5  IS
  6     v_unites_stock   PRODUITS.UNITES_STOCK%TYPE;
  7  begin
  8    SELECT SUM(UNITES_STOCK) INTO v_unites_stock FROM PRODUITS
  9    WHERE  CODE_CATEGORIE = a_code_categorie AND
 10           NO_FOURNISSEUR = a_fournisseur;
 11    RETURN v_unites_stock;
 12  end UnitesStock;
 13  /

Fonction créée.

SQL> declare
  2      v_produit   PRODUITS%ROWTYPE;
  3  begin
  4      dbms_output.put_line( 'La somme est : '||UnitesStock);
  5  end;
```

```
    6  /
La somme est : 56

Procédure PL/SQL terminée avec succès.
```

Les deux arguments de la fonction UNITES_STOCK reçoivent des valeurs par défaut.

Notation positionnelle et nommée

Le langage PL/SQL vous donne la possibilité d'associer les arguments réels aux arguments formels :

Association par position

Dans ce cas, chaque argument est remplacé par la valeur occupant la même position dans la liste.

```
SQL> CREATE OR REPLACE PROCEDURE
  2      MontantCommande ( a_code_client COMMANDES.CODE_CLIENT%TYPE,
  3                        a_no_employe   COMMANDES.NO_EMPLOYE%TYPE,
  4                        a_no_commande COMMANDES.NO_COMMANDE%TYPE)
  5  IS
  6      v_montant DETAILS_COMMANDES.PRIX_UNITAIRE%TYPE;
  7  begin
  8      SELECT SUM( PRIX_UNITAIRE) * SUM( QUANTITE) INTO v_montant
  9      FROM COMMANDES NATURAL JOIN DETAILS_COMMANDES
 10      WHERE CODE_CLIENT = a_code_client AND
 11            NO_EMPLOYE  = a_no_employe   AND
 12            NO_COMMANDE = a_no_commande;
 13      dbms_output.put_line( 'NO_COMMANDE = '||a_no_commande);
 14      dbms_output.put_line( 'v_montant   = '||v_montant);
 15  end;
 16  /

Procédure créée.

SQL> begin
  2      MontantCommande('LACOR',4,10972);
  3  end;
  4  /
NO_COMMANDE = 10972
v_montant   = 2697,5

Procédure PL/SQL terminée avec succès.
```

Attention

Les arguments doivent être renseignés obligatoirement s'il n'y a pas de valeur par défaut déclarée.

Les arguments associés par position sont affectés dans l'ordre de leur déclaration. Vous ne pouvez pas affecter le deuxième sans renseigner le premier.

Association par nom

Dans ce cas, chaque argument peut être indiqué dans l'ordre quelconque en faisant apparaître la correspondance de façon implicite sous la forme :

```
( NOM_ARGUMENT => VALEUR_ARGUMENT[,...]);
```

La notation nommée est désirable lorsque la procédure, ce qui est rare il faut bien le remarquer, utilise un grand nombre d'arguments (plus de dix) car il est ainsi plus facile de déterminer à quel paramètre formel correspond chaque paramètre réel.

```
SQL> CREATE OR REPLACE PROCEDURE
  2      MontantCommande ( a_code_client COMMANDES.CODE_CLIENT%TYPE,
  3                        a_no_employe  COMMANDES.NO_EMPLOYE%TYPE := 4,
  4                        a_no_commande COMMANDES.NO_COMMANDE%TYPE)
  5  IS
  6      v_montant DETAILS_COMMANDES.PRIX_UNITAIRE%TYPE;
  7  begin
  8      SELECT SUM( PRIX_UNITAIRE) * SUM( QUANTITE) INTO v_montant
  9      FROM COMMANDES NATURAL JOIN DETAILS_COMMANDES
 10      WHERE CODE_CLIENT = a_code_client AND
 11            NO_EMPLOYE  = a_no_employe  AND
 12            NO_COMMANDE = a_no_commande;
 13      dbms_output.put_line( 'NO_COMMANDE = '||a_no_commande);
 14      dbms_output.put_line( 'v_montant   = '||v_montant);
 15  end;
 16  /

Procédure créée.

SQL> begin
  2      MontantCommande( a_code_client =>'LACOR',
  3                       a_no_commande => 10972);
  4  end;
  5  /
NO_COMMANDE = 10972
v_montant   = 2697,5

Procédure PL/SQL terminée avec succès.
```

L'argument `a_no_employe` prend la valeur par défaut.

Attention

Lorsque vous utilisez des valeurs par défaut, placez-les, pour autant que vous le pouvez, en fin de liste des arguments. Cela vous permettra d'utiliser indifféremment l'une ou l'autre de la notation positionnelle ou de la notation nommée.

La surcharge de blocs

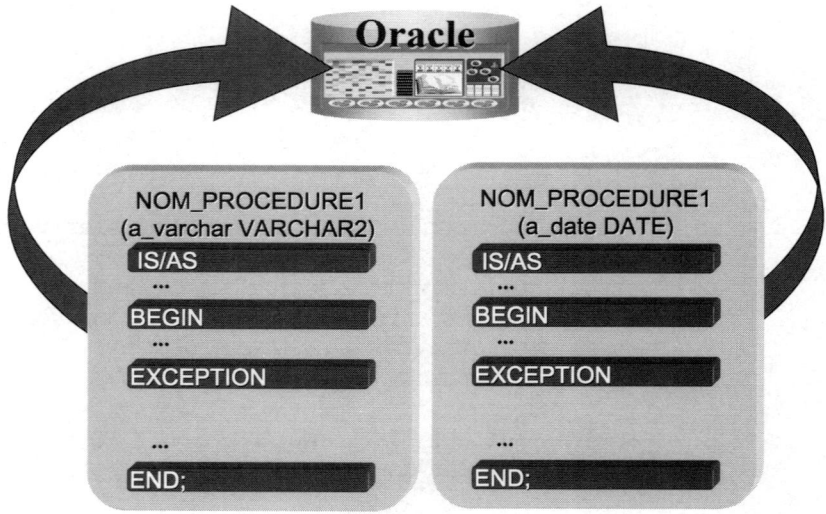

Deux ou plusieurs blocs peuvent avoir le même nom et une liste différente de paramètres. De tels modules (procédures ou fonctions) sont dits surchargés. Le code de ces programmes peut être très semblable ou bien complètement différent.

Voici un exemple de deux fonctions surchargées définies dans la section déclarative d'un bloc anonyme (les deux sont des modules locaux).

```
SQL> declare
  2      FUNCTION ControlValeur( a_date DATE)
  3      RETURN BOOLEAN
  4      IS
  5        begin
  6          dbms_output.put_line('ControlValeur DATE');
  7          RETURN a_date <= SYSDATE;
  8        end;
  9
 10      FUNCTION ControlValeur( a_nombre NUMBER)
 11      RETURN BOOLEAN IS
 12        begin
 13          dbms_output.put_line('ControlValeur NUMBER');
 14          RETURN a_nombre >= 0;
 15        end;
 16
 17      FUNCTION ControlValeur( a_chaine VARCHAR2)
 18      RETURN BOOLEAN IS
 19        begin
 20          dbms_output.put_line('ControlValeur VARCHAR2');
 21          RETURN a_chaine >= 'AZERTY';
 22        end;
 23   begin
 24      if ControlValeur(UID) then
 25         dbms_output.put_line( 'L''identifiant est :'||UID);
```

```
26      end if;
27      if ControlValeur(SYSDATE-1) then
28         dbms_output.put_line( 'La date du jour est :'||SYSDATE);
29      end if;
30      if ControlValeur('Razvan BIZOÏ') then
31         dbms_output.put_line( 'La chaîne est : Razvan BIZOÏ');
32      end if;
33   end;
34   /
```
```
ControlValeur NUMBER
L'identifiant est :64
ControlValeur DATE
La date du jour est :14/06/06
ControlValeur VARCHAR2
La chaîne est : Razvan BIZOÏ

Procédure PL/SQL terminée avec succès.
```

Le compilateur compare le paramètre réel aux paramètres des listes des deux modules et il exécute alors le code du programme dont l'en-tête correspond.

Un exemple de programme surchargé en PL/SQL est la fonction « **TO_CHAR** ». Cette fonction peut être utilisée pour convertir à la fois les nombres et des dates au format caractère. En d'autres termes, il existe deux fonctions « **TO_CHAR** » différentes. La surcharge ne fait que rendre ce fait transparent pour les développeurs.

Atelier

- Les fonctions
- Les procédures

 Durée : 40 minutes

Questions

```
SQL> declare
  2      PROCEDURE ProcedureA IS
  3      begin
  4        dbms_output.put_line( 'ProcedureA' );
  5        ProcedureB;
  6      end;
  7      PROCEDURE ProcedureB IS
  8      begin
  9        dbms_output.put_line( 'ProcedureB' );
 10      end;
 11  begin
 12      ProcedureA;
 13  end;
 14  /
```

7-1.   Le bloc précédent peut-il être compilé ? justifiez votre réponse.

7-2.   Quelles sont les syntaxes invalides ?

   A. `PROCEDURE p1( a_1 NUMBER ) IS declare a_1 := 0; end;`

   B. `PROCEDURE p1( a_1 IN OUT NUMBER ) IS declare a_1 := 0; end;`

   C. `PROCEDURE p1( a_1 OUT NUMBER ) IS declare a_1 := 0; end;`

Module 7 : Les sous-programmes

D. `PROCEDURE p1( a_1 IN NUMBER ) IS`
   `declare a_1 := 0; end;`

```
SQL> CREATE OR REPLACE PROCEDURE
  2  p1( a_1 NUMBER := 0, a_2 NUMBER := 0,a_3 NUMBER := 0) IS
  3  begin
  4     dbms_output.put_line( a_1||' '||a_2||' '||a_3);
  5  end;
  6  /
```

7-3. Quelles sont les syntaxes qui affichent la chaîne suivante '1 2 0' ?

A. `exec p1;`

B. `exec p1(1,2,3);`

C. `exec p1(1,2);`

D. `exec p1(3);`

E. `exec p1(a_3 => 3,a_1 => 1);`

F. `exec p1(a_2 => 3,a_1 => 1);`

G. `exec p1(a_3 => 0,a_1 => 1,a_2 => 2);`

H. `exec p1(a_1 => 3,a_2 => 2,a_3 => 1);`

I. `exec p1(a_1 => 3,a_2 => 0,a_3 => 0);`

J. `exec p1(a_2 => 2,a_1 => 1,a_3 => 0);`

Exercice n°1   Les fonctions

Créez une fonction qui permet d'effectuer les opérations suivantes :

– A partir d'une catégorie des produits passée comme argument, la fonction doit retourner VRAI si l'enregistrement existe dans la table CATEGORIES, et FALSE dans le cas contraire.

– A partir du numéro du fournisseur passé comme argument, la fonction doit retourner VRAI si l'enregistrement existe dans la table FOURNISSEURS, et sinon FALSE.

– A partir du nom de l'employé et des deux dates passés comme arguments, retrouvez le nombre des contrats saisis dans la table COMMANDES.

– A partir du numéro de la commande, retournez le montant de la commande.

– A partir du nom de la table passée comme argument et de la valeur de la clé pour un enregistrement, valeur passée sous forme de chaîne de caractères. Contrôlez que le nom de la table existe, retrouvez le nom de la colonne de clé primaire et créez une requête dynamique qui vérifie que l'enregistrement existe. La fonction doit retourner VRAI si l'enregistrement existe, sinon FALSE.

Exercice n°2   Les procédures

Créez une procédure qui permet d'effectuer les opérations suivantes:

– A partir du numéro de commande passé en argument, retirez des unités en stocks toutes les quantités de produits de la commande. S'il n'y a pas assez des unités en stock, commandez la différence, en modifiant la valeur des unités commandées.

- A partir du numéro d'une catégorie de produits, contrôlez les produits en stock pour la catégorie si la quantité des unités en stock est supérieure à la moyenne de la catégorie, sinon commandez deux fois la différence arrondie au dixième supérieur.

- A partir du numéro d'une catégorie de produits, validez l'arrivée des produits commandés, ainsi rajoutez aux quantités des unités en stock les quantités des unités commandées et mettez les unités commandées à zéro.

- Saisir toutes les informations nécessaires pour insérer un produit dans la table PRODUITS. Utilisez la fonction de contrôle d'existence d'un enregistrement précédemment créée pour vérifier toutes les contraintes de clé primaire nécessaires. Créez trois procédures, la première qui a comme argument un enregistrement du même type que la table produits, la deuxième avec une liste arguments représentants les champs de la table produits et la troisième qui effectue le traitement. Les deux premières procédures doivent avoir le même nom, le traitement est effectué par la troisième. La première et la deuxième procédure appellent la troisième. Ainsi la première et la deuxième procédure ne sont qu'un moyen de diversifier les possibilités d'accès à la troisième procédure.

- Dans les quatre tables DIM_EMPLOYES, DIM_PRODUITS, DIM_CLIENTS et à la fin INDICATEURS du modèle étoile, mettez à jour les enregistrements et si tel est le cas insérer tous les enregistrements manquants.

- Effacez d'abord les enregistrements, puis insérez les dans les sept tables du modèle étoile :
QUANTITES_CLIENTS,
VENTES_CLIENTS,
VENTES_ANNEES,
VENTES_MOIS
VENTES_CLIENTS_1996
VENTES_CLIENTS_1997
VENTES_CLIENTS_1998

- *Les packages*
- *Les spécifications de package*
- *Les corps des packages*
- *Les variables curseurs*
- *Les exceptions*

8
Les packages

Objectifs

A la fin de ce module, vous serez à même d'effectuer les tâches suivantes :
- Décrire les packages.
- Créer des packages.
- Déclarer l'interface publique des packages.
- Invoquer le constructeur d'un package.
- Surcharger les blocs des packages

Contenu

Utilisation des packages	Élément Public ou Privé
Spécification de package	Initialisation
Packages sans corps	Dépendances
Corps de package	Modification et Suppression
Curseur de package	Atelier
Surcharge des sous-programmes	

Utilisation des packages

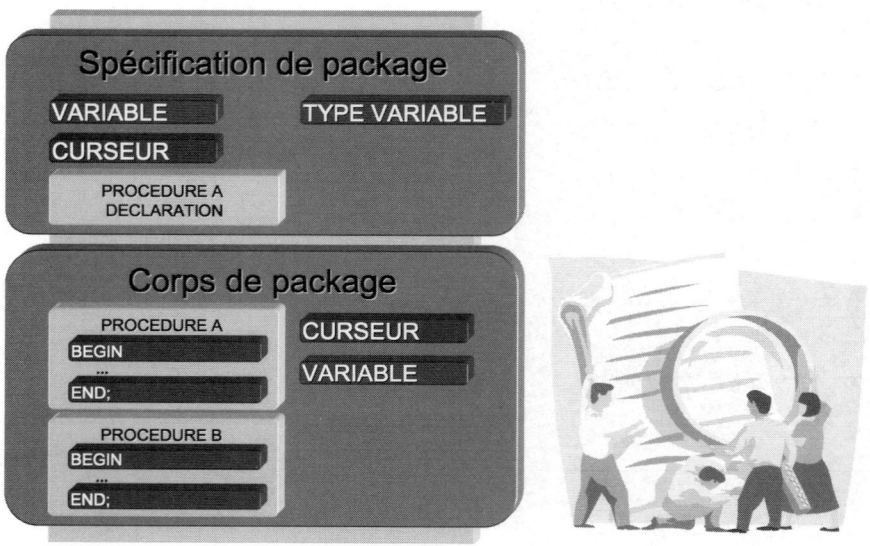

Un package est une structure PL/SQL qui permet de stocker ensemble des objets logiquement associés. Il comprend deux parties distinctes : la spécification et le corps, qui sont stockés séparément dans le dictionnaire de données.

Un des intérêts de regrouper ces objets dans un package est la possibilité de s'y référer à partir d'autres blocs PL/SQL ; les packages permettent ainsi de disposer de variables PL/SQL globales.

Avant d'explorer complètement l'utilisation du package, revoyons-en les principaux avantages :

Protection des données

Lorsqu'on construit un package, on décide quels éléments sont publics (pouvant être référencés à l'extérieur du package) et lesquels sont privés (autorisés seulement dans le package lui-même). On peut également ne restreindre l'accès qu'aux spécifications du package. Dans ce cas, on utilise le package pour masquer le détail de l'implémentation des programmes.

Conception orientée objet

Le langage PL/SQL n'offre pas encore des possibilités complètes de conception orientée objet; les packages, eux, permettent d'en suivre de nombreux principes. Les packages fournissent aux développeurs un niveau très élevé de contrôle d'accès aux variables et aux modules inclus dans un même package.

On peut inclure toutes les règles d'accès aux entités (que ce soit des tables de la base ou des structures en mémoire) dans le package, on crée un objet encapsulé et abstrait.

Conception descendante

Les spécifications d'un package peuvent être codées avant le corps du package. On peut, en d'autres termes, concevoir l'interface avec les modules inclus dans le package avant même de les avoir vraiment développés.

Les packages peuvent être compilés sans que leur corps soit défini. De plus, ce qui est encore plus remarquable, pour que la compilation des programmes qui appellent des modules de package s'effectue avec succès, il suffit que les spécifications de ces modules aient pu être compilées.

Persistance des objets

Les packages PL/SQL permettent d'implémenter des données globales dans votre environnement applicatif. On appelle données globales des informations qui perdurent à travers les différents composants d'une application ; contrairement aux données locales, propres à un module particulier.

Les objets déclarés dans les spécifications d'un package se comportent, vis-à-vis des autres objets PL/SQL de l'application, comme des données globales. Si l'on a accès au package, on peut modifier les variables d'un module et faire appel à ces variables modifiées dans un autre module du package. Ces données sont persistantes pour la durée de la session utilisateur.

Si une procédure packagée ouvre un curseur, celui-ci reste ouvert et est utilisable par d'autres routines packagées durant toute la session. Il n'est pas nécessaire de définir le curseur de manière explicite dans chaque programme. On peut l'ouvrir dans un module et y faire appel dans un autre module. Pour finir, les variables de package peuvent véhiculer des données au-delà des bornes d'une transaction, car elles sont attachées à la session utilisateur et non à la transaction elle-même.

Amélioration des performances

Lorsqu'on fait appel à un objet pour la première fois, tout le package est chargé en mémoire. De cette façon, tous les autres éléments du package sont rendus immédiatement accessibles pour tous les futurs appels au package. Le PL/SQL n'a pas besoin de faire des accès disque aux éléments de programmes et aux données chaque fois qu'un nouvel objet est utilisé.

Spécification de package

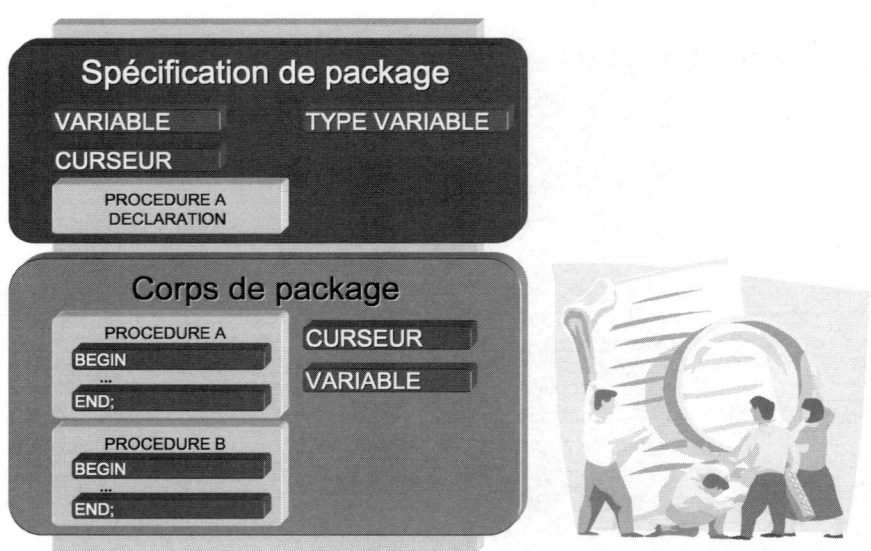

La spécification d'un package contient des informations relatives au contenu du package. Remarquez bien qu'elle ne contient toutefois le code d'aucune procédure.

Les éléments d'un package sont identiques à ceux d'une section déclarative de bloc anonyme, les mêmes règles de syntaxe s'appliquant à l'en-tête d'un package et à la section déclarative d'un bloc, à l'exception toutefois des déclarations de procédures et de fonctions.

Les règles de déclarations sont :

- L'ordre d'apparition des éléments contenus dans un package peut être quelconque. Toutefois, et comme dans une section déclarative, un objet doit être déclaré avant de pouvoir s'y référer.
- Tous les types d'éléments ne doivent pas nécessairement être présents.
- Toutes les déclarations de procédures et de fonctions doivent être des déclarations préalables. Une déclaration préalable décrit simplement le sous-programme et ses arguments sans en inclure le code. Dans le cas d'un package, le code qui implémente ses procédures et ses fonctions doit se trouver dans le corps du package.

La syntaxe de création d'un package est :

```
CREATE [OR REPLACE] PACKAGE NOM_PACKAGE
{IS | AS}
   [Déclarations des variables et des types]
   [Spécifications des curseurs]
   [Spécifications des modules]
END [NOM_PACKAGE];
```

On peut déclarer des variables et inclure des spécifications à la fois pour les curseurs et pour les modules. On doit avoir au moins une clause de déclaration ou de spécification dans les spécifications du package.

```
SQL> CREATE OR REPLACE PACKAGE GererProduit
  2  AS
  3      CURSOR c_produit
  4          RETURN PRODUITS%ROWTYPE;
  5
  6      v_produit c_produit%ROWTYPE;
  7      e_PasDeCategorie    EXCEPTION;
  8      e_PasDeFournisseur EXCEPTION;
  9
 10      TYPE t_Produits IS TABLE OF PRODUITS%ROWTYPE
 11          INDEX BY BINARY_INTEGER;
 12
 13      FUNCTION VerifieCategorie(a_code_categorie
 14                              CATEGORIES.CODE_CATEGORIE%TYPE)
 15      RETURN BOOLEAN ;
 16      FUNCTION VerifieFournisseur(a_no_fournisseur
 17                              FOURNISSEURS.NO_FOURNISSEUR%TYPE)
 18      RETURN BOOLEAN;
 19      PROCEDURE AddProduit( a_produit PRODUITS%ROWTYPE );
 20  end GererProduit;
 21  /

Package créé.
```

Remarquez bien que la définition du package ne contient toutefois le code d'aucune procédure et que le curseur est également déclaré.

Éléments publics et privés d'un package

L'un des concepts centraux des packages est le niveau de confidentialité de ses éléments. L'un des aspects les plus positifs du package est qu'il permet réellement de renforcer le contrôle d'accès aux informations. Avec un package, on peut non seulement dissimuler son savoir-faire derrière une interface procédurale, mais également le rendre complètement confidentiel.

Un élément de package, que ce soit une variable ou un module, peut être public ou privé.

Public Défini dans les spécifications. Un élément public peut être référencé dans d'autres programmes et blocs PL/SQL.

Privé Uniquement défini dans le corps du package, il n'apparaît pas dans les spécifications. Un élément privé ne peut être référencé en dehors du package. Tout autre élément du package peut, toutefois, référencer et utiliser un élément privé.

Si vous pensez qu'un élément privé, comme un module ou un curseur, devrait être public, il suffit d'ajouter cet objet aux spécifications et de recompiler. Il devient alors visible à l'extérieur du package.

La séparation claire des éléments publics et privés offre aux développeurs PL/SQL un contrôle sans précédent sur leurs données et leurs programmes.

Comment référencer les éléments d'un package

Un package est propriétaire de ses objets, tout comme une table est propriétaire de ses colonnes. On utilise la même syntaxe pour désigner un objet de package que pour désigner une colonne de table, en le préfixant par le nom du package suivi d'un point.

Pour référencer n'importe lequel de ces objets; on préfixe le nom de l'objet avec le nom du package, comme suit :

Module 8 : Les packages

```
        NOM_PACKAGE.NOM_OBJET ;
```

```
SQL> declare
  2      v_produit GererProduit.c_produit%ROWTYPE;
  3  begin
  4      SELECT * INTO v_produit FROM PRODUITS
  5      WHERE REF_PRODUIT = 1 ;
  6      GererProduit.v_produit := v_produit;
  7      dbms_output.put_line( v_produit.REF_PRODUIT||' '||
  8          GererProduit.v_produit.NOM_PRODUIT);
  9  end;
 10  /
1 Chai

Procédure PL/SQL terminée avec succès.
```

Packages sans corps

Un package n'a besoin d'un corps que si on veut définir des éléments de package privés ou les spécifications comprenant un curseur ou un module.

Un package peut se résumer à des spécifications d'éléments publics de package. Dans ce cas, aucun corps n'est à prévoir. Ce paragraphe fournit deux exemples de situations dans lesquelles le corps est optionnel.

Le package de gestion des exceptions décrit dans l'exemple ci-après, comporte un ensemble d'exceptions utilisateur, ainsi que les codes d'erreur ORACLE correspondantes.

```
SQL> CREATE OR REPLACE PACKAGE GererExceptions
  2  AS
  3    ENFANT_EXISTENT EXCEPTION;
  4    PRAGMA EXCEPTION_INIT(ENFANT_EXISTENT, -2292);
  5
  6    PARENT_INTROUVABLE EXCEPTION;
  7    PRAGMA EXCEPTION_INIT(PARENT_INTROUVABLE, -2291);
  8
  9    VIOLATION_CONTROLE EXCEPTION;
 10    PRAGMA EXCEPTION_INIT(VIOLATION_CONTROLE, -2293);
 11  end GererExceptions;
 12  /

Package créé.

SQL> begin
  2     delete CATEGORIES;
  3  exception
  4    when GererExceptions.ENFANT_EXISTENT then
  5      dbms_output.put_line( 'GererExceptions.ENFANT_EXISTENT');
  6    when GererExceptions.PARENT_INTROUVABLE then
```

```
  7        dbms_output.put_line( 'GererExceptions.PARENT_INTROUVABLE');
  8     when GererExceptions.VIOLATION_CONTROLE then
  9        dbms_output.put_line( 'GererExceptions.VIOLATION_CONTROLE');
 10   end;
 11   /
GererExceptions.ENFANT_EXISTENT

Procédure PL/SQL terminée avec succès.
```

Dans les applications, vous trouvez un ensemble des constantes qui ne changent jamais ou très peu. Ces valeurs correspondent à des codes ou à des bornes de valeurs.

Ne codez pas ces valeurs en dur dans vos programmes, vous pouvez les définir comme des constantes dans le module. On retrouve souvent les mêmes valeurs constantes dans différents modules. Plutôt que de les déclarer dans chaque module, il vaut mieux traiter ces valeurs comme des données globales de l'application.

On peut créer des données globales dans un package comme dans l'exemple qui suit :

```
SQL> CREATE OR REPLACE PACKAGE GererConstantes
  2  AS
  3          pays                   CONSTANT VARCHAR2(10):= 'France';
  4          date_commande          CONSTANT DATE        := SYSDATE;
  5          produit_indisponible   CONSTANT NUMBER(1)   := -1;
  6          produit_disponible     CONSTANT NUMBER(1)   := 0;
  7  end GererConstantes;
  8  /

Package créé.

SQL> declare
  2     v_sum_produit PRODUITS.UNITES_COMMANDEES%TYPE;
  3  begin
  4     SELECT SUM( UNITES_COMMANDEES) INTO v_sum_produit
  5     FROM PRODUITS
  6     WHERE INDISPONIBLE = GererConstantes.produit_indisponible;
  7     dbms_output.put_line( v_sum_produit);
  8  end;
  9  /

Procédure PL/SQL terminée avec succès.
```

Si l'une des valeurs des constantes change, il faut seulement modifier la valeur de la constante utilisée dans le package de configuration. Aucun module de programmes ne doit être revu.

Corps de package

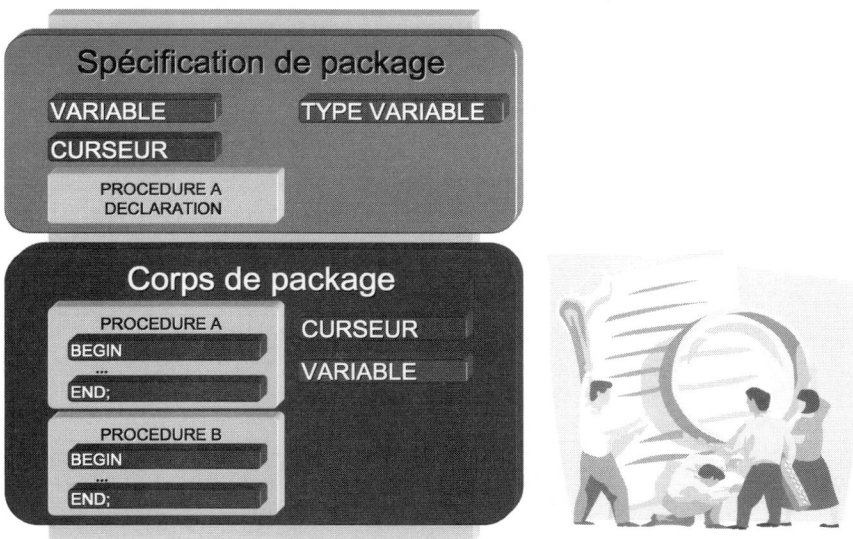

Le corps d'un package est un objet du dictionnaire de données dont la compilation ne peut précéder celle de la spécification de package. Il peut également inclure des déclarations additionnelles qui sont globales dans le corps du package, mais qui ne sont pas visibles dans la spécification.

Le corps du package est optionnel. Lorsque l'en-tête du package ne contient aucune procédure ni fonction, mais seulement des déclarations de variables, des curseurs, des types, etc., le corps peut être omis. Il s'agit là d'une technique pratique pour déclarer des variables globales, puisque tous les objets déclarés dans l'en-tête d'un package sont aussi visibles en dehors de celui-ci.

Toute déclaration préalable dans la spécification de package doit s'accompagner d'une définition dans le corps du package, la spécification du sous-programme devant être identique dans les deux emplacements.

La syntaxe de création d'un corps de package est la suivante :

```
CREATE [OR REPLACE] PACKAGE BODY NOM_PACKAGE
{IS | AS}
   [Déclarations des variables et des types]
   [Spécifications et SELECT des curseurs]
   [Spécifications et corps des modules]
[BEGIN
   Ordres exécutables]
[EXCEPTIONS
   Exceptions]
END [NOM_PACKAGE];
```

On peut déclarer d'autres variables dans le corps du package, mais on ne doit pas en répéter les déclarations dans les spécifications du package. Le corps contient la totalité de l'implémentation des curseurs et des modules. Dans le cas d'un curseur, le corps du package contient à la fois les spécifications et les clauses SQL du curseur. Dans le cas d'un module, le corps du package contient à la fois les spécifications et le corps du module.

Le mot clé « **BEGIN** » signale la présence d'une section d'exécution ou d'initialisation du package. Cette section peut également, si nécessaire, inclure une section de gestion des exceptions.

```
SQL> CREATE OR REPLACE PACKAGE BODY GererProduit
  2  IS
  3      v_utilisateur VARCHAR2(25);
  4
  5      CURSOR c_produit RETURN PRODUITS%ROWTYPE
  6      IS
  7      SELECT REF_PRODUIT, NOM_PRODUIT, NO_FOURNISSEUR,
  8             CODE_CATEGORIE, QUANTITE, PRIX_UNITAIRE,
  9             UNITES_STOCK, UNITES_COMMANDEES, INDISPONIBLE
 10      FROM PRODUITS;
 11
 12      FUNCTION VerifieCategorie( a_code_cat
 13                                 CATEGORIES.CODE_CATEGORIE%TYPE)
 14      RETURN BOOLEAN AS
 15      begin
 16        for v_code_cat in ( SELECT CODE_CATEGORIE
 17              FROM CATEGORIES WHERE CODE_CATEGORIE = a_code_cat)
 18        loop
 19           RETURN TRUE;--Catégorie trouvé
 20        end loop;
 21        RETURN FALSE;
 22      end VerifieCategorie;
 23
 24      FUNCTION VerifieFournisseur ( a_no_four
 25                                 FOURNISSEURS.NO_FOURNISSEUR%TYPE)
 26      RETURN BOOLEAN AS
 27      begin
 28        for v_no_four in ( SELECT NO_FOURNISSEUR
 29              FROM FOURNISSEURS WHERE NO_FOURNISSEUR = a_no_four)
  8        loop
 31           RETURN TRUE;--Fournisseur trouvé
 32        end loop;
 33        RETURN FALSE;
 34      end VerifieFournisseur;
 35
 36      PROCEDURE AddProduit ( a_prod PRODUITS%ROWTYPE ) AS
 37      begin
 38         INSERT INTO PRODUITS VALUES a_prod;
 39      end AddProduit;
 40  begin
 41     SELECT USER INTO v_utilisateur FROM DUAL;
 42  exception
 43     when e_PasDeCategorie    then
 44         dbms_output.put_line( 'Erreur CODE_CATEGORIE');
 45     when e_PasDeFournisseur    then
 46         dbms_output.put_line( 'Erreur NO_FOURNISSEUR');
 47     when OTHERS then
 48         dbms_output.put_line( 'Erreur Package GererProduit');
 49  end GererProduit;
 50  /
```

Module 8 : Les packages

Corps de package créé.

Vous pouvez également dans les procédures ou les fonctions des packages utiliser le SQL dynamique pour rendre certaines plus génériques certains. Par exemple dans le package précèdent vous utilisez deux fonctions pour contrôler une les fournisseurs `VerifieFournisseur` et une autre la catégorie du produit `VerifieCategorie`.

Voici une fonction qui peut contrôler l'existence d'un enregistrement dans n'importe quelle table de l'utilisateur à condition qu'elle n'ait pas des clés primaires multiples.

```
SQL> declare
  2     FUNCTION  ExisteDansLaTable( a_num VARCHAR2, a_cle VARCHAR2,
  3                                  a_table  VARCHAR2 )
  4     RETURN BOOLEAN AS
  5        v_requete         varchar(500) := 'SELECT COUNT(*) FROM ';
  6        v_num             NUMBER;
  7        v_type_col        USER_TAB_COLUMNS.DATA_TYPE%TYPE;
  8     begin
  9        SELECT DATA_TYPE INTO v_type_col FROM USER_TAB_COLUMNS
 10        WHERE TABLE_NAME  = UPPER(a_table) AND
 11              COLUMN_NAME = UPPER(a_cle);
 12        v_requete := v_requete||a_table||' WHERE '||a_cle;
 13        if v_type_col = 'NUMBER' then
 14           v_requete := v_requete||' = '||a_num;
 15        else
 16           v_requete := v_requete||' LIKE '||''''||a_num||'''';
 17        end if;
 18        EXECUTE IMMEDIATE v_requete INTO v_num;
 19        if v_num = 1 then
 20           RETURN TRUE;
 21        else
 22           RETURN FALSE;
 23        end if;
 24     exception
 25        when NO_DATA_FOUND then
 26          dbms_output.put_line('Le champ ou la table n''existe pas');
 27          RETURN FALSE;
 28     end ExisteDansLaTable;
 29  begin
  8     if ExisteDansLaTable('&la_cle','&nom_champ_cle','&nom_table')
 31     then
 32        dbms_output.put_line('Enregistrement trouvé');
 33     else
 34        dbms_output.put_line('Enregistrement non trouvé');
 35     end if;
 36  end;
 37  /
Entrez une valeur pour la_cle : FRANR
Entrez une valeur pour nom_champ_cle : code_client
Entrez une valeur pour nom_table : clients
Enregistrement trouvé

Procédure PL/SQL terminée avec succès.
```

Module 8 : Les packages

```
SQL> /
Entrez une valeur pour la_cle : 1
Entrez une valeur pour nom_champ_cle : no_employe
Entrez une valeur pour nom_table : employes
Enregistrement trouvé

Procédure PL/SQL terminée avec succès.

SQL> /
Entrez une valeur pour la_cle : 1
Entrez une valeur pour nom_champ_cle : champ_inexistant
Entrez une valeur pour nom_table : table_inexistante
Le champ ou la table n'existe pas
Enregistrement non trouvé

Procédure PL/SQL terminée avec succès.
```

Dans cette fonction, on contrôle que les noms du champ et de la table existent bien. Ainsi à partir de la vue du dictionnaire de données « **USER_TAB_COLUMNS** », on peut construire dynamiquement la syntaxe SQL nécessaire pour récupérer l'enregistrement qui correspond à la valeur de la clé primaire passée comme argument.

Curseur de package

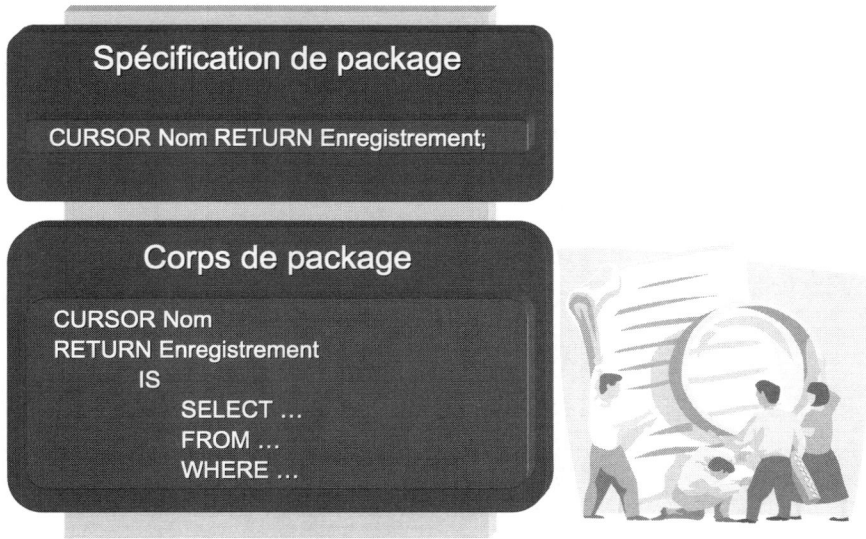

Les spécifications de package, comme l'on a vu précédemment, listent tous les objets du package qui sont utilisables dans les applications, et fournissent aux développeurs toutes les informations nécessaires à l'utilisation de ces objets.

Les spécifications de package peuvent contenir toutes ou une partie des déclarations suivantes :

- Déclaration de variable.
- Déclaration de « **TYPE** ».
- Déclaration d'exception.
- Spécification du nom du curseur et de la clause « **RETURN** » associée.
- Spécification de module.

Parmi ces objets, seuls le curseur et le module doivent être définis dans le corps du package, ils ne sont pas complètement définis par les spécifications. Le curseur a besoin de son ordre « **SELECT** ». Le module doit comporter une section d'exécution.

La variable, le « **TYPE** », et l'exception ne nécessitent aucun code supplémentaire. On peut, de ce fait, développer des packages se résumant à des spécifications, et ne comportant aucun corps.

Lorsqu'on inclut un curseur dans les spécifications d'un package, on doit utiliser la clause « **RETURN** » du curseur. C'est une partie optionnelle du curseur lorsque celui-ci est défini dans la section déclarative d'un bloc PL/SQL. Dans les spécifications d'un package, c'est un élément obligatoire.

La clause « **RETURN** » d'un curseur précise les données retournées par « **FETCH** », ces données sont en réalité définies dans l'ordre « **SELECT** », mais celui-ci n'apparaît que dans le corps du package, et non dans les spécifications. Les spécifications du curseur doivent obligatoirement contenir toutes les informations nécessaires à un programme pour utiliser ce curseur ; d'où la nécessité d'utiliser la clause « **RETURN** ».

La clause « **RETURN** » peut reprendre n'importe lequel des types de structure suivants :

- Un enregistrement basé sur une table de la base de données, défini en utilisant l'attribut « **%ROWTYPE** ».
- Un enregistrement défini par l'utilisateur.

```
SQL> CREATE OR REPLACE PACKAGE GererProduit
  2  AS
  3      CURSOR c_produit
  4          RETURN PRODUITS%ROWTYPE;
...

SQL> CREATE OR REPLACE PACKAGE BODY GererProduit
  2  IS
  3      v_utilisateur VARCHAR2(25);
  4
  5      CURSOR c_produit RETURN PRODUITS%ROWTYPE
  6          IS  SELECT REF_PRODUIT, NOM_PRODUIT, NO_FOURNISSEUR,
  7                     CODE_CATEGORIE, QUANTITE, PRIX_UNITAIRE,
  8                     UNITES_STOCK, UNITES_COMMANDEES, INDISPONIBLE
  9              FROM PRODUITS;
...
```

Vous pouvez également créer un curseur de tél manière qu'il soit presque aussi flexible qu'une variable curseur.

```
SQL> CREATE OR REPLACE PACKAGE GestionEmployes
  2  AS
  3      CURSOR c_employes(
  4              a_NO_EMPLOYE    EMPLOYES.NO_EMPLOYE%TYPE    := NULL,
  5              a_REND_COMPTE   EMPLOYES.REND_COMPTE%TYPE   := NULL,
  6              a_FONCTION      EMPLOYES.FONCTION%TYPE      := NULL,
  7              a_DATE_DEB      EMPLOYES.DATE_EMBAUCHE%TYPE := NULL,
  8              a_DATE_FIN      EMPLOYES.DATE_EMBAUCHE%TYPE := NULL)
  9      RETURN EMPLOYES%ROWTYPE;
 10      PROCEDURE ListeEmployes;
 11      PROCEDURE ListeRepresentants;
 12  end GestionEmployes;
 13  /

Package créé.

SQL> CREATE OR REPLACE PACKAGE BODY GestionEmployes
  2  AS
  3    CURSOR c_employes(
  4            a_NO_EMPLOYE    EMPLOYES.NO_EMPLOYE%TYPE    := NULL,
  5            a_REND_COMPTE   EMPLOYES.REND_COMPTE%TYPE   := NULL,
  6            a_FONCTION      EMPLOYES.FONCTION%TYPE      := NULL,
  7            a_DATE_DEB      EMPLOYES.DATE_EMBAUCHE%TYPE := NULL,
  8            a_DATE_FIN      EMPLOYES.DATE_EMBAUCHE%TYPE := NULL)
  9    RETURN EMPLOYES%ROWTYPE
 10    IS
 11    SELECT NO_EMPLOYE,REND_COMPTE,NOM,PRENOM,FONCTION,TITRE,
```

```
12              DATE_NAISSANCE,DATE_EMBAUCHE,SALAIRE,COMMISSION
13      FROM EMPLOYES
14      WHERE ( NO_EMPLOYE    = a_NO_EMPLOYE    or a_NO_EMPLOYE   IS NULL )
15        AND ( REND_COMPTE   = a_REND_COMPTE   or a_REND_COMPTE  IS NULL )
16        AND ( FONCTION LIKE a_FONCTION        or a_FONCTION     IS NULL )
17        AND ( DATE_EMBAUCHE BETWEEN a_DATE_DEB AND a_DATE_FIN or
18              a_DATE_DEB IS NULL or a_DATE_FIN IS NULL                  );
19      PROCEDURE ListeRepresentants
20      IS
21      begin
22          dbms_output.put_line('- La liste des representants -');
23          for i_rep in c_employes( a_FONCTION =>'Rep%')
24          loop
25              dbms_output.put_line(i_rep.NOM||' '||i_rep.PRENOM);
26          end loop;
27      end ListeRepresentants;
28      PROCEDURE ListeEmployes
29      IS
8       begin
31          dbms_output.put_line('- La liste des employes -');
32          for i_rep in c_employes
33          loop
34              dbms_output.put_line(i_rep.NOM||' '||i_rep.PRENOM);
35          end loop;
36      end ListeEmployes;
37  end GestionEmployes;
38  /
```

Corps de package créé.

```
SQL> begin
  2     dbms_output.put_line('- Curseur extern -');
  3        for i_rep in GestionEmployes.c_employes(
  4        a_REND_COMPTE => 2,
  5        a_FONCTION =>'Rep%',
  6        a_DATE_DEB => to_date('01/01/1993','dd/mm/yyyy'),
  7        a_DATE_FIN => to_date('31/12/1993','dd/mm/yyyy'))
  8     loop
  9        dbms_output.put_line(i_rep.NOM||' '||i_rep.PRENOM);
 10     end loop;
 11  end;
 12  /
- Curseur extern -
Peacock Margaret
```

Procédure PL/SQL terminée avec succès.

Tous les arguments du curseur sont définis pour donner plus de souplesse. Comme vous pouvez voir, la requête définie pour le curseur permet pour chaque argument d'être utilisé dans une opération logique, mais si sa valeur est « **NULL** » la requête n'en tient pas compte.

Surcharge des sous-programmes

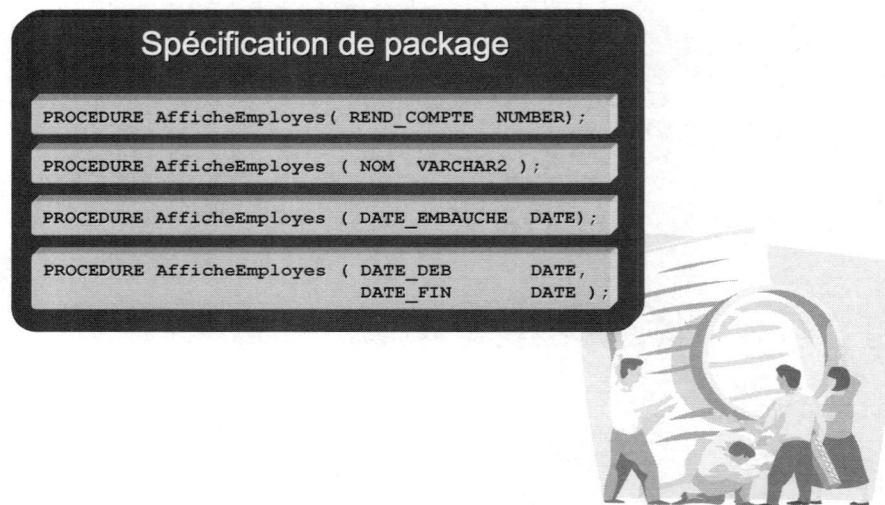

Les sous-programmes d'un package peuvent être surchargés, c'est-à-dire que deux procédures ou fonctions peuvent se voir attribuer le même nom à condition d'utiliser des paramètres différents. Cette fonctionnalité est très utile en ce qu'elle permet d'appliquer une même opération à des objets de types différents. Comme dans l'exemple suivant :

```
SQL> CREATE OR REPLACE PACKAGE GererProduit
  2  AS
  3  FUNCTION AddEmploye( a_no_emloye    MPLOYES.NO_EMPLOYE%TYPE,
  4                       a_rend_compte  EMPLOYES.REND_COMPTE%TYPE,
  5                       a_nom          EMPLOYES.NOM%TYPE,
  6                       a_prenom       EMPLOYES.PRENOM%TYPE,
  7                       a_fonction     EMPLOYES.FONCTION%TYPE,
  8                       a_titre        EMPLOYES.TITRE%TYPE,
  9                       a_date_naissance EMPLOYES.DATE_NAISSANCE%TYPE,
 10                       a_date_embauche  EMPLOYES.DATE_EMBAUCHE%TYPE,
 11                       a_salaire      EMPLOYES.SALAIRE%TYPE,
 12                       a_commission   EMPLOYES.COMMISSION%TYPE )
 13      RETURN BOOLEAN;
 14  FUNCTION AddEmploye( a_emloye EMPLOYES%ROWTYPE) RETURN BOOLEAN;
...
```

La surcharge peut se révéler une technique très utile pour appliquer une même opération à des arguments de types différents.

```
SQL> CREATE OR REPLACE PACKAGE PkgSurcharge
  2  AS
  3      PROCEDURE NomProcedure01( a_arg01 VARCHAR2);
  4      PROCEDURE NomProcedure01( a_arg02 VARCHAR2);
  5      PROCEDURE NomProcedure02( a_arg IN VARCHAR2);
  6      PROCEDURE NomProcedure02( a_arg OUT VARCHAR2);
  7      FUNCTION NomFonction01  ( a_arg VARCHAR2)   RETURN VARCHAR2;
  8      FUNCTION NomFonction01  ( a_arg VARCHAR2)   RETURN NUMBER;
```

```
  9      PROCEDURE NomProcedure03( a_arg01 VARCHAR2   := NULL,
 10                                a_arg02 DATE       := NULL) ;
 11      PROCEDURE NomProcedure03( a_arg01 VARCHAR2   := NULL,
 12                                a_arg02 NUMBER     := NULL) ;
 13      PROCEDURE NomProcedure04( a_arg01 VARCHAR2   := NULL,
 14                                a_arg02 DATE       := NULL) ;
 15      PROCEDURE NomProcedure04( a_arg01 NUMBER     := NULL,
 16                                a_arg02 VARCHAR2   := NULL) ;
 17  end PkgSurcharge;
 18  /

Package créé.

SQL> CREATE OR REPLACE PACKAGE BODY PkgSurcharge
  2  AS
  3      PROCEDURE NomProcedure01( a_arg01 VARCHAR2)
  4      IS begin NULL; end NomProcedure01;
  5      PROCEDURE NomProcedure01( a_arg02 VARCHAR2)
  6      IS begin NULL; end NomProcedure01;
  7      PROCEDURE NomProcedure02( a_arg IN VARCHAR2)
  8      IS begin NULL; end NomProcedure02;
  9      PROCEDURE NomProcedure02( a_arg OUT VARCHAR2)
 10      IS begin NULL; end NomProcedure02;
 11      FUNCTION NomFonction01( a_arg VARCHAR2)   RETURN VARCHAR2
 12      IS begin NULL; end NomFonction01;
 13      FUNCTION NomFonction01( a_arg VARCHAR2) RETURN NUMBER
 14      IS begin NULL; end NomFonction01;
 15      PROCEDURE NomProcedure03( a_arg01 VARCHAR2   := NULL,
 16                                a_arg02 DATE       := NULL)
 17      IS begin NULL; end NomProcedure03;
 18      PROCEDURE NomProcedure03( a_arg01 VARCHAR2   := NULL,
 19                                a_arg02 NUMBER     := NULL)
 20      IS begin NULL; end NomProcedure03;
 21      PROCEDURE NomProcedure04( a_arg01 VARCHAR2   := NULL,
 22                                a_arg02 DATE       := NULL)
 23      IS begin dbms_output.put_line('Date'); end NomProcedure04;
 24      PROCEDURE NomProcedure04( a_arg01 NUMBER     := NULL,
 25                                a_arg02 VARCHAR2   := NULL)
 26      IS begin dbms_output.put_line('Number'); end NomProcedure04;
 27  end PkgSurcharge;
 28  /

Corps de package créé.
```

Dans le package précédent, vous pouvez voir plusieurs procédures et une fonction montrant les limitations de l'utilisation des surcharges. Voici les cas de limitation de surcharge :

- Deux sous-programmes ne peuvent être surchargés si leurs arguments ne diffèrent que par leur nom ou leur mode de passage.

```
SQL> execute PkgSurcharge.NomProcedure01( 'Test');
BEGIN PkgSurcharge.NomProcedure01( 'Test'); END;
...
PLS-0087: trop de déclarations de 'NOMPROCEDURE01' correspondent à
cet appel
```

Module 8 : Les packages

```
...
SQL> execute PkgSurcharge.NomProcedure02( 'Test');
BEGIN PkgSurcharge.NomProcedure02( 'Test'); END;
...
```

- Deux fonctions ne peuvent être surchargées si seul le type de leur valeur de retour diffère.

```
SQL> SELECT PkgSurcharge.NOMFONCTION01( 'A') FROM DUAL;
SELECT PkgSurcharge.NOMFONCTION01( 'A') FROM DUAL
...
```

- Les arguments de sous-programmes surchargés ne doivent pas être de la même famille.
- Enfin, il faut faire attention avec les valeurs par défaut des arguments. Il est possible que suite à l'utilisation des valeurs par défauts, il y ait une ambiguïté entre les blocs.

```
SQL> execute PkgSurcharge.NomProcedure03;
BEGIN PkgSurcharge.NomProcedure03(1); END;
...

SQL> execute PkgSurcharge.NomProcedure03(a_arg02=>sysdate);

Procédure PL/SQL terminée avec succès.
```

Les deux procédures `NomProcedure03` ont deux arguments chacune. La première procédure a un argument de type « **VARCHAR2** » et un deuxième de type « **DATE** ». La deuxième a également dans la première position un argument de type « **VARCHAR2** » et un deuxième de type « **NUMBER** ». Cependant les valeurs par défaut changent la donne : on peut appeler la procédure sans aucun argument ainsi le compilateur ne sait pas laquelle choisir. Dans la deuxième exécution, vous pouvez voir que l'ambiguïté est levée.

```
SQL> execute PkgSurcharge.NomProcedure04;
BEGIN PkgSurcharge.NomProcedure04; END;
...

SQL> execute PkgSurcharge.NomProcedure04('A');
Date

Procédure PL/SQL terminée avec succès.

SQL> execute PkgSurcharge.NomProcedure04(1);
Number

Procédure PL/SQL terminée avec succès.
```

Dans l'exemple précédent, l'ambiguïté persiste s'il n'y a pas d'argument.

Attention

Les erreurs de surcharge sont essentiellement des erreurs survenues pendant l'exécution et non à la compilation du package qui, elle, s'est déroulée sans aucun incident.

L'opération de compilation du package ne contrôle pas la cohérence des déclarations, ainsi il n y a pas d'erreurs suite aux surcharges.

Elément Public ou Privé

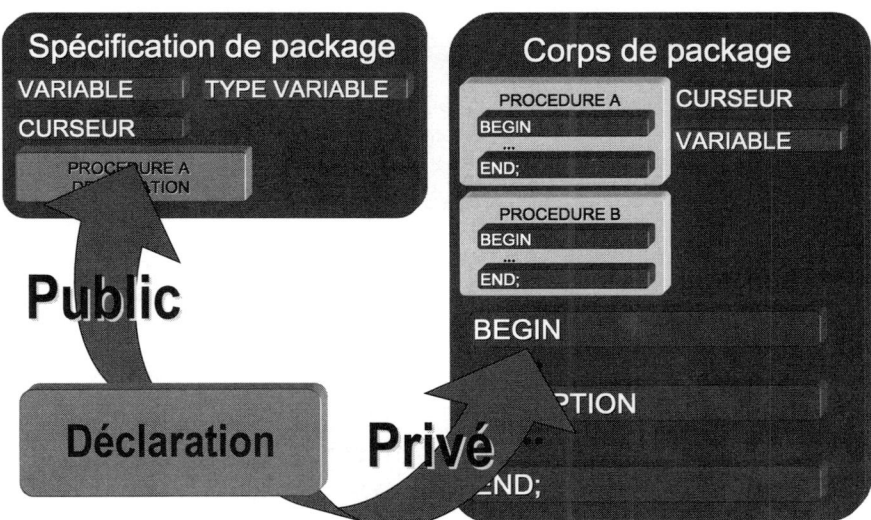

Le corps du package contient tout le code nécessaire à l'implémentation des spécifications du package. Comme on l'a vu dans le paragraphe précédent, certains packages n'ont même pas besoin de corps.

Un corps de package est requis dès que les spécifications du package contiennent une déclaration de curseur de procédure ou de fonction. Il est également requis si vous souhaitez exécuter du code dans la section d'initialisation du package.

Le corps du package peut contenir des sections déclaratives, d'exécution et de gestion des exceptions, à l'instar de n'importe quel bloc PL/SQL. La section déclarative contient la définition de tous les objets publics du package, listés dans les spécifications, mais aussi la définition de n'importe quel objet privé, non listé dans les spécifications.

Déclarations dans le corps

Toute déclaration d'une variable, d'une exception, d'un « **TYPE** », ou d'une constante, dans les spécifications du package le rend utilisable dans le corps du package sans qu'il soit nécessaire d'effectuer une déclaration locale explicite. Si on essaie de déclarer l'objet également dans le corps du package, on reçoit un message d'erreur.

La déclaration des objets dans le corps du package les définit globaux à l'intérieur du package mais non visibles à l'extérieur du package. Les valeurs prises par les variables du package sont persistantes d'un module du package à un autre. De tels objets sont appelés données du package, dans la mesure où ils sont dans la portée du package. Tout module peut référencer de tels objets sans effectuer de déclaration explicite à l'intérieur du module lui-même.

```
SQL> CREATE OR REPLACE PACKAGE GererEmploye
  2  AS
  3      e_Salaire      EXCEPTION;
  4      e_Superieur    EXCEPTION;
  5      e_Employe      EXCEPTION;
```

Module 8 : Les packages

```
      6      v_employe              EMPLOYES%ROWTYPE;
      7      v_avg_salaire          EMPLOYES.SALAIRE%TYPE;
      8   ...

SQL> CREATE OR REPLACE PACKAGE BODY GererEmploye
  2  IS
  3      v_sum_salaire          EMPLOYES.SALAIRE%TYPE;
  4      PROCEDURE Augmenter(a_no_emloye    EMPLOYES.NO_EMPLOYE%TYPE,
  5                          a_salaire      EMPLOYES.SALAIRE%TYPE    :=0  )
  6      IS
  7          v_salaire EMPLOYES.SALAIRE%TYPE;
  8      begin
  9          SELECT SALAIRE INTO v_salaire FROM EMPLOYES
 10          WHERE NO_EMPLOYE = a_no_emloye;
 11
 12          case
 13          when a_salaire = 0 then
 14              v_salaire := v_avg_salaire;
 15          when a_salaire <= v_salaire then
 16              raise e_Salaire;
 17          else
 18              v_salaire := a_salaire;
 19          end case;
 20      end;
...
```

La variable v_sum_salaire est une variable globale visible en dehors du package, en revanche la variable v_avg_salaire est une variable privée accessible uniquement dans le package. Vous pouvez voir dans l'exemple suivant que l'accès à la variable v_avg_salaire est interdit, par contre la variable v_sum_salaire est accessible.

```
SQL> begin
  2      dbms_output.put_line( GererEmploye.v_sum_salaire);
  3  end;
  4  /
45561

Procédure PL/SQL terminée avec succès.

SQL> begin
  2      dbms_output.put_line( GererEmploye.v_avg_salaire);
  3  end;
  4  /
    dbms_output.put_line( GererEmploye.v_avg_salaire);
                                       *
ERREUR à la ligne 2 :
ORA-06550: Ligne 2, colonne 41 :
PLS-0082: Le composant 'V_AVG_SALAIRE' doit être déclaré
ORA-06550: Ligne 2, colonne 6 :
PL/SQL: Statement ignored
```

Initialisation

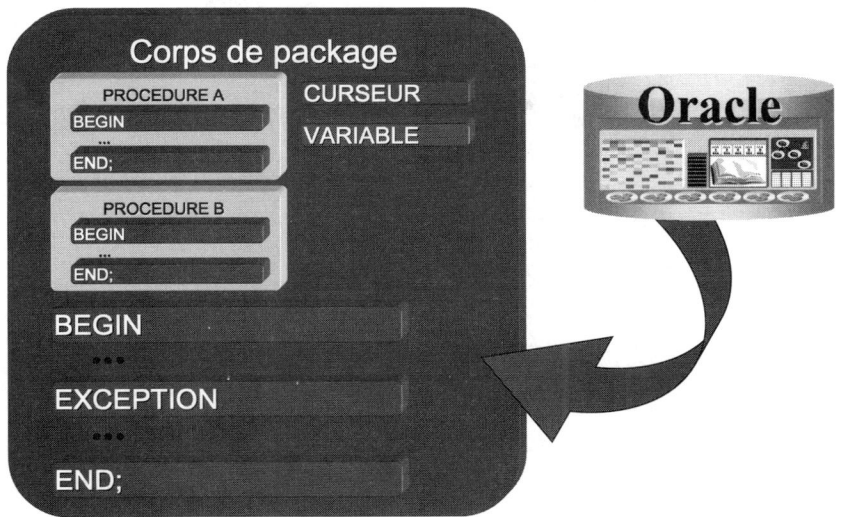

La première fois qu'un sous-programme de package est appelé, le package est instancié. Plus précisément, il est extrait du disque et placé en mémoire, le code compilé du sous-programme appelé est exécuté, et de la mémoire est allouée à toutes les variables définies dans le package. Pour garantir que deux sessions exécutant des sous-programmes issus d'un même package utilisent différents emplacements en mémoire, chacune d'elles possédera sa propre copie des variables du package.

Le code d'initialisation doit souvent être exécuté la première fois que le package est instancié. C'est pourquoi une section d'initialisation est ajoutée au corps du package, à la suite de tous les autres objets, au moyen de la syntaxe suivante :

Le package suivant, initialise deux variables : v_sum_salaire et v_avg_salaire avec respectivement la somme et la moyenne des salaires des employés.

```
SQL> CREATE OR REPLACE PACKAGE BODY GererEmploye
  2  IS
...
 60  begin
 61     SELECT SUM(SALAIRE), AVG(SALAIRE) INTO v_sum_salaire
 62     FROM EMPLOYES;
 63  exception
 64    when e_Salaire then
 65      dbms_output.put_line( 'Le salaire n'est pas valide.');
 66    when e_Superieur then
 67      dbms_output.put_line( 'Le supérieur n'est pas valide.');
 68    when e_Employe then
 69      dbms_output.put_line( 'Le supérieur n'est pas valide.');
 70    when OTHERS then
 71      dbms_output.put_line( 'Erreur.');
 72  end GererEmploye;
 73  /
```

Dépendances

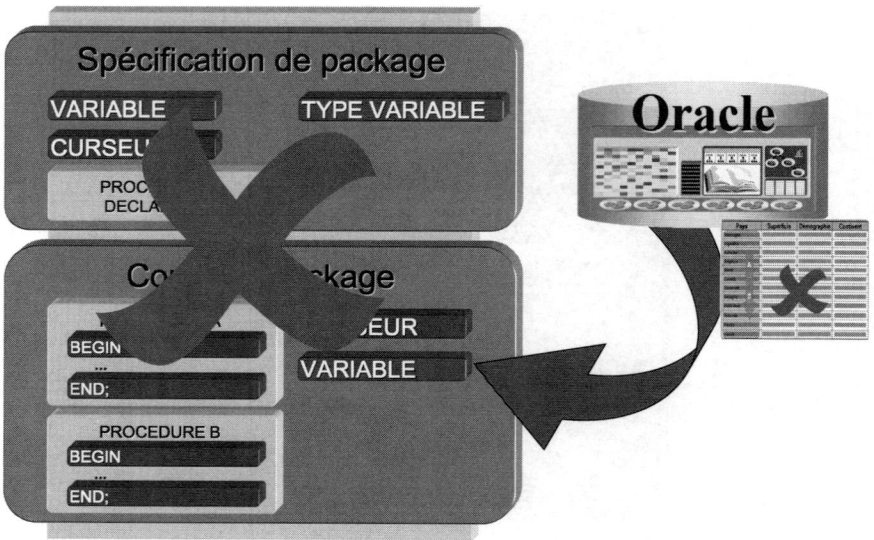

La compilation d'un bloc nommé stockée dans la base de données entraîne l'enregistrement dans le dictionnaire de données de tous les objets Oracle qui y sont référencés. C'est ainsi que la procédure est dite dépendante de ces objets.

Rappelez-vous, la vue « **USER_OBJECTS** » permet de voir tous les objets contenant des erreurs de compilation qui sont indiqués comme non valides dans le dictionnaire de données.

Un sous-programme stocké peut également devenir non valide lorsqu'une opération LDD porte sur l'un des objets dont il dépend.

```
SQL> CREATE OR REPLACE PACKAGE PkgUtilisateurs
  2  AS
  3      PROCEDURE AfficheUtilisateur;
  4  end PkgUtilisateurs;
  5  /

Package créé.

SQL> CREATE OR REPLACE PACKAGE BODY PkgUtilisateurs
  2  AS
  3      PROCEDURE AfficheUtilisateur
  4      IS
  5      begin
  6          dbms_output.put_line('- La liste des utilisateurs -');
  7          for i_rep in ( SELECT * FROM UTILISATEURS )
  8          loop
  9              dbms_output.put_line(i_rep.NOM_PRENOM);
 10          end loop;
 11      end AfficheUtilisateur;
 12  end PkgUtilisateurs;
 13  /
```

```
Corps de package créé.

SQL> SELECT OBJECT_NAME, OBJECT_TYPE, STATUS FROM USER_OBJECTS
  2  WHERE OBJECT_NAME = 'PKGUTILISATEURS';

OBJECT_NAME            OBJECT_TYPE          STATUS
---------------------  -------------------  -------
PKGUTILISATEURS        PACKAGE              VALID
PKGUTILISATEURS        PACKAGE BODY         VALID

SQL> ALTER TABLE UTILISATEURS MODIFY (DESCRIPTION VARCHAR2(200));

Table modifiée.

SQL> SELECT OBJECT_NAME, OBJECT_TYPE, STATUS FROM USER_OBJECTS
  2  WHERE OBJECT_NAME = 'PKGUTILISATEURS';

OBJECT_NAME            OBJECT_TYPE          STATUS
---------------------  -------------------  -------
PKGUTILISATEURS        PACKAGE              VALID
PKGUTILISATEURS        PACKAGE BODY         INVALID
```

Lorsqu'une opération LDD porte sur la table UTILISATEURS, tous les objets qui dépendent de cette table sont déclarés non valides. Cependant vous pouvez voir que le package n'a pas été invalidé, à juste titre : il n'a aucune référence à cette table.

```
SQL> CREATE OR REPLACE PACKAGE PkgUtilisateurs
  2  AS
  3      CURSOR c_utilisateurs RETURN UTILISATEURS%ROWTYPE;
  4      PROCEDURE AfficheUtilisateur;
  5  end PkgUtilisateurs;
  6  /

Package créé.

SQL> ALTER TABLE UTILISATEURS MODIFY (DESCRIPTION VARCHAR2(100));

Table modifiée.

SQL> SELECT OBJECT_NAME, OBJECT_TYPE, STATUS FROM USER_OBJECTS
  2  WHERE OBJECT_NAME = 'PKGUTILISATEURS';

OBJECT_NAME            OBJECT_TYPE          STATUS
---------------------  -------------------  -------
PKGUTILISATEURS        PACKAGE              INVALID
PKGUTILISATEURS        PACKAGE BODY         INVALID
```

Lorsqu'un objet dépendent est invalide, le moteur PL/SQL tentera automatiquement de le recompiler dès qu'il sera appelé.

Il peut arriver qu'une recompilation automatique échoue (particulièrement en cas de modification de la description de la table). Dans ce cas, le bloc appelant reçoit une erreur de compilation. Notez bien cependant que cette erreur se produit à l'exécution, non au moment de la compilation.

Modification et Suppression

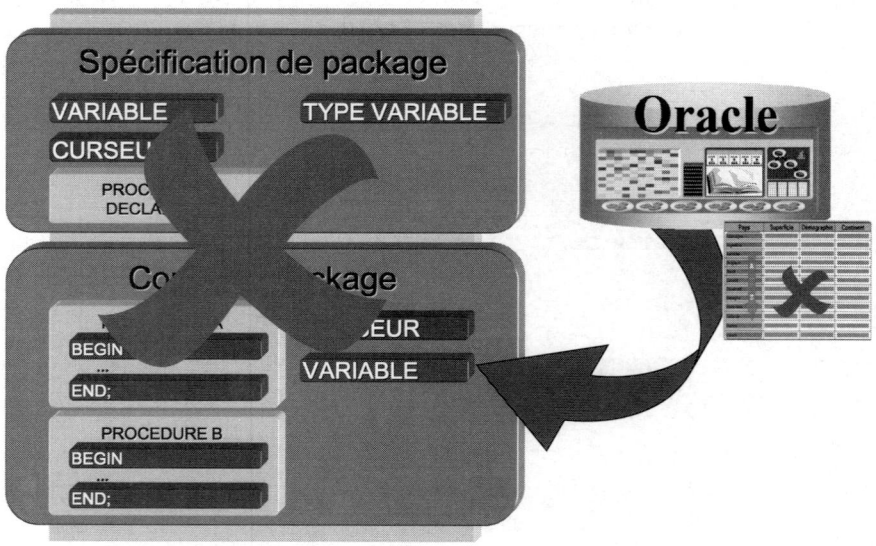

La modification d'un package

La modification d'un package concerne sa version compilée. Il est important de recompiler le package afin que le noyau tienne compte de l'évolution de la base et que l'on puisse modifier sa méthode d'accès et son plan d'exécution.

```
ALTER PACKAGE NOM_PACKAGE
    COMPILE [PACKAGE | BODY] ;
```

En pratique, il est recommandé de sauvegarder les sources des packages dans des fichiers pour les reprendre en vue d'une modification de leur contenu. En cas de modification des sources, l'utilisateur doit recréer le package avec l'option « **REPLACE** » pour remplacer l'existant.

```
SQL> execute PKGUTILISATEURS.AfficheUtilisateur;
BEGIN PKGUTILISATEURS.AfficheUtilisateur; END;
...
ORA-04063: package body "STAGIAIRE.PKGUTILISATEURS" comporte des
erreurs
ORA-06508: PL/SQL : unité de programme nommée :
"STAGIAIRE.PKGUTILISATEURS"
introuvable
ORA-06512: à ligne 1

SQL> ALTER PACKAGE PKGUTILISATEURS COMPILE BODY;

Corps de package modifié.

SQL> ALTER PACKAGE PKGUTILISATEURS COMPILE PACKAGE;
```

```
Package modifié.

SQL> execute PKGUTILISATEURS.AfficheUtilisateur;
- La liste des utilisateurs -
Razvan BIZOÏ

Procédure PL/SQL terminée avec succès.
```

La suppression d'un package

Elle s'effectue avec la commande :

```
DROP [PACKAGE | BODY] NOM_PACKAGE ;
```

```
SQL> DROP PACKAGE BODY PKGUTILISATEURS;

Corps de package supprimé.

SQL> DROP PACKAGE PKGUTILISATEURS;

Package supprimé.

SQL> execute PKGUTILISATEURS.AfficheUtilisateur;
BEGIN PKGUTILISATEURS.AfficheUtilisateur; END;

      *
ERREUR à la ligne 1 :
ORA-06550: Ligne 1, colonne 7 :
PLS-00201: l'identificateur 'PKGUTILISATEURS.AFFICHEUTILISATEUR'
doit être
déclaré
ORA-06550: Ligne 1, colonne 7 :
PL/SQL: Statement ignored
```

Module 8 : Les packages

Atelier

- Les packages

 Durée : 60 minutes

Questions

```
SQL> CREATE OR REPLACE PACKAGE GererProduit
  2       CURSOR c_produit RETURN PRODUITS%ROWTYPE
  3          IS  SELECT REF_PRODUIT, NOM_PRODUIT, NO_FOURNISSEUR,
  4              CODE_CATEGORIE, QUANTITE, PRIX_UNITAIRE,
  5              UNITES_STOCK, UNITES_COMMANDEES, INDISPONIBLE
  6              FROM PRODUITS;
  7   ...
```

8-1. Le package précédent peut-il être compilé ? Justifiez votre réponse.

8-2. Le package précédent peut-il être compilé ? Justifiez votre réponse.

Exercice n°1   Les packages

Créez un package pour la gestion des employés avec ces caractéristiques :

- Une fonction qui contrôle l'existence d'un employé dans la table EMPLOYES à partir du numéro de l'employé.

- Une procédure de suppression d'un employé.

- Une procédure d'augmentation du salaire pour un employé. La procédure comporte deux arguments ; le premier est le numéro de l'employé, qui doit être contrôlé, et le deuxième est le montant de l'augmentation. Si le montant est égal à zéro l'employé se voit attribuer la moyenne des salaires.

- Une procédure d'insertion d'un employé dans la table EMPLOYES. Il faut contrôler que le supérieur hiérarchique existe déjà dans la table. L'âge de l'employé doit être

supérieur à 18 ans. Vous pouvez utiliser une constante pour stocker l'âge minimum. Il faut également contrôler si l'employé n'existe pas déjà dans la table.
– Pour les tests du package, créez un script SQL qui vous permette de saisir les informations pour l'ajout d'un employé, l'augmentation et la suppression.

- *Les déclencheurs LMD*
- *:OLD et :NEW*
- *Les déclencheurs INSTEAD OF*
- *Les audits*
- *Les transactions autonomes*

9

Les déclencheurs

Objectifs

A la fin de ce module, vous serez à même d'effectuer les tâches suivantes :
- Décrire les types de déclencheurs.
- Créer des déclencheurs LMD.
- Décrire les règles d'activation.
- Archiver les informations modifiées ou effacées.

Contenu

Les types de triggers	Le déclanchement conditionnel
La création	Les prédicats
Les déclencheurs LMD	Transaction autonome
Le moment d'exécution	Les déclencheurs INSTEAD OF
Le niveau d'exécution	Atelier
L'utilisation :OLD et :NEW	

Les types de triggers

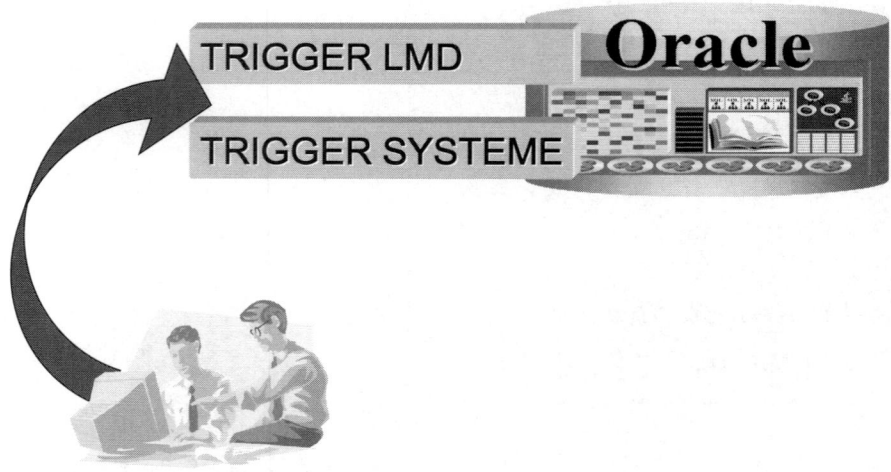

Le quatrième type de bloc PL/SQL nommé est le déclencheur.

Les déclencheurs sont des blocs PL/SQL nommés comprenant des sections déclaratives, exécutables et de gestion des exceptions et ils doivent être stockés dans la base de données sous forme d'objets autonomes.

Un déclencheur est exécuté implicitement à chaque occurrence de l'événement déclenchant et n'accepte aucun argument. Lorsqu'il est question de déclencheurs, les termes exécution et lancement sont synonymes. L'événement déclenchant peut être une opération LMD portant sur une table de base de données ou sur certains types de vues. Le lancement des déclencheurs est également provoqué par un événement système tel que le démarrage ou la fermeture d'une instance de base de données ou certains types d'opérations LDD.

Les déclencheurs sont généralement employés pour :

- Maintenir des contraintes d'intégrité complexes, ce que ne permettent pas les contraintes déclaratives spécifiées lors de la création d'une table ;
- Auditer les informations que contient une table en consignant les changements qui y sont apportés et leur auteur ;
- Signaler automatiquement à d'autres programmes qu'une action doit être entreprise lorsque des modifications sont apportées à une table ;
- Publier des informations concernant divers événements.

Note

Oracle autorise l'écriture des déclencheurs soit en PL/SQL soit au moyen d'un autre langage comme C ou Java.

Il est

Il existe trois types principaux de déclencheurs :

Les déclencheurs LMD

L'exécution est provoquée par une instruction LMD : le type de celle-ci détermine celui du déclencheur. Les déclencheurs LMD peuvent être définis pour s'exécuter avant ou après des opérations « **INSERT** », « **UPDATE** » ou « **DELETE** » et peuvent être de niveau ligne ou de niveau instruction.

Un déclencheur de niveau instruction peut être lancé pour un ou plusieurs types d'instructions LMD.

Les déclencheurs INSTEAD OF

Exclusivement de niveau ligne, les déclencheurs « **INSTEAD OF** », ne peuvent être définis que sur des vues relationnelles ou objet. A la différence d'un déclencheur LMD, dont l'exécution vient s'ajouter à celle de l'instruction déclenchante, un déclencheur « **INSTEAD OF** » s'exécute à la place de l'instruction qui a provoqué son lancement.

Les déclencheurs Système

Le déclencheur est lancé, soit lorsque se produit un événement système tel que l'ouverture ou la fermeture d'une base de données, soit lors d'une opération LDD, comme la création d'une table.

La création

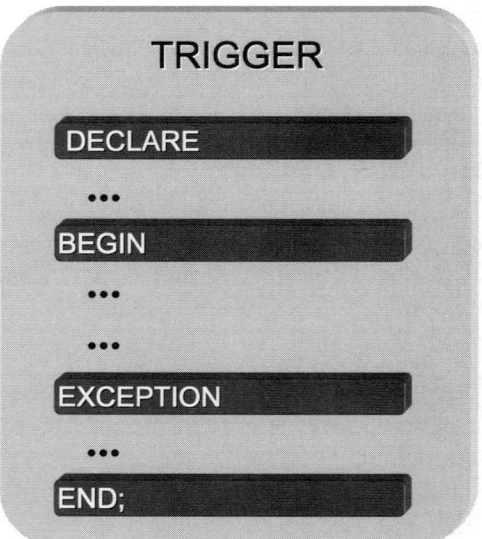

La syntaxe pour tous les types de déclencheurs est :

```
CREATE [OR REPLACE] TRIGGER NOM_TRIGGER
{BEFORE | AFTER | INSTEAD OF} EVENEMENT
[CLAUSE_REFERENCING] [WHEN CONDITION] [FOR EACH ROW]
[DECLARE ...]
BEGIN
...
[EXCEPTION ...]
END [NOM_TRIGGER];
```

NOM_TRIGGER	C'est le nom du déclencheur L'espace de noms des déclencheurs étant distinct, un déclencheur peut se voir attribuer le même nom qu'une table ou une procédure. A noter toutefois que, dans un même schéma, il ne peut exister deux déclencheurs de même nom.
EVENEMENT	C'est l'événement qui provoque l'exécution du déclencheur.
CLAUSE_REFERENCING	Permet de se référer aux données de la ligne qui est modifiée en utilisant un nom personnalisé.
CONDITION	Le corps du déclencheur est exécuté uniquement lorsque cette condition est vraie.

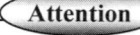 Attention

Le corps d'un déclencheur ne pouvant excéder **32 Ko**, si vous avez un déclencheur qui dépasse cette taille, vous pouvez le réduire en plaçant une partie de son code dans des packages ou des procédures stockées compilés séparément et en les appelant à partir du corps du déclencheur.

Les déclencheurs LMD

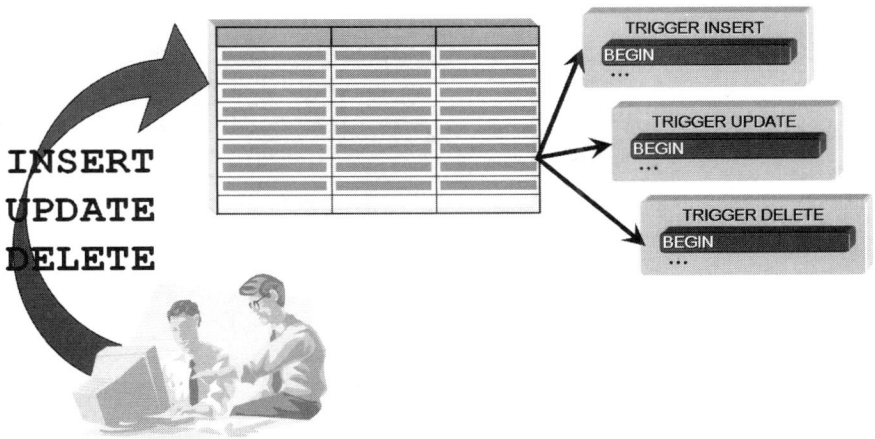

L'événement provoquant le lancement d'un déclencheur LMD peut être une opération « **INSERT** », « **UPDATE** » ou « **DELETE** » portant sur les données d'une table. Son déclenchement peut intervenir soit avant, soit après l'exécution de l'instruction, et son action peut être exécutée une fois pour chaque enregistrement affecté par l'instruction LMD ou bien une seule fois pour l'instruction LMD.

L'activation d'un déclencheur peut également être provoquée par l'exécution de plusieurs types d'instructions LMD sur une même table.

Ainsi vous pouvez avoir pour chaque type d'instruction LMD, « **INSERT** », « **UPDATE** » ou « **DELETE** » un déclencheur avant et après l'instruction mais également avant et après chaque enregistrement modifié par une de ces instructions.

Un nombre illimité de déclencheurs peut être défini sur une table, y compris plusieurs déclencheurs LMD d'un même type dont l'exécution sera séquentielle.

Vous trouverez dans la section suivante des informations détaillées sur l'ordre d'exécution des déclencheurs.

Les déclencheurs LMD peuvent être classifiés suivant plusieurs catégories :

Instruction	Définit le type d'instruction LMD qui activera le déclencheur.
Moment	Suivant l'activation du déclencheur qui interviendra avant ou après l'exécution de l'instruction.
Niveau	L'activation d'un déclencheur de niveau enregistrement se produit une fois pour chaque enregistrement manipulé par l'instruction LMD. L'activation d'un déclencheur de niveau instruction se produit une fois, soit avant, soit après l'exécution de l'instruction.

Les déclencheurs sont souvent employés à des fins d'audit, bien que des fonctionnalités d'audit soient déjà disponibles dans la base de données, les déclencheurs autorisent un suivi plus personnalisé et plus souple.

Le moment d'exécution

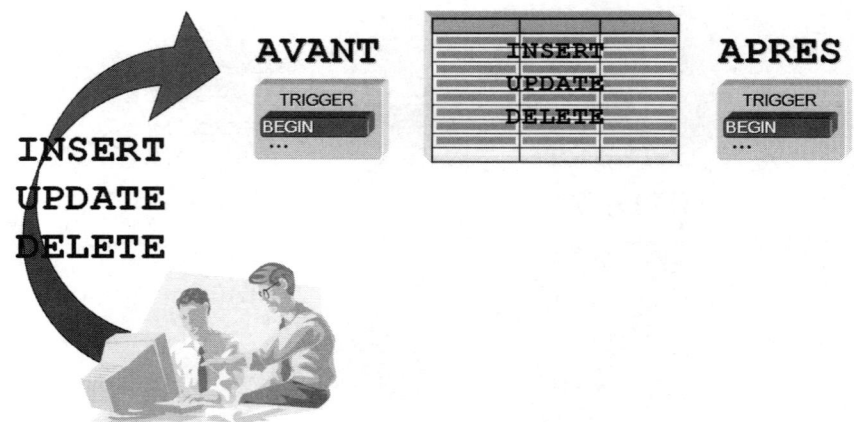

Vous pouvez avoir pour chaque type d'instruction LMD, « **INSERT** », « **UPDATE** » ou « **DELETE** » un déclencheur avant et après l'instruction mais également vous pouvez créer un nombre illimité de déclencheurs, d'un même type, définis sur la même table dont l'exécution sera séquentielle.

Un déclencheur LMD est lancé lorsqu'une instruction LMD est exécutée. L'algorithme de contrôle de l'exécution d'une instruction LMD est :

1. Exécute les déclencheurs d'instruction « **BEFORE** », s'il en existe.
2. Exécute les déclencheurs d'instruction « **AFTER** », s'il en existe.

```
SQL> CREATE TABLE TEMP_AFFICHAGE(
  2          ID_AFFICHAGE    NUMBER(2),
  3          AFFICHAGE       VARCHAR2(200));

Table créée.

SQL> CREATE SEQUENCE compteur START WITH 1 INCREMENT BY 1;

Séquence créée.

SQL> CREATE OR REPLACE PACKAGE TriggerMoment AS
  2          v_compteur NUMBER :=0;
  3  END TriggerMoment;
  4  /

Package créé.
```

Pour illustrer l'utilisation des déclencheurs, nous allons créer une table `TEMP_AFFICHAGE`, une séquence `compteur` ainsi qu'un package `TriggerMoment`.

Module 9 : Les déclencheurs

La table `TEMP_AFFICHAGE` est utilisée pour l'insertion des informations d'affichage, la séquence nous donne l'ordre d'exécution des différents déclencheurs.

Dans le script suivant nous avons créé trois déclencheurs « **UPDATE** » sur la table `CATEGORIES`. Pour le type « **AFTER** » nous allons créer deux déclencheurs pour visualiser le comportement du système.

```
SQL> CREATE OR REPLACE TRIGGER AvantInstruction
  2  BEFORE UPDATE ON CATEGORIES
  3  BEGIN
  4      INSERT INTO TEMP_AFFICHAGE VALUES ( compteur.NEXTVAL,
  5          'BEFORE UPDATE niveau instruction : compteur = '||
  6          TriggerMoment.v_compteur);
  7      TriggerMoment.v_compteur := TriggerMoment.v_compteur + 1;
  8  END AvantInstruction;
  9  /

Déclencheur créé.

SQL> CREATE OR REPLACE TRIGGER ApresInstruction1
  2  AFTER UPDATE ON CATEGORIES
  3  BEGIN
  4      INSERT INTO TEMP_AFFICHAGE VALUES ( compteur.NEXTVAL,
  5          'AFTER UPDATE niveau instruction 1 : compteur = '||
  6          TriggerMoment.v_compteur);
  7      TriggerMoment.v_compteur := TriggerMoment.v_compteur + 1;
  8  END ApresInstruction1;
  9  /

Déclencheur créé.

SQL> CREATE OR REPLACE TRIGGER ApresInstruction2
  2  AFTER UPDATE ON CATEGORIES
  3  BEGIN
  4      INSERT INTO TEMP_AFFICHAGE VALUES ( compteur.NEXTVAL,
  5          'AFTER UPDATE niveau instruction 2 : compteur = '||
  6          TriggerMoment.v_compteur);
  7      TriggerMoment.v_compteur := TriggerMoment.v_compteur + 1;
  8  END ApresInstruction2;
  9  /

Déclencheur créé.
```

Nous allons à présent émettre l'instruction « **UPDATE** » suivante, qui affecte l'ensemble des lignes de la table `CATEGORIES` :

```
SQL> UPDATE CATEGORIES SET DESCRIPTION = ' ';

8 ligne(s) mise(s) à jour.

SQL> SELECT * FROM TEMP_AFFICHAGE;

ID_AFFICHAGE AFFICHAGE
------------ --------------------------------------------------
           1 BEFORE UPDATE niveau instruction   : compteur = 0
           2 AFTER  UPDATE niveau instruction 2 : compteur = 1
```

```
                   3 AFTER   UPDATE niveau instruction 1 : compteur = 2
```

Chaque déclencheur qui s'exécute voit les changements introduits par les déclencheurs précédents, de même que toutes les modifications déjà apportées par l'instruction dans la base de données. Cela est reflété par la valeur de compteur affichée par chaque déclencheur.

Attention

L'ordre d'exécution des déclencheurs de même type n'étant pas défini, il conviendra donc, si l'ordre importe, de regrouper toutes les opérations en un seul déclencheur.

Il existe un ordre d'exécution définit par l'ordre de création des déclencheurs le dernier déclencheur crée est exécute en premier.

```
SQL> CREATE OR REPLACE TRIGGER ContrainteTrancheHoraire
  2  BEFORE INSERT OR UPDATE OR DELETE ON CATEGORIES
  3  DECLARE
  4     v_jour   NUMBER(1) := TO_CHAR(SYSDATE, 'D');
  5     v_heure NUMBER(2)  := TO_CHAR(SYSDATE, 'hh24');
  6  BEGIN
  7
  8     IF v_jour > 5 OR v_heure NOT BETWEEN 8 AND 19
  9     THEN
 10       RAISE_APPLICATION_ERROR ( -20000, 'L''application ne peut'
 11            ||' pas être modifie hors des heures de travail. '||
 12             TO_CHAR(SYSDATE, 'day month yyyy hh24:mi:ss'));
 13     END IF;
 14  END ContrainteTrancheHoraire;
 15  /

Déclencheur créé.

SQL> UPDATE CATEGORIES SET DESCRIPTION = ' ';
...
ORA-20000: L'application ne peut pas être modifie hors des heures de
travail. samedi    juin       2006 01:01:59
...
```

A l'aide des déclencheurs LMD il est possible de contrôler toutes les mise à jours des données, l'exception lance dans le déclencheur empêche l'exécution comme il s'agit d'un déclencheur « **BEFORE** ».

Astuce

Un déclencheur au niveau de l'instruction LMD qui s'exécute avant, « **BEFORE** », peut être utilisé pour arrêter l'instruction de mise à jour de données.

Vous avez également la possibilité de définir un déclencheur au niveau de l'instruction LMD qui s'exécute après, « **AFTER** », l'instruction. Dans ce cas vous ne pouvez plus arrêter le traitement mais vous pouvez faire des calculs cumulatifs ou des traitements de consolidation de données.

L'exemple suivant vous permet de voire un processus de calcul cumulatif des frais de port pour toutes les commandes saisies ou modifiées pendant le mois en cous. Il s'agit d'un processus ciblé sur les commande du mois courent et il ne prend pas en compte

Module 9 : Les déclencheurs

les modifications sur les autres commandes. D'abord il faut créer une table `FRAIS_PORT` qui va stocke les informations, il faut également insérer douze enregistrements pour faciliter la mise à jour des données dans cette table.

Le déclencheur ne s'exécute que si le champ PORT est mis à jour, un message est affiché chaque fois qu'il s'exécute.

```
SQL> CREATE TABLE FRAIS_PORT( MOIS NUMBER(2), PORT NUMBER(8,2));

Table créée.

SQL> BEGIN
  2    for i in 1..12 loop
  3      INSERT INTO FRAIS_PORT VALUES( i,0);
  4    end loop;
  5    COMMIT;
  6  END;
  7  /

Procédure PL/SQL terminée avec succès.

SQL> CREATE OR REPLACE TRIGGER A_IUD_COMMANDES
  2  AFTER INSERT OR DELETE OR UPDATE
  3  OF PORT ON COMMANDES
  4  BEGIN
  5    UPDATE FRAIS_PORT
  6    SET PORT = ( SELECT SUM(PORT) FROM COMMANDES
  7                 WHERE  TO_CHAR(DATE_COMMANDE,'YYYYMM') =
  8                        TO_CHAR(SYSDATE,'YYYYMM'))
  9    WHERE MOIS = TO_CHAR(SYSDATE,'MM');
 10    dbms_output.put_line('Le champ PORT à été modifié.');
 11  END;
 12  /

Déclencheur créé.

SQL> INSERT INTO COMMANDES
  2  SELECT SEQ_COMMANDES.NEXTVAL, CODE_CLIENT,NO_EMPLOYE, SYSDATE,
  3         NULL,PORT
  4  FROM COMMANDES
  5  WHERE DATE_COMMANDE BETWEEN '01/05/1998' AND '30/05/1998';
Le champ PORT à été modifié.

14 ligne(s) créée(s).

SQL> SELECT * FROM FRAIS_PORT
  2  WHERE MOIS = TO_CHAR(SYSDATE,'MM');

      MOIS       PORT
---------- ----------
         6     2752,2

SQL> UPDATE COMMANDES SET PORT = PORT * 1.5
  2  WHERE DATE_COMMANDE > TRUNC(SYSDATE);
Le champ PORT à été modifié.
```

```
14 ligne(s) mise(s) à jour.

SQL> SELECT * FROM FRAIS_PORT
  2  WHERE MOIS = TO_CHAR(SYSDATE,'MM');

      MOIS       PORT
---------- ----------
         6    4128,34

SQL> UPDATE COMMANDES SET DATE_ENVOI = DATE_COMMANDE + 10
  2  WHERE DATE_COMMANDE > TRUNC(SYSDATE);

14 ligne(s) mise(s) à jour.

SQL> DELETE COMMANDES
  2  WHERE DATE_COMMANDE > TRUNC(SYSDATE);
Le champ PORT à été modifié.

14 ligne(s) supprimée(s).

SQL> SELECT * FROM FRAIS_PORT
  2  WHERE MOIS = TO_CHAR(SYSDATE,'MM');

      MOIS       PORT
---------- ----------
         6
```

Attention

Un déclencheur et un bloc PL/SQL nommé stocke dans la base de données qui s'exécute automatiquement chaque fois qu'un événement le déclenche.

Mais comme c'est un bloc PL/SQL nommé il doit avoir un nom unique. Vous pouvez utiliser des noms composes avec le nom de la table, les options de

```
SQL> CREATE OR REPLACE TRIGGER ApresMiseAJour
  2  AFTER UPDATE ON COMMANDES
  3  BEGIN NULL; END;
  4  /

Déclencheur créé.

SQL> CREATE OR REPLACE TRIGGER ApresMiseAJour
  2  AFTER UPDATE ON DETAILS_COMMANDES
  3  BEGIN NULL; END;
  4  /
CREATE OR REPLACE TRIGGER ApresMiseAJour
                          *
ERREUR à la ligne 1 :
ORA-04095: déclencheur 'APRESMISEAJOUR' existe déjà sur une autre
table, impossible de le remplacer
```

Le niveau d'exécution

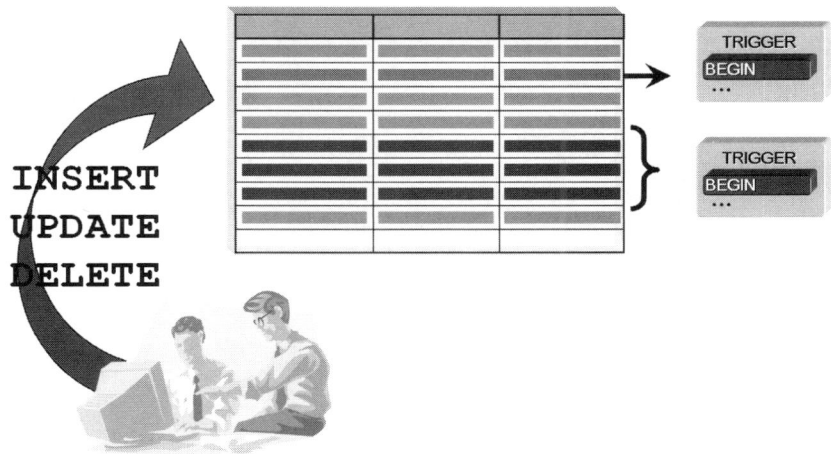

Comme on a pu le voir précédemment, l'activation d'un déclencheur peut être effectuée au niveau d'une instruction ou d'un enregistrement.

Un déclencheur de niveau enregistrement est exécuté une fois pour chaque enregistrement traité par l'instruction LMD.

L'algorithme complet de contrôle de l'exécution d'une instruction LMD est :

1. Exécute les déclencheurs « **BEFORE** » de niveau instruction, s'il en existe.

2. Pour chaque ligne affectée par l'instruction :

– Exécute les déclencheurs « **BEFORE** » de niveau enregistrement, s'il en existe.

– Exécute l'instruction.

– Exécute les déclencheurs « **AFTER** » de niveau enregistrement, s'il en existe.

3. Exécute les déclencheurs « **AFTER** » de niveau instruction, s'il en existe.

Pour illustrer l'utilisation des déclencheurs, on utilise la table TEMP_AFFICHAGE, la séquence compteur et le package TriggerMoment précédemment créés.

Nous avons détruit tous les déclencheurs créés précédemment et nous allons créer deux déclencheurs au niveau instruction et deux au niveau enregistrement pour la même table CATEGORIES.

Le script suivant illustre la création des quatre déclencheurs ainsi que l'exécution d'un ordre « **UPDATE** » qui affecte les deux premiers enregistrements de la table CATEGORIES.

L'opération « **SELECT** » portant sur la table TEMP_AFFICHAGE nous montre que les déclencheurs « **BEFORE** » et « **AFTER** » de niveau instruction sont exécutés chacun une seule fois et les déclencheurs « **BEFORE** » et « **AFTER** » de niveau enregistrement sont exécutés pour chaque enregistrement trouvé.

Module 9 : Les déclencheurs

```
SQL> CREATE OR REPLACE TRIGGER AvantMiseAJour
  2  BEFORE UPDATE ON CATEGORIES
  3  BEGIN
  4      INSERT INTO TEMP_AFFICHAGE VALUES ( compteur.NEXTVAL,
  5          'BEFORE UPDATE niveau instruction    : compteur = '||
  6          TriggerMoment.v_compteur);
  7      TriggerMoment.v_compteur := TriggerMoment.v_compteur + 1;
  8  END AvantMiseAJour;
  9  /

Déclencheur créé.

SQL> CREATE OR REPLACE TRIGGER ApresMiseAJour
  2  AFTER UPDATE ON CATEGORIES
  3  BEGIN
  4      INSERT INTO TEMP_AFFICHAGE VALUES ( compteur.NEXTVAL,
  5          'AFTER  UPDATE niveau instruction    : compteur = '||
  6          TriggerMoment.v_compteur);
  7      TriggerMoment.v_compteur := TriggerMoment.v_compteur + 1;
  8  END ApresMiseAJour;
  9  /

Déclencheur créé.

SQL> CREATE OR REPLACE TRIGGER AvantMiseAJourEnregistrement
  2  BEFORE UPDATE ON CATEGORIES
  3  FOR EACH ROW
  4  BEGIN
  5      INSERT INTO TEMP_AFFICHAGE VALUES ( compteur.NEXTVAL,
  6          'BEFORE UPDATE niveau enregistrement : compteur = '||
  7          TriggerMoment.v_compteur);
  8      TriggerMoment.v_compteur := TriggerMoment.v_compteur + 1;
  9  END AvantMiseAJourEnregistrement;
 10  /

Déclencheur créé.

SQL> CREATE OR REPLACE TRIGGER ApresMiseAJourEnregistrement
  2  AFTER UPDATE ON CATEGORIES
  3  FOR EACH ROW
  4  BEGIN
  5      INSERT INTO TEMP_AFFICHAGE VALUES ( compteur.NEXTVAL,
  6          'AFTER  UPDATE niveau enregistrement : compteur = '||
  7          TriggerMoment.v_compteur);
  8    TriggerMoment.v_compteur := TriggerMoment.v_compteur + 1;
  9  END ApresMiseAJourEnregistrement;
 10  /

Déclencheur créé.

SQL> UPDATE CATEGORIES SET DESCRIPTION = ' ' WHERE ROWNUM < 3;

2 ligne(s) mise(s) à jour.
```

```
SQL> SELECT * FROM TEMP_AFFICHAGE;

ID_AFFICHAGE AFFICHAGE
------------ ------------------------------------------------------------
           1 BEFORE UPDATE niveau instruction    : compteur = 0
           2 BEFORE UPDATE niveau enregistrement : compteur = 1
           3 AFTER  UPDATE niveau enregistrement : compteur = 2
           4 BEFORE UPDATE niveau enregistrement : compteur = 3
           5 AFTER  UPDATE niveau enregistrement : compteur = 4
           6 AFTER  UPDATE niveau instruction    : compteur = 5

6 ligne(s) sélectionnée(s).
```

Comme pour les déclencheurs de niveau instruction on peut avoir plusieurs déclencheurs de même type pour chaque opération avant ou après.

```
SQL> ROLLBACK;

Annulation (rollback) effectuée.

SQL> CREATE OR REPLACE TRIGGER ApresMiseAJourEnregistrement2
  2  AFTER UPDATE ON CATEGORIES
  3  FOR EACH ROW
  4  BEGIN
  5      INSERT INTO TEMP_AFFICHAGE VALUES ( compteur.NEXTVAL,
  6          'AFTER  UPDATE niveau enregistrement2 : compteur = '||
  7          TriggerMoment.v_compteur);
  8    TriggerMoment.v_compteur := TriggerMoment.v_compteur + 1;
  9  END ApresMiseAJourEnregistrement2;
 10  /

Déclencheur créé.

SQL> begin TriggerMoment.v_compteur:=0; end;
  2  /

Procédure PL/SQL terminée avec succès.

SQL> UPDATE CATEGORIES SET DESCRIPTION = ' ' WHERE ROWNUM < 3;

2 ligne(s) mise(s) à jour.

SQL> SELECT * FROM TEMP_AFFICHAGE;

ID_AFFICHAGE AFFICHAGE
------------ ------------------------------------------------------------
           9 BEFORE UPDATE niveau instruction     : compteur = 0
          10 BEFORE UPDATE niveau enregistrement  : compteur = 1
          11 AFTER  UPDATE niveau enregistrement2 : compteur = 2
          12 AFTER  UPDATE niveau enregistrement  : compteur = 3
          13 BEFORE UPDATE niveau enregistrement  : compteur = 4
          14 AFTER  UPDATE niveau enregistrement2 : compteur = 5
          15 AFTER  UPDATE niveau enregistrement  : compteur = 6
          16 AFTER  UPDATE niveau instruction     : compteur = 7
```

L'utilisation :OLD et :NEW

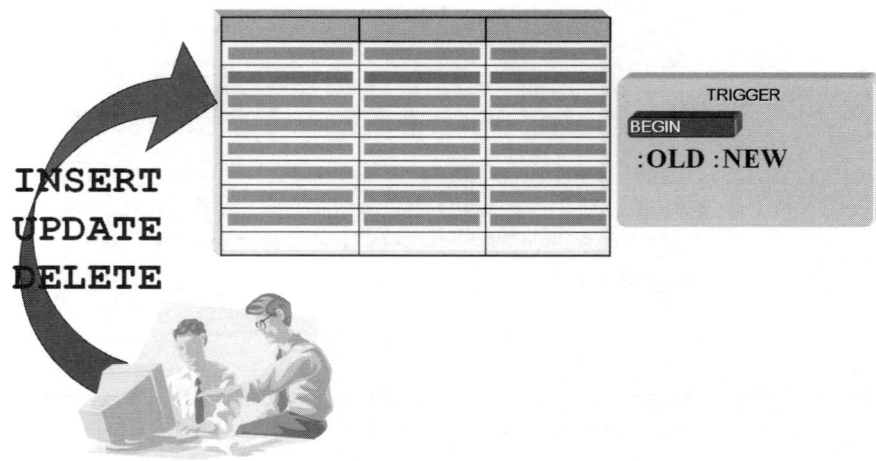

Un déclencheur de niveau enregistrement est exécuté une fois pour chaque enregistrement traité par l'instruction LMD. A l'intérieur du déclencheur, il est possible d'accéder aux données de l'enregistrement en cours de traitement au moyen de deux identifiants de corrélation « :OLD » et « :NEW ».

Les deux points qui précèdent ces identifiants indiquent qu'il s'agit non pas de variables PL/SQL ordinaires, mais de variables de liaison, s'apparentant aux variables hôtes utilisées dans du code PL/SQL imbriqué et que le compilateur traitera comme des enregistrements du type :

`TABLE%ROWTYPE`

`TABLE`	La table sur laquelle est défini le déclencheur.
`:OLD`	Valeurs d'origine de l'enregistrement avant le traitement.
`:NEW`	Valeurs qui seront insérées ou remplaceront celles d'origine au terme de l'instruction LMD.

Attention

« `:OLD` » n'est pas défini pour les instructions de type « `INSERT` ».

« `:NEW` » n'est pas défini pour les instructions de type « `DELETE` ».

Le compilateur PL/SQL ne générera pas d'erreur si vous utilisez « `:OLD` » dans un « `INSERT` » ou « `:NEW` » dans un déclencheur pour les instructions de type « `DELETE` », mais les valeurs de champ de chacun d'eux seront « `NULL` ».

Les enregistrements « `:NEW` » et « `:OLD` » sont valides uniquement dans des déclencheurs de niveau ligne ; une erreur de compilation résulterait de toute tentative de se référer à l'un ou à l'autre dans un déclencheur de niveau instruction. En effet, puisqu'un déclencheur de niveau instruction ne s'exécute qu'une seule fois, quel que soit le nombre de lignes traitées par l'instruction « :NEW » et « :OLD » n'ont aucune utilité.

Remarquez encore que « :NEW » et « :OLD » ne peuvent pas être passés à des procédures ou fonctions qui reçoivent des arguments de table « TABLE%ROWTYPE ».

Attention

Vous ne pouvez pas changer la valeur de « :NEW » au moyen d'un déclencheur « AFTER » de niveau enregistrement, puisque l'instruction a déjà été traitée. « :NEW » est modifié uniquement par un déclencheur « BEFORE » de niveau enregistrement et « :OLD » n'est jamais modifié, mais seulement lu.

Clause REFERENCING

La clause « REFERENCING » sert à spécifier un nom différent pour « :NEW » et « :OLD » et est introduite entre l'événement déclenchant et la clause « WHEN » selon la syntaxe suivante :

`REFERENCING [OLD AS NOM_ANCIEN] [NEW AS NOM_NOUVEAU]`

Dans le corps du déclencheur, NOM_NOUVEAU et NOM_ANCIEN peuvent remplacer « :NEW » et « :OLD ». Voici un déclencheur B_I_ROW_Categories qui utilise « REFERENCING » pour se référer à « :NEW » avec :NOUVELLE_CATEGORIE. Le déclencheur de type « BEFORE INSERT » sur la table CATEGORIES nous permet d'insérer une catégorie sans se soucier de la clé primaire. Bien que nous n'ayons pas spécifié de valeur (pourtant requise) pour la colonne CODE_CATEGORIES de clé primaire, le déclencheur la fournira.

```
SQL> CREATE OR REPLACE TRIGGER B_I_ROW_Categories
  2  BEFORE INSERT ON CATEGORIES
  3  REFERENCING NEW AS NOUVELLE_CATEGORIE FOR EACH ROW
  5  BEGIN
  6      SELECT S_Categories.NEXTVAL
  7          INTO :NOUVELLE_CATEGORIE.CODE_CATEGORIE
  8      FROM DUAL;
  9  END B_I_ROW_Categories;
 10  /

Déclencheur créé.

SQL> INSERT INTO CATEGORIES ( NOM_CATEGORIE, DESCRIPTION )
  2  VALUES ( 'Nouvelle catégorie',' Description catégorie');

1 ligne créée.

SQL> SELECT * FROM CATEGORIES WHERE CODE_CATEGORIE=9;

CODE_CATEGORIE NOM_CATEGORIE                DESCRIPTION
-------------- ---------------------------- ----------------------
             9 Nouvelle catégorie           Description catégorie
```

Précédemment vous avez pu voir un déclencheur de type « BEFORE INSERT » qui permet d'insérer la valeur de la séquence dans la clé primaire.

Un autre exemple très utilisé est un déclencheur de type « **BEFORE INSERT** » qui vous permet d'effacer en cascade tous les enregistrements d'une table fille.

```
SQL> CREATE OR REPLACE TRIGGER B_D_ROW_Commandes
  2    BEFORE DELETE ON COMMANDES
  3    FOR EACH ROW
  4    BEGIN
  5       DELETE DETAILS_COMMANDES
  6       WHERE NO_COMMANDE = :OLD.NO_COMMANDE;
  7       dbms_output.put_line( 'Commande no: '||:OLD.NO_COMMANDE||
  8       ' DETAILS_COMMANDES :'||
  9       SQL%ROWCOUNT||' enregistrements.');
 10    END;
 11    /

Déclencheur créé.

SQL> DELETE COMMANDES WHERE NO_COMMANDE IN ( 11075,11076,11077);
Commande no: 11075 DETAILS_COMMANDES :3 enregistrements.
Commande no: 11076 DETAILS_COMMANDES :3 enregistrements.
Commande no: 11077 DETAILS_COMMANDES :25 enregistrements.

3 ligne(s) supprimée(s).
```

A l'aide d'un déclencheur « **BEFORE** » de niveau enregistrement vous pouvez également contrôler des règles métier qui n'ont pas pu être misées en place par des contraintes d'intégrité référentielle.

Dans l'exemple suivant vous pouvez voir un déclencheur « **BEFORE UPDATE** » qui contrôle les mises à jour des salaires des employés et empêche toute diminution de salaire ou augmentation de plus de 50%.

```
SQL> CREATE OR REPLACE TRIGGER B_D_ROW_Employes
  2    BEFORE UPDATE OF SALAIRE ON EMPLOYES FOR EACH ROW
  3    BEGIN
  4       CASE
  5       WHEN :OLD.SALAIRE > :NEW.SALAIRE THEN
  6        RAISE_APPLICATION_ERROR( -20000,
  7           'Impossible de diminuer le salaire.');
  8       WHEN :OLD.SALAIRE*1.5 < :NEW.SALAIRE THEN
  9        RAISE_APPLICATION_ERROR( -20001,
 10           'Augmentation trop forte');
 11       ELSE
 12        NULL;
 13       END CASE;
 14    END B_U_ROW_Employes;
 15    /

Déclencheur créé.

SQL> UPDATE EMPLOYES SET SALAIRE = SALAIRE * 2;
...
ORA-20001: Augmentation trop forte
...

SQL> UPDATE EMPLOYES SET SALAIRE = SALAIRE - 100;
```

Module 9 : Les déclencheurs

```
...
ORA-20000: Impossible de diminuer le salaire.
...
```

Vous pouvez utiliser un déclencheur de type « **AFTER** » de niveau enregistrement pour effectuer des une sauvegarde de l'information modifié ainsi que les informations concernant l'utilisateur qui les à modifié et la date de modification.

```
SQL> CREATE TABLE EMPLOYE_HIST AS
  2  SELECT NO_EMPLOYE,REND_COMPTE,NOM,PRENOM,FONCTION,TITRE,
  3         DATE_NAISSANCE,DATE_EMBAUCHE,SALAIRE,COMMISSION,
  4         USER UTILISATEUR, SYSDATE DATE_JOUR
  5  from STAGIAIRE.EMPLOYES WHERE 1=2;

Table créée.

SQL> CREATE OR REPLACE TRIGGER A_UD_ROW_Employes
  2  BEFORE UPDATE ON EMPLOYES FOR EACH ROW
  3  BEGIN
  4      INSERT INTO EMPLOYE_HIST VALUES( :OLD.NO_EMPLOYE,
  5      :OLD.REND_COMPTE,:OLD.NOM,:OLD.PRENOM,:OLD.FONCTION,
  6      :OLD.TITRE,:OLD.DATE_NAISSANCE,:OLD.DATE_EMBAUCHE,
  7      :OLD.SALAIRE,:OLD.COMMISSION,USER,SYSDATE);
  8  END A_UD_ROW_Employes;
  9  /

Déclencheur créé.

SQL> UPDATE EMPLOYES SET SALAIRE = SALAIRE*1.2 WHERE NO_EMPLOYE = 8;

1 ligne mise à jour.

SQL> SELECT NO_EMPLOYE,SALAIRE FROM EMPLOYES WHERE NO_EMPLOYE=8;

NO_EMPLOYE    SALAIRE
----------  ----------
         8        2400

SQL> SELECT NO_EMPLOYE,SALAIRE, UTILISATEUR,
  2         TO_CHAR(DATE_JOUR,'DD/MM/YYYY HH24:MI:SS')"Modification"
  3  FROM EMPLOYE_HIST WHERE NO_EMPLOYE=8;

NO_EMPLOYE    SALAIRE UTILISATEUR                Modification
----------  ---------- -------------------------- -------------------
         8        2000 STAGIAIRE                  17/06/2006 16:27:03

SQL> DELETE EMPLOYES WHERE NO_EMPLOYE = 8;

1 ligne supprimée.

SQL> SELECT NO_EMPLOYE,SALAIRE FROM EMPLOYES WHERE NO_EMPLOYE=8;

aucune ligne sélectionnée

SQL> SELECT NO_EMPLOYE,SALAIRE, UTILISATEUR,
```

```
  2         TO_CHAR(DATE_JOUR,'DD/MM/YYYY HH24:MI:SS')"Modification"
  3  FROM EMPLOYE_HIST WHERE NO_EMPLOYE=8;

NO_EMPLOYE    SALAIRE UTILISATEUR                Modification
----------    ------- -------------------------- -------------------
         8       2000 STAGIAIRE                  17/06/2006 16:27:03

SQL> ROLLBACK;

Annulation (rollback) effectuée.

SQL> SELECT NO_EMPLOYE,SALAIRE FROM EMPLOYES WHERE NO_EMPLOYE=8;

NO_EMPLOYE    SALAIRE
----------    -------
         8       2000

SQL> SELECT NO_EMPLOYE,SALAIRE, UTILISATEUR,
  2         TO_CHAR(DATE_JOUR,'DD/MM/YYYY HH24:MI:SS')"Modification"
  3  FROM EMPLOYE_HIST WHERE NO_EMPLOYE=8;

aucune ligne sélectionnée
```

Le déclencheur copie les enregistrements modifies dans la table EMPLOYE_HIST chaque fois qu'un ordre LMD de type « **UPDATE** » est exécute sur la table EMPLOYES. Toute fois il ne fait rien quand l'ordre « **DELETE** » est exécute. Vous pouvez également remarquer que le déclencheur fait partie intégrante de la transaction ainsi quand on annule celle-ci on annule également les insertions dans la table EMPLOYE_HIST.

Module 9 : Les déclencheurs

Le déclenchement conditionnel

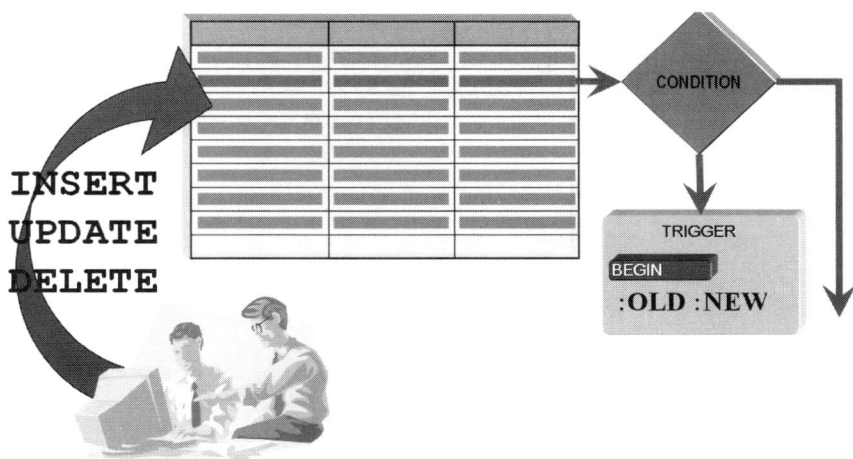

Lorsqu'elle est présente, la clause « **WHEN** » implique que le corps du déclencheur sera exécuté uniquement pour les enregistrements qui répondent à la condition spécifiée, cette clause ne s'applique qu'aux déclencheurs de niveau enregistrement.

La syntaxe de mise en place est :

WHEN CONDITION_DECLENCHEUR

Attention

L'expression booléenne qui sera évaluée, grâce a la clause « **WHEN** », pour chaque ligne peut utiliser les enregistrements « **:NEW** » et « **:OLD** » ; les deux points « **:** » ne doivent pas figurer dans la syntaxe, leur validité se limitant au corps du déclencheur.

Le déclencheur B_U_ROW_Commandes de type « **BEFORE INSERT** » sur la table COMMANDES modifie automatiquement la date d'envoi, en lui affectant la date du jour, si elle est antérieure à la date de commande.

```
SQL> CREATE OR REPLACE TRIGGER B_U_ROW_Commandes
  2  BEFORE UPDATE ON COMMANDES FOR EACH ROW
  3  WHEN ( NEW.DATE_ENVOI < NEW.DATE_COMMANDE)
  4  BEGIN
  5     :NEW.DATE_ENVOI := SYSDATE;
  6     dbms_output.put_line( 'Date d''envoi modifié : '||SYSDATE);
  7  END B_U_ROW_Commandes;
  8  /
```

Déclencheur créé.

```
SQL> SELECT DATE_COMMANDE, DATE_ENVOI FROM COMMANDES
  2  WHERE NO_COMMANDE = 11077;

DATE_COM DATE_ENV
-------- --------
06/05/98

SQL> UPDATE COMMANDES  SET DATE_ENVOI = '01/05/1998'
  2  WHERE NO_COMMANDE = 11077;
Date d'envoi modifié : 17/06/06

1 ligne mise à jour.

SQL> SELECT DATE_COMMANDE, DATE_ENVOI FROM COMMANDES
  2  WHERE NO_COMMANDE = 11077;

DATE_COM DATE_ENV
-------- --------
06/05/98 17/06/06
```

Vous pouvez de la même manière interdire l'effacement d'un enregistrement ou d'un ensemble d'enregistrements essentiels pour votre application.

```
SQL> CREATE OR REPLACE TRIGGER B_D_ROW_Produits
  2  BEFORE DELETE ON PRODUITS FOR EACH ROW
  3  WHEN ( OLD.REF_PRODUIT IN ( 1,3,6,9 ) )
  4  BEGIN
  5   RAISE_APPLICATION_ERROR ( -20000, :OLD.REF_PRODUIT||' '||
  6      :OLD.NOM_PRODUIT||': Ce produit ne peut pas être effacé !');
  7  END B_D_ROW_Produits;
  8  /

Déclencheur créé.

SQL> DELETE DETAILS_COMMANDES
  2  WHERE REF_PRODUIT IN ( 1,3,6,9 );

67 ligne(s) supprimée(s).

SQL> DELETE PRODUITS
  2  WHERE REF_PRODUIT IN ( 1,3,6,9 );
...
ORA-20000: 1 Chai: Ce produit ne peut pas être effacé !
...
```

Module 9 : Les déclencheurs

Les prédicats

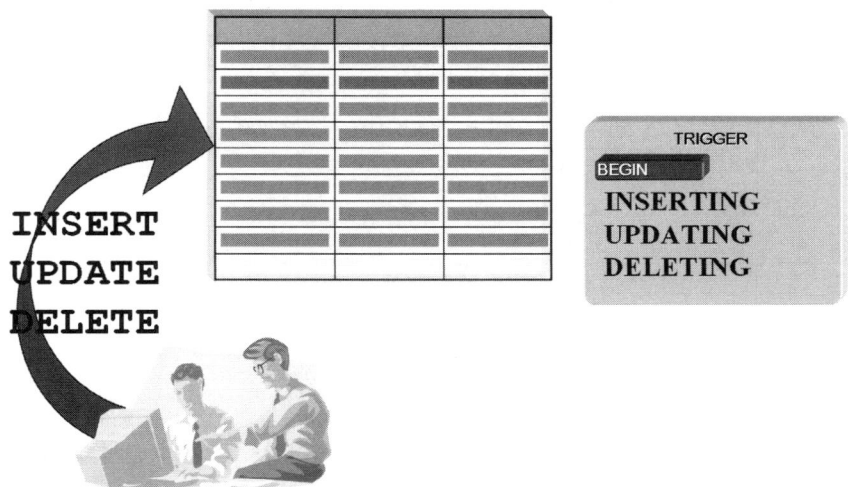

Dans un déclencheur de type LMD, trois fonctions booléennes appelées prédicats peuvent être utilisées pour déterminer de quelle opération il s'agit.

Les fonctions prédicats sont :

INSERTING	La fonction retourne la valeur « **TRUE** » si l'instruction LMD est un « **INSERT** ».
UPDATING	La fonction retourne la valeur « **TRUE** » si l'instruction LMD est un « **UPDATE** ».
DELETING	La fonction retourne la valeur « **TRUE** » si l'instruction LMD est un « **DELETE** ».

```
SQL> CREATE TABLE CATEGORIES_ARCHIVE AS
  2  SELECT  CODE_CATEGORIE, NOM_CATEGORIE, DESCRIPTION,
  3  USER UTILISATEUR, SYSDATE DATE_EFFECEMENT, ' ' TYPE_MODIF
  4  FROM CATEGORIES WHERE 1=2;

Table créée.

SQL> CREATE OR REPLACE TRIGGER CategorieArchive
  2  BEFORE UPDATE OR DELETE OR INSERT ON CATEGORIES
  3  FOR EACH ROW
  4  DECLARE
  5      r_cat            CATEGORIES_ARCHIVE%ROWTYPE;
  6  BEGIN
  7    r_cat.UTILISATEUR      := USER;
  8    r_cat.DATE_EFFECEMENT := SYSDATE;
  9    CASE
 10    WHEN UPDATING or DELETING THEN
 11        r_cat.CODE_CATEGORIE    := :OLD.CODE_CATEGORIE;
 12        r_cat.NOM_CATEGORIE     := :OLD.NOM_CATEGORIE;
 13        r_cat.DESCRIPTION       := :OLD.DESCRIPTION;
```

```
14            IF UPDATING THEN r_cat.TYPE_MODIF := 'U'; END IF;
15            IF DELETING THEN r_cat.TYPE_MODIF := 'D'; END IF;
16       ELSE
17            r_cat.CODE_CATEGORIE  := :NEW.CODE_CATEGORIE;
18            r_cat.NOM_CATEGORIE   := :NEW.NOM_CATEGORIE;
19            r_cat.DESCRIPTION     := :NEW.DESCRIPTION;
20            r_cat.TYPE_MODIF      := 'I';
21       END CASE;
22       INSERT INTO CATEGORIES_ARCHIVE VALUES r_cat;
23  END CategorieArchive;
24  /
```

Déclencheur créé.

Le déclencheur `CategorieArchive` utilise ces prédicats pour enregistrer tous les changements apportés à la table CATEGORIES, leur auteur ainsi que la date de la modification, et consigne ces enregistrements dans la table CATEGORIES_ARCHIVE.

Les déclencheurs sont souvent employés à des fins d'audit, comme c'est le cas pour `CategorieArchive`, bien que des fonctionnalités d'audit soient déjà disponibles dans la base de données, les déclencheurs autorisent un suivi plus personnalisé et plus souple.

Les déclencheurs comme tout bloc exécuté dans une transaction font partie intégrante de la transaction.

```
SQL> INSERT INTO CATEGORIES VALUES ( 10,'CAT10','Cat 10');

1 ligne créée.

SQL> UPDATE CATEGORIES SET DESCRIPTION = ' '
  2  WHERE CODE_CATEGORIE = 1;

1 ligne mise à jour.

SQL> DELETE CATEGORIES WHERE CODE_CATEGORIE = 10;

1 ligne supprimée.

SQL> SELECT CODE_CATEGORIE, NOM_CATEGORIE, TYPE_MODIF
  2  FROM CATEGORIES_ARCHIVE;

CODE_CATEGORIE NOM_CATEGORIE               T
-------------- --------------------------- -
            10 CAT10                       I
             1 Boissons                    U
            10 CAT10                       D
```

Transaction autonome

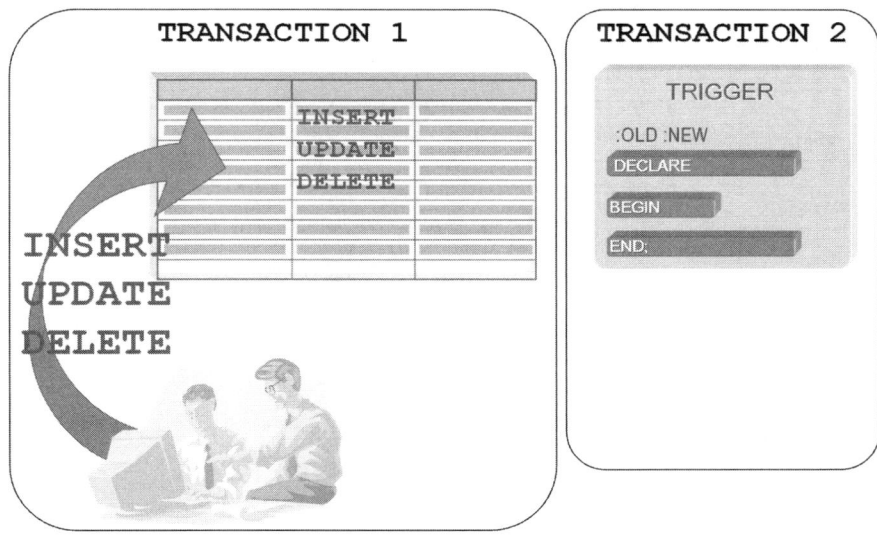

Lorsqu'un déclencheur tente de lire ou de mettre à jour la table à partir de laquelle il a été déclenché une erreur de table en mutation survient. Toutefois, cette limite ne vaut que pour les déclencheurs de niveau enregistrement. Les déclencheurs d'instruction peuvent librement lire et modifier la table à laquelle ils sont rattachés; ce qui permet d'éviter les erreurs de table en mutation.

```
SQL> CREATE OR REPLACE TRIGGER B_U_ROW_Employes
  2  BEFORE UPDATE OF SALAIRE, COMMISSION
  3  ON EMPLOYES FOR EACH ROW
  4  DECLARE
  5      v_max_sal    EMPLOYES.SALAIRE%TYPE;
  6      v_max_com    EMPLOYES.COMMISSION%TYPE;
  7  BEGIN
  8      SELECT max(SALAIRE), max(COMMISSION)
  9      INTO  v_max_sal,v_max_com
 10      FROM EMPLOYES
 11      WHERE FONCTION = :OLD.FONCTION;
 12      IF v_max_sal *1.3 < :NEW.SALAIRE OR
 13         v_max_com < :NEW.COMMISSION
 14      THEN
 15        RAISE_APPLICATION_ERROR ( -20000, '
 16                                  Augmentation trop forte');
 17      END IF;
 18  END B_U_ROW_Employes;
 19  /

Déclencheur créé.

SQL> UPDATE EMPLOYES SET SALAIRE = 10000
  2  WHERE NO_EMPLOYE = 1;
...
```

Module 9 : Les déclencheurs

```
ORA-04091: la table STAGIAIRE.EMPLOYES est en mutation ; le
déclencheur ou la fonction ne peut la voir
...
```

> **Conseil**
>
> Le déclencheur est un bloc nommé, il peut par conséquent utiliser la directive de compilation « **PRAGMA AUTONOMOUS_TRANSACTION** », auquel cas il opère dans une transaction indépendante. Le déclencheur qui travaille dans une transaction indépendante est autorisé à utiliser les commandes « **COMMIT** » et « **ROLLBACK** ».

```
SQL> CREATE OR REPLACE TRIGGER B_U_ROW_Employes
...
  5      PRAGMA AUTONOMOUS_TRANSACTION;
...

Déclencheur créé.

SQL> UPDATE EMPLOYES SET SALAIRE = 10000
  2   WHERE NO_EMPLOYE = 1;
...
ORA-20000: Augmentation trop forte
...
```

> **Attention**
>
> Si vous voulez lancer votre déclencheur dans une transaction autonome en ajoutant l'ordre « **PRAGMA AUTONOMOUS_TRANSACTION** », alors vous pourrez interroger le contenu de la table qui le déclenche. Toutefois, il sera toujours impossible d'en modifier le contenu.

```
SQL> CREATE OR REPLACE PROCEDURE MemeTransactionInsert IS
  2   BEGIN
  3       INSERT INTO CATEGORIES VALUES ( 9,'CAT 9','Cat 9');
  4   END MemeTransactionInsert;
  5   /

Procédure créée.

SQL> CREATE OR REPLACE PROCEDURE AutreTransactionInsert IS
  2      PRAGMA AUTONOMOUS_TRANSACTION;
  3   BEGIN
  4       INSERT INTO CATEGORIES VALUES ( 10,'CAT10','Cat 10');
  5       COMMIT;
  6   END AutreTransactionInsert;
  7   /

Procédure créée.

SQL> BEGIN
  2       MemeTransactionInsert;
```

```
  3          AutreTransactionInsert;
  4          ROLLBACK;
  5  END;
  6  /
```

Procédure PL/SQL terminée avec succès.

```
SQL> SELECT CODE_CATEGORIE, NOM_CATEGORIE
  2  FROM CATEGORIES WHERE CODE_CATEGORIE IN ( 9, 10);

CODE_CATEGORIE NOM_CATEGORIE
-------------- ------------------------
            10 CAT10
```

La procédure `MemeTransactionInsert` est exécutée dans la même transaction alors que la procédure `AutreTransactionInsert` est exécutée dans une transaction indépendante. Ainsi la validation de la transaction « **COMMIT** » effectue dans cette deuxième procédure ne valide que les opérations de la même transaction. L'annulation de la transaction principale n'affecte que l'insertion effectue par la procédure `MemeTransactionInsert`.

Module 9 : Les déclencheurs

Les déclencheurs INSTEAD OF

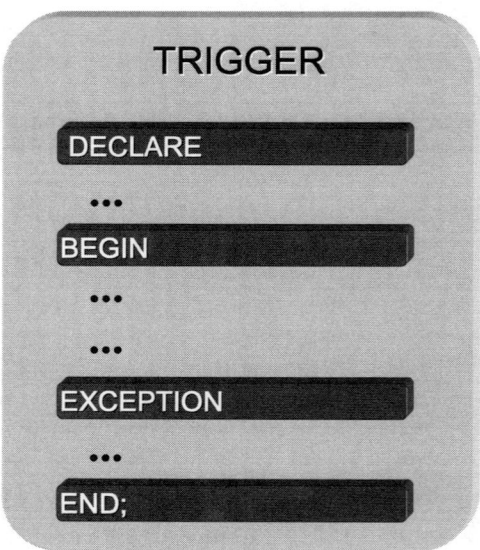

Contrairement aux déclencheurs LMD, dont l'exécution s'ajoute à celle de l'opération « **INSERT** », « **UPDATE** » ou « **DELETE** », les déclencheurs « **INSTEAD OF** » s'exécutent à la place de l'opération LMD. En outre, ces déclencheurs peuvent être définis uniquement sur des vues, tandis que les déclencheurs LMD sont définis sur des tables.

Voici les deux cas d'emploi des déclencheurs INSTEAD OF :

- permettre la modification d'une vue qui ne serait pas sinon modifiable,
- permettre la modification des colonnes d'une table imbriquée dans une vue.

Les vues non modifiables

Une vue modifiable est une vue qui supporte l'exécution d'instructions LMD, et de manière générale une vue n'est modifiable que si elle ne contient aucun des éléments suivants :

- opérateurs ensemblistes « **UNION** », « **UNION ALL** », « **MINUS** » ;
- les fonctions d'agrégation « **SUM** », « **AVG** », etc. ;
- les clauses « **GROUP BY** », « **CONNECT BY** » ou « **START WITH** » ;
- opérateur « **DISTINCT** » ;
- jointures.

Considérons la vue CumulVentesParClient qui suit, c'est illégal d'effacer des enregistrements de cette vue.

```
SQL> CREATE OR REPLACE VIEW CumulVentesParClient AS
  2         SELECT EXTRACT ( YEAR  FROM DATE_COMMANDE) ANNEE,
  3                EXTRACT ( MONTH FROM DATE_COMMANDE) MOIS,
  4                CODE_CLIENT,
  5                SUM(QUANTITE*PRIX_UNITAIRE) VENTE,
  6                SUM(QUANTITE*PRIX_UNITAIRE*REMISE) REMISE,
```

```
 7                      SUM(QUANTITE) QUANTITE,
 8                      SUM(PORT) PORT
 9              FROM    COMMANDES NATURAL JOIN DETAILS_COMMANDES
10              GROUP BY EXTRACT ( YEAR  FROM DATE_COMMANDE),
11                       EXTRACT ( MONTH FROM DATE_COMMANDE),
12                       CODE_CLIENT
13              ORDER BY EXTRACT ( YEAR  FROM DATE_COMMANDE),
14                       EXTRACT ( MONTH FROM DATE_COMMANDE),
15                       CODE_CLIENT;
```

Vue créée.

```
SQL> SELECT * FROM CumulVentesParClient
  2  WHERE ANNEE = 1998 AND MOIS = 5;
```

ANNEE	MOIS	CODE_	VENTE	REMISE	QUANTITE	PORT
1998	5	BONAP	5285	1321,25	50	574,2
1998	5	DRACD	434,25	0	9	39,9
1998	5	ERNSH	26090	0	200	5172,8
1998	5	LEHMS	9367,5	1217,625	110	27,2
1998	5	LILAS	3812,8	443,2	49	138,4
1998	5	PERIC	1500	0	30	249,5
1998	5	QUEEN	11924	1788,6	72	1226,25
1998	5	RATTC	6873	594,3975	72	1066,25
1998	5	RICSU	2930	439,5	42	92,85
1998	5	SAVEA	23611,5	1959,5	173	752,25
1998	5	SIMOB	1221,5	61,075	14	92,2
1998	5	TORTU	1800	0	20	78,35
1998	5	WHITC	4643,75	0	80	670,8

13 ligne(s) sélectionnée(s).

```
SQL> DELETE CumulVentesParClient
  2  WHERE CODE_CLIENT = 'WHITC';
...
ORA-01732: les manipulations de données sont interdites sur cette
vue
```

Il est toutefois possible de créer un déclencheur « **INSTEAD OF** » qui opère l'action correcte en lieu et place de l'instruction « **DELETE** ». Tel qu'il est écrit ici, le déclencheur CumulVentesParClient n'effectue aucune opération.

```
SQL> CREATE OR REPLACE TRIGGER CumulVentesParClient
  2  INSTEAD OF DELETE ON CumulVentesParClient
  3  BEGIN
  4     NULL;
  5     dbms_output.put_line('Il n''est pas possible de supprimer');
  6  END CumulVentesParClient;
  7  /
```

Déclencheur créé.

```
SQL> DELETE CumulVentesParClient
  2  WHERE CODE_CLIENT = 'WHITC';
```

```
Il n'est pas possible de supprimer
Il n'est pas possible de supprimer
Il n'est pas possible de supprimer
Il n'est pas possible de supprimer
Il n'est pas possible de supprimer
Il n'est pas possible de supprimer
Il n'est pas possible de supprimer
Il n'est pas possible de supprimer
Il n'est pas possible de supprimer
Il n'est pas possible de supprimer
Il n'est pas possible de supprimer

11 ligne(s) supprimée(s).
```

Il est toute fois possible d'effectuer réellement les effacements demandés mais dans ce cas c'est une question de logique applicative.

```
SQL> CREATE OR REPLACE TRIGGER CumulVentesParClient
  2    INSTEAD OF DELETE ON CumulVentesParClient
  3    BEGIN
  4        DELETE DETAILS_COMMANDES
  5        WHERE NO_COMMANDE IN ( SELECT NO_COMMANDE FROM COMMANDES
  6              WHERE CODE_CLIENT = :OLD.CODE_CLIENT AND
  7              EXTRACT ( YEAR  FROM DATE_COMMANDE) = :OLD.ANNEE AND
  8              EXTRACT ( MONTH FROM DATE_COMMANDE) = :OLD.MOIS);
  9        DELETE COMMANDES
 10             WHERE CODE_CLIENT = :OLD.CODE_CLIENT AND
 11             EXTRACT ( YEAR  FROM DATE_COMMANDE) = :OLD.ANNEE AND
 12             EXTRACT ( MONTH FROM DATE_COMMANDE) = :OLD.MOIS;
 13        dbms_output.put_line( :OLD.CODE_CLIENT||' '||
 14                              :OLD.ANNEE||' '|| :OLD.MOIS);
 15   END CumulVentesParClient;
 16   /

Déclencheur créé.

SQL> DELETE CumulVentesParClient
  2    WHERE CODE_CLIENT = 'WHITC' AND ANNEE = 1998;
WHITC 1998 1
WHITC 1998 2
WHITC 1998 4
WHITC 1998 5

4 ligne(s) supprimée(s).

SQL> SELECT * FROM COMMANDES
  2    WHERE CODE_CLIENT = 'WHITC' AND
  3         EXTRACT ( YEAR  FROM DATE_COMMANDE) = 1998;

aucune ligne sélectionnée
```

Atelier

- Les déclencheurs d'instruction
- Les déclencheurs d'enregistrement

 Durée : 25 minutes

Questions

9-1. Quels sont les déclencheurs qui peuvent être compilés ?

A. `CREATE OR REPLACE TRIGGER T1 BEFORE UPDATE ON CATEGORIES BEGIN :new.DESCRIPTION := 'DESCRIPTION'; END T1;`

B. `CREATE OR REPLACE TRIGGER T2 AFTER UPDATE ON CATEGORIES BEGIN :new.DESCRIPTION := 'DESCRIPTION'; END T2;`

C. `CREATE OR REPLACE TRIGGER T3 BEFORE UPDATE ON CATEGORIES FOR EACH ROW BEGIN :new.DESCRIPTION := 'DESCRIPTION'; END T3;`

D. `CREATE OR REPLACE TRIGGER T4 AFTER UPDATE ON CATEGORIES FOR EACH ROW BEGIN :new.DESCRIPTION := 'DESCRIPTION'; END T4;`

E. `CREATE OR REPLACE TRIGGER T5 BEFORE INSERT ON CATEGORIES FOR EACH ROW BEGIN :old.DESCRIPTION := 'DESCRIPTION'; END T5;`

F. `CREATE OR REPLACE TRIGGER T6 AFTER INSERT ON CATEGORIES FOR EACH ROW BEGIN :old.DESCRIPTION := 'DESCRIPTION'; END T6;`

G. `CREATE OR REPLACE TRIGGER T8 AFTER INSERT ON CATEGORIES FOR EACH ROW DECLARE a NUMBER; BEGIN a:= :old.DESCRIPTION; END T8;`

Module 9 : Les déclencheurs

> H. `CREATE OR REPLACE TRIGGER T9 BEFORE INSERT`
>   `ON CATEGORIES FOR EACH ROW DECLARE a NUMBER;`
>   `BEGIN a:= :old.DESCRIPTION; END T9;`

Exercice n°1   Les déclencheurs d'instruction

Créez un déclencheur sur la table `PRODUITS` qui empêche l'insertion d'un enregistrement ou la mise à jour des produits en stock de la table `PRODUITS` si un de produits suivants `'2,4,6,8'` a déjà un stock de 700 unités.

Créez un déclencheur sur la table `EMPLOYES` qui empêche toute opération si elle ne s'effectue pendant les heurs de travail.

Exercice n°2   Les déclencheurs d'enregistrement

Créez une séquence qui commence avec le dernier numéro d'employé se trouvant dans la table `EMPLOYES`. Ensuite, créez un déclencheur qui initialise le `NO_EMPLOYE` avec la valeur suivante de la séquence s'il n'a pas été renseigné. Dans le même déclencheur, testez si le champ `REND_COMPTE` est correctement initialisé, avec une valeur d'un employé existant, sinon vous l'initialisez avec la même valeur que `NO_EMPLOYE`.

Créez deux tables `PRODUITS_POUBELLE` et `PRODUITS_ARCHIVE` qui ont la même description que la table `PRODUITS` avec deux colonnes de plus, `UTILISATEUR` et `DATE_SYSTEME`. Créez un déclencheur sur la table `PRODUITS` qui archive dans la table `PRODUITS_POUBELLE` tous les produits effacés et dans la table `PRODUITS_ARCHIVE` tous les produits modifiés.

Créez une table `PRODUITS_INSERT` qui contient trois champs : `REF_PRODUIT`, `UTILISATEUR` et `DATE_SYTEM`. Modifiez le déclencheur précédemment créé pour pouvoir insérer dans la table `PRODUITS_INSERT` tous les `REF_PRODUIT` avec les informations correspondantes sur l'utilisateur et date de création.

- *Classe et Instance*
- *Héritage*
- *Table objet*
- *Les tableaux imbriqués*

10

L'approche objet

Objectifs

A la fin de ce module, vous serez à même d'effectuer les tâches suivantes :
- Décrire les caractéristiques et les composants d'un objet.
- Déclarer des types objets et les instanciés.
- Mettre en œuvre le comportement pour un type objet, à travers des méthodes.
- Créer des méthodes MAP et ORDER pour trier et comparer des types objets.
- Créer des types objets hérités et surcharger leurs méthodes.
- Créer une table qui stocke des types d'objets.

Contenu

Evolution vers les objets	Méthodes statiques
Objets	Héritage
Classes	Redéfinition des méthodes
Attributs et Opérations	Les tableaux imbriqués
Relations entre les classes	Stockage d'un type objet
Type d'objet	Table objet
Initialisation d'objets	Opérateurs et prédicats
Méthodes des types d'objets	Atelier
Méthode MAP et ORDER	

Evolution vers les objets

- Les origines
- Les sous-programmes
- Les modules
- Les types de données abstraits
- Les objets

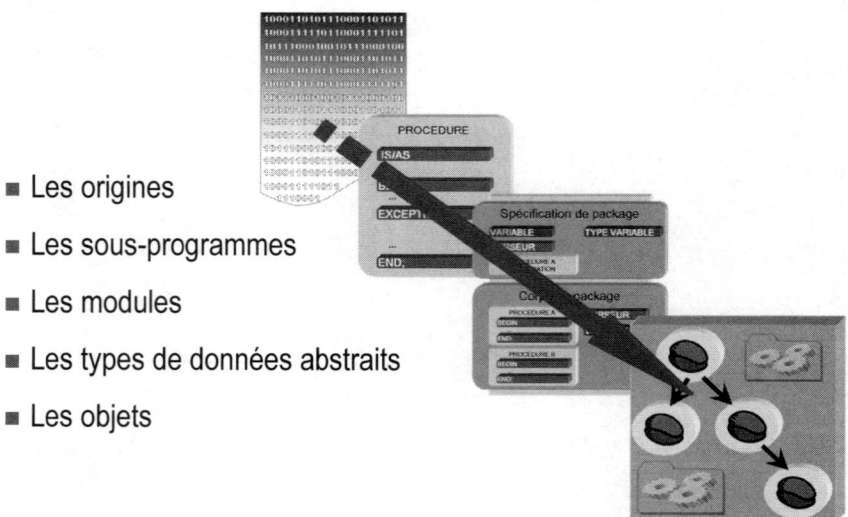

L'origine des langages de programmation nous ramène aux langages machine puis aux langages d'assemblage avec lesquels la majorité des premiers programmes étaient écrits par une seule personne et dont la taille dépassait rarement quelques dizaines de milliers de lignes. Pour résoudre les problèmes induits par des développements de taille plus conséquente, les premiers langages dits évolués furent introduits (COBOL, FORTRAN,...). Les possibilités en matière de développement se sont ainsi accrues, et les besoins suivirent tant et si bien que les problèmes à résoudre ne pouvaient plus l'être que par des équipes de développeurs, réunissant leurs efforts pour aboutir à la solution escomptée. Le travail de groupe introduisit alors un nouveau degré de complexité dans la conception et la réalisation des systèmes logiciels. En effet, il est de notoriété publique que dix programmeurs ne travaillent pas dix fois plus vite qu'un seul programmeur. Le travail de groupe introduit des problèmes complexes de communication aussi bien au niveau humain qu'au niveau des protocoles de connexion des divers composants logiciels écrits par les différents membres d'un groupe. L'outil choisi pour aborder ce type de difficulté est l'abstraction. Il s'agit de la faculté que possède l'être humain d'occulter les caractéristiques d'un problème qui ne sont pas significatives pour sa résolution afin de se concentrer sur celles qui le sont.

Les sous-programmes

Le premier niveau d'abstraction utilisé fut la notion de sous-programme (ou encore procédure, fonction,...). Le mécanisme des sous-programmes a permis de gérer de manière simple et efficace toutes les tâches exécutées de manière répétitive. Les sous-programmes furent l'un des premiers moyens pour, d'une part, structurer un programme et d'autre part, effectuer "un masquage d'information". En effet un programmeur peut utiliser un sous-programme écrit par un autre programmeur en ne connaissant que le nom et les arguments de ce sous-programme. Il était devenu inutile de connaître les détails de l'implémentation.

Ce mécanisme de décomposition met en évidence au moins une des raisons essentielles de l'insuffisance du niveau d'abstraction des sous-programmes, les problèmes de visibilité de certains identificateurs ne sont que partiellement résolus.

En effet, supposons qu'un développeur désire mettre au point un ensemble de fonctions pour manipuler une pile. Notre développeur aura donc écrit un ensemble de sous-programmes de gestion d'une pile (pour empiler, dépiler, vider la pile,...). Ces routines doivent toutes accéder à la pile ainsi qu'à son pointeur, qui doivent, pour des raisons évidentes d'efficacité, être déclarés comme des variables globales. Or, si ces données sont globales, elles deviennent accessibles à partir des autres parties du programme : la protection des données n'est donc plus assurée.

Les modules

La notion de module, a été introduite pour résoudre le problème évoqué précédemment. Un module est dissocié en une partie visible dite "publique" et une partie "privée". La partie publique, appelée couramment interface, est accessible de l'extérieur du module tandis que la partie privée n'est accessible que de l'intérieur du module.

Les modules répondent effectivement au problème du masquage de l'information et des détails d'implémentation. Il est possible de créer un module de gestion de pile où les données sont masquées pour l'extérieur du module qui ne possède que l'accès aux procédures de l'interface. Cependant, il peut être intéressant de disposer de plusieurs piles, mais les modules ne donnent pas la possibilité de dupliquer leurs zones de données.

Un des dangers associé à la notion de modules est celui d'une décomposition en modules trop importante d'un système logiciel, conduisant à une augmentation de la complexité de ce logiciel. Il existe donc, pour tout problème, un niveau de décomposition "optimal". Ce niveau doit non seulement prendre en compte le nombre de modules, mais aussi le couplage entre les différents modules.

Les modules ne sont pas définis en PL/SQL.

Les packages

Les packages sont une extension du concept de modules car ils autorisent une duplication des zones de données. Le développeur conçoit un package avec ses différentes opérations associées, ce qui permet au programmeur de manipuler ce package abstrait de la même manière qu'un type prédéfini.

Un package permet la manipulation des données à travers les opérations précisées dans l'interface, il devient également possible de réaliser des copies de la zone de données.

Les objets

La notion d'objet complète la notion de type abstrait de données en plusieurs points. Un objet encapsule un **état** (la valeur de ses données ou attributs) et un **comportement** (ses opérations ou méthodes). Une approche orientée-objet ne se limite pas à un ensemble de nouveaux concepts ; elle propose plutôt une nouvelle manière de penser qui conduit à un nouveau processus de décomposition des problèmes. Cette approche s'oppose à une approche classique qui donne la priorité aux fonctions d'un logiciel plus qu'aux données. L'expérience montre que, généralement, au cours de l'évolution d'un logiciel, les données manipulées par le logiciel sont plus stables que les traitements qui leur sont associés. L'approche orientée-objet donne donc la priorité aux données manipulées par le logiciel. Avec cette approche, les problèmes abordés peuvent être modélisés par une collection d'objets qui prennent chacun en charge une tâche spécifique. La résolution du problème est conduite par la manière dont interagissent les différents objets.

Les états et les comportements possibles des objets sont définis par des classes qui sont des modèles pour la construction des objets. Chaque objet constitue une instance d'une classe. Toutes les instances d'une même classe possèdent les mêmes caractéristiques et les mêmes réactions. Chaque instance est identifiée par la valeur de ses attributs.

Nous venons de voir que l'approche orientée objet est issue de la lente évolution des mécanismes d'abstraction. Elle apparaît comme un concept unificateur des approches guidées par les données et de celles basées sur une décomposition fonctionnelle. L'approche orientée objet s'applique à de nombreux domaines de l'informatique, de l'algorithmique pure aux bases de données en passant par le graphisme et les interfaces utilisateurs.

Pourquoi l'approche objet ?

En quoi l'approche objet est-elle tellement attractive ?

D'une manière générale, toute méthode de construction de logiciels doit prendre en compte l'organisation, la mise en relation et l'articulation de structures pour en faire émerger un comportement macroscopique complexe : le système à réaliser. L'étude du système doit donc nécessairement prendre en considération l'agencement collectif des parties, et conduire à une vue plus globale des éléments qui le composent. Elle doit progresser à différents niveaux d'abstraction et, par effet de zoom, s'intéresser aussi bien aux détails qu'à l'ordonnancement de l'ensemble.

La construction d'un logiciel est, par conséquent, une suite d'itérations du genre division-réunion ; il faut décomposer - diviser - pour comprendre et il faut composer - réunir - pour construire. Cela conduit à une situation paradoxale : il faut diviser pour réunir !

Face à ce paradoxe, le processus de décomposition a été dirigé traditionnellement par un critère fonctionnel. Les fonctions du système sont identifiées, puis décomposées en sous-fonctions, et cela récursivement jusqu'à l'obtention d'éléments simples, directement représentables dans les langages de programmation (par les fonctions et les procédures).

L'architecture logicielle est alors le reflet des fonctions du système. Cette démarche, dont les mécanismes intégrateurs sont la fonction et la hiérarchie, apporte des résultats satisfaisants lorsque les fonctions sont bien identifiées et lorsqu'elles sont stables dans le temps. Toutefois, étant donné que la fonction induit la structure, les évolutions fonctionnelles peuvent impliquer des modifications structurelles lourdes, du fait du couplage statique entre architecture et fonctions.

L'approche objet repose à la fois sur le rationalisme d'une démarche cartésienne et sur une démarche systémique qui considère un système comme une totalité organisée, dont les éléments solidaires ne peuvent être définis que les uns par rapport aux autres. Elle propose une méthode de décomposition, non pas basée uniquement sur ce que le système fait, mais plutôt sur l'intégration de ce que le système est et fait.

L'approche objet tire sa force de sa capacité à regrouper ce qui a été séparé, à construire le complexe à partir de l'élémentaire, et surtout à intégrer statiquement et dynamiquement les constituants d'un système.

Objets

```
Objet = Etat + Comportement + Identité
```

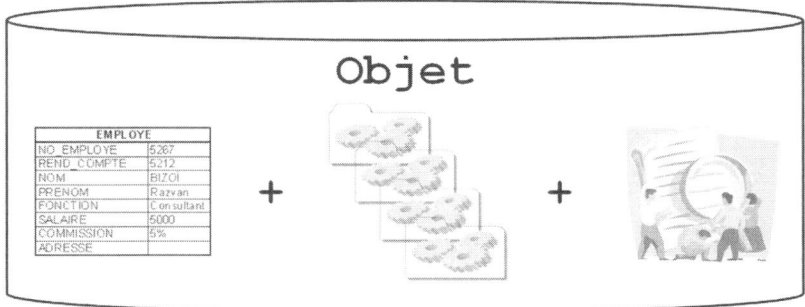

Les objets informatiques définissent une représentation abstraite des entités d'un monde réel ou virtuel, dans le but de les piloter ou de les simuler. Cette représentation abstraite peut être vue comme une sorte de miroir informatique, qui renvoie une image simplifiée d'un objet qui existe dans le monde perçu par l'utilisateur.

La présentation des caractéristiques fondamentales d'un objet permet de répondre de manière plus formelle à la question : qu'est-ce qui définit un objet ?

L'objet est une unité atomique formée de l'union d'un état, d'un comportement et d'une identité.

Objet = État + Comportement + Identité

Un objet doit apporter une valeur ajoutée par rapport à la simple juxtaposition d'informations ou de code exécutable. Un objet sans état ou sans comportement peut exister marginalement, mais dans tous les cas, un objet possède une identité.

L'état

L'état regroupe les valeurs instantanées de tous les attributs d'un objet sachant qu'un attribut est une information qualifiant l'objet qui le contient. Chaque attribut peut prendre une valeur dans un domaine de définition donné. L'état d'un objet, à un instant donné, correspond à une sélection de valeurs, parmi toutes les valeurs possibles des différents attributs.

Le diagramme suivant montre un employé qui contient les valeurs de plusieurs attributs différents : le nom, le prénom, la fonction etc.

EMPLOYE	
NO_EMPLOYE	5267
REND_COMPTE	5212
NOM	BIZOÏ
PRENOM	Razvan
FONCTION	Consultant
SALAIRE	5000
COMMISSION	5%

L'état évolue au cours du temps ; ainsi, lorsqu'il change de fonction, le salaire et sa commission varient. Certaines composantes de l'état peuvent être constantes : c'est le cas par exemple le nom de l'employé, ou encore son prénom. Toutefois, en règle générale, l'état d'un objet est variable et peut être vu comme la conséquence de ses comportements passés.

Le comportement

Le comportement regroupe toutes les compétences d'un objet et décrit les actions et les réactions de cet objet. Chaque atome de comportement est appelé opération. Les opérations d'un objet sont déclenchées suite à une stimulation externe, représentée sous la forme d'un message envoyé par un autre objet.

L'identité

En plus de son état, un objet possède une identité qui caractérise son existence propre. L'identité permet de distinguer tout objet de façon non ambiguë, et cela indépendamment de son état. Ainsi il est possible, entre autres, de distinguer deux objets dont toutes les valeurs d'attributs sont identiques.

ADRESSE	
ADRESSE	44, rue Mélanie
VILLE	Strasbourg
CODE_POSTAL	67000
PAYS	France

ADRESSE	
ADRESSE	44, rue Mélanie
VILLE	Strasbourg
CODE_POSTAL	67000
PAYS	France

Chaque objet possède une identité attribuée de manière implicite à la création de l'objet et jamais modifiée.

En phase de réalisation, l'identité est souvent construite à partir d'un identifiant issu naturellement du domaine du problème. Nos voitures possèdent toutes un numéro d'immatriculation, nos téléphones un numéro d'appel, et nous-mêmes sommes identifiés par notre numéro de Sécurité sociale. Ce genre d'identifiant, appelé également clé naturelle, peut être rajouté dans l'état des objets afin de les distinguer. Il ne s'agit toutefois que d'un artifice de réalisation, car le concept d'identité reste indépendant du concept d'état.

Classes

Le monde réel est constitué de très nombreux objets en interaction. Ces objets sont des amalgames souvent trop complexes pour être compris du premier coup dans leur intégralité. Pour réduire cette complexité, ou du moins pour la maîtriser, et comprendre ainsi le monde qui l'entoure, l'être humain a appris à regrouper les éléments qui se ressemblent et à distinguer des structures de plus haut niveau d'abstraction, débarrassées de détails inutiles.

L'abstraction consiste à concentrer la réflexion et l'attention sur un élément d'une représentation ou d'une notion en négligeant tous les autres. La démarche d'abstraction procède de l'identification des caractéristiques communes à un ensemble d'éléments, puis de la description condensée de ces caractéristiques (analogue à la description d'un ensemble en compréhension) dans ce qu'il est convenu d'appeler une classe. La démarche d'abstraction est arbitraire : elle se définit par rapport à un point de vue. Ainsi, un objet du monde réel peut être vu au travers d'abstractions différentes. Par conséquent, il est important de déterminer les critères pertinents dans le domaine d'application considéré.

La classe décrit le domaine de définition d'un ensemble d'objets. Chaque objet appartient à une classe. Les généralités sont contenues dans la classe et les particularités sont contenues dans les objets. Les objets informatiques sont construits à partir de la classe, par un processus appelé instanciation. De ce fait, tout objet est une instance de classe.

Classe :

EMPLOYE	
NO_EMPLOYE	NUMBER(6)
REND_COMPTE	NUMBER(6)
NOM	NVARCHAR2(40)
PRENOM	NVARCHAR2(30)
FONCTION	VARCHAR2(30)
SALAIRE	NUMBER(8,2)
COMMISSION	NUMBER(8,2)

Instance :

EMPLOYE	
NO_EMPLOYE	5267
REND_COMPTE	5212
NOM	BIZOÏ
PRENOM	Razvan
FONCTION	Consultant
SALAIRE	5000
COMMISSION	5%

En PL/SQL une classe est un type abstrait de données.

Attributs et Opérations

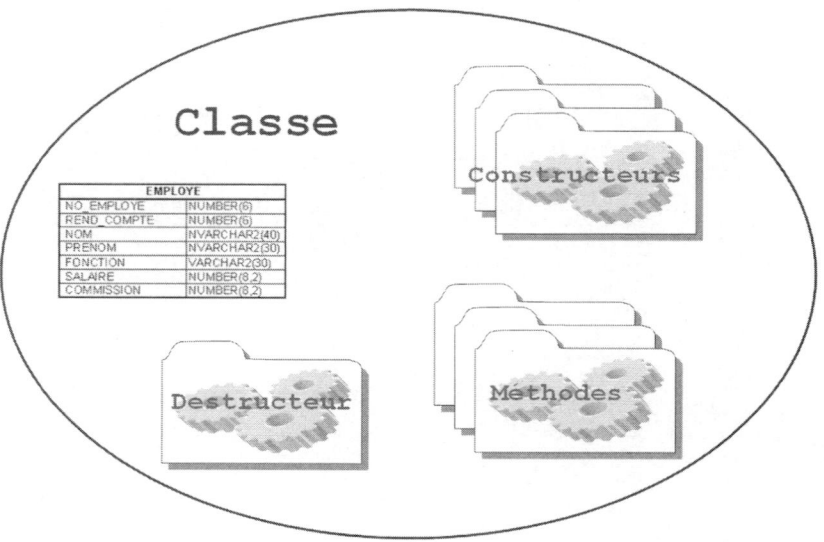

Les attributs d'une classe correspondent aux propriétés de la classe. Ils sont définis par un nom, un type et éventuellement une valeur initiale.

EMPLOYE	
NO_EMPLOYE	NUMBER(6)
REND_COMPTE	NUMBER(6)
NOM	NVARCHAR2(40)
PRENOM	NVARCHAR2(30)
FONCTION	VARCHAR2(30)
SALAIRE	NUMBER(8,2)
COMMISSION	NUMBER(8,2)

Chaque objet, instance d'une classe, donne des valeurs particulières à tous les attributs définis dans sa classe et fixe par là même son état.

EMPLOYE	
NO_EMPLOYE	5267
REND_COMPTE	5212
NOM	BIZOÏ
PRENOM	Razvan
FONCTION	Consultant
SALAIRE	5000
COMMISSION	5%

La spécification du comportement d'un objet est définie par les opérations décrites dans sa classe. La réalisation du comportement est exprimée dans les méthodes.

Dans la spécification d'une classe, un constructeur est décrit par une fonction ayant le nom de la classe. Cette méthode peut avoir des arguments, et elle ne doit retourner aucune valeur, mais il est interdit de préciser le type du résultat. Pour offrir à l'utilisateur plusieurs manières différentes d'initialiser les objets d'une classe, le constructeur peut être surchargé.

Le destructeur permet, en général, de libérer toutes les ressources qui ont été affectées à cet objet. Cette méthode n'existe pas en PL/SQL.

Relations entre les classes

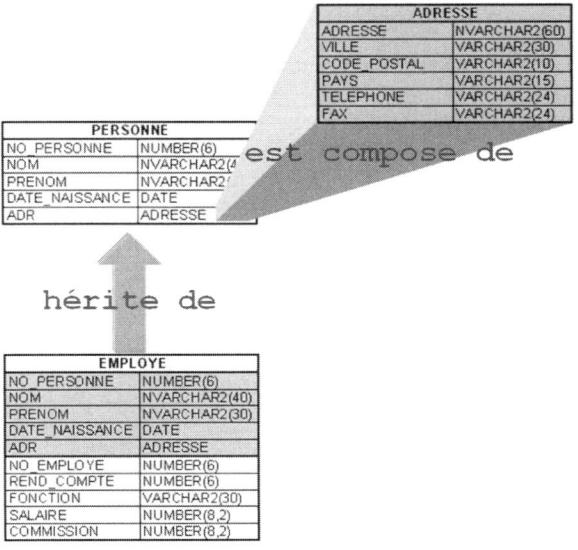

Les liens particuliers qui relient les objets peuvent être vus de manière abstraite dans le monde des classes : à chaque famille de liens entre objets correspond une relation entre les classes de ces mêmes objets. De même que les objets sont des instances des classes, les liens entre objets sont des instances des relations entre classes.

La composition

La composition est une forme de relation entre deux classes. Les termes conteneur et composite sont parfois utilisés pour désigner les classes dans les relations de composition. L'exemple précédent dans l'image présente le cas des personnes. Chaque personne possède une adresse qui ne peut être partagé entre plusieurs personnes. L'effacement de la personne entraîne l'effacement de l'adresse.

L'héritage

L'héritage est une technique offerte par les langages de programmation pour construire une classe à partir d'une ou plusieurs autres classes, en partageant des attributs, des opérations et parfois des contraintes, au sein d'une hiérarchie de classes. Les classes enfants héritent des caractéristiques de leurs classes parents ; les attributs et les opérations déclarés dans la classe parent, sont accessibles dans la classe enfant, comme s'ils avaient été déclarés localement.

L'héritage signifie que la classe enfant « est un » ou « est une sorte de » classe parent. Dans l'exemple précédent, l'employé « est une » personne.

 **Attention**

L'héritage ne doit pas être utilisé lorsque la classe parent est un composant de l'objet décrit par la classe enfant.

Dans l'exemple précédent, l'adresse est une composante de la classe personne, une personne n'est pas une sorte d'adresse.

Type d'objet

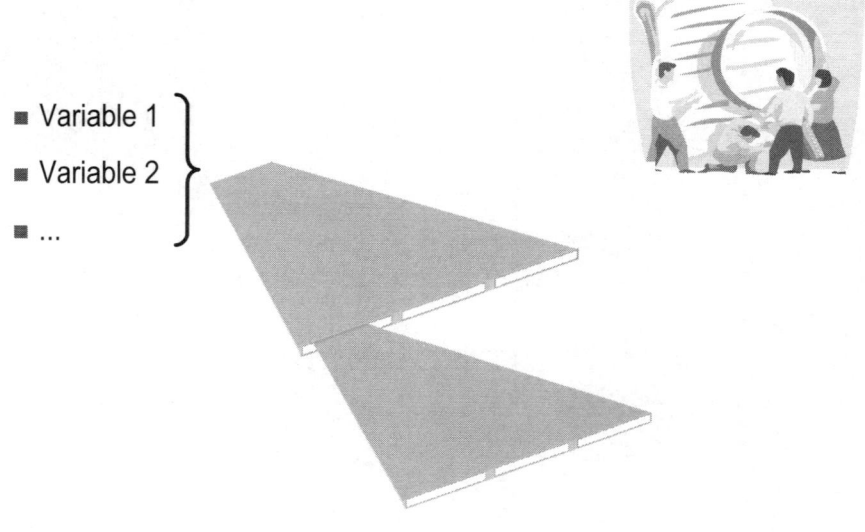

L'extension à l'objet du modèle relationnel prend en charge les types abstraits de données qui sont définis à partir d'une structure de données et d'un ensemble d'opérations.

La syntaxe de création d'un type d'objet comporte la déclaration de la structure de données, ses méthodes et la partie qui positionne le type dans une hiérarchie d'héritage.

```
CREATE [OR REPLACE] TYPE [SCHEMA.]NOM_TYPE
   {
      { IS | AS } OBJECT
   |
      UNDER [SCHEMA.]SUPERTYPE
   }
 AS OBJECT
      (
        NOM_ATTRIBUT TYPE [,...]
        {
           { MEMBER | STATIC }
           {
             PROCEDURE name (NOM_ARGUMENT TYPE [,...])
           |
             FUNCTION  name (NOM_ARGUMENT TYPE [,...])
                        RETURN datatype
           }
         |
           CONSTRUCTOR FUNCTION NOM_TYPE
            [(
              [ SELF IN OUT NOM_TYPE]
              [,NOM_ARGUMENT datatype[,...]]
             )]
              RETURN SELF AS RESULT
         }
```

Module 10 : L'approche objet

```
        )
   [ [ NOT ] FINAL ];
```

CREATE OR REPLACE	Cette option permet d'effectuer en une seule opération la suppression du type d'objet s'il existe, puis sa recréation.
SCHEMA	Propriétaire du type d'objet.
NOM_TYPE	Le nom du type d'objet.
IS | AS	Les deux mots clés sont équivalents ; ils déterminent le début de la section des déclarations.
UNDER SUPERTYPE	Indique le type de l'objet ancêtre.
NOM_ATTRIBUT	Définit les types des données persistantes (appelées attributs) incluses dans une instance de cet objet.
TYPE	Les attributs peuvent être définis à l'aide d'un type d'attribut prédéfini ou un type d'attribut défini par l'utilisateur.
MEMBER	Les méthodes membres sont invoquées explicitement par une instance du type d'objet.
STATIC	Les méthodes statiques sont invoquées par le type d'objet et non par une instance du type d'objet.
PROCEDURE	Le prototype d'une procédure membre ou statique.
FONCTION	Le prototype d'une fonction membre ou statique.
SELF	C'est un argument implicite pour le « **CONSTRUCTOR** » qui désigne l'objet lui même. Il est également accessible dans les autres méthodes sauf les méthodes de type « STATIC ».
CONSTRUCTOR	Une fonction qui s'applique automatiquement à tout objet lors de l'instanciation. Le type de retour est le type de l'objet construit.
FINAL	Le type d'objet ne peut plus être utilisé comme ancêtre pour un autre type d'objet.

Attention

Lors de la création d'un type, il n'est pas possible de déclarer des attributs de type « **BOOLEAN** », « **ROWID** », « **LONG** », « **LONG RAW** » ou d'utiliser la directive « **%TYPE** » pour la définition de leur type.

Il n'est pas possible de définir dynamiquement des types dans des programmes PL/SQL.

```
SQL> CREATE OR REPLACE TYPE T_TELEPHONE
  2  IS OBJECT
  3  (
  4      TELEPHONE       VARCHAR2(24),
  5      FAX             VARCHAR2(24),
  6      MAIL            VARCHAR2(24));
  7  /

Type créé.

SQL> CREATE OR REPLACE TYPE T_ADRESSE
  2  IS OBJECT
```

```
  3  (
  4      ADRESSE          NVARCHAR2(60),
  5      VILLE            VARCHAR2(30),
  6      CODE_POSTAL      VARCHAR2(10),
  7      PAYS             VARCHAR2(15),
  8      TELEPHONE        T_TELEPHONE);
  9  /
```

Type créé.

```
SQL> CREATE OR REPLACE TYPE T_PERSONNE
  2  IS OBJECT
  3  (
  4      NOM              NVARCHAR2(40),
  5      PRENOM           NVARCHAR2(30),
  6      DATE_NAISSANCE   DATE,
  7      ADRESSE          T_ADRESSE);
  8  /
```

Type créé.

```
SQL> DESC T_TELEPHONE
 Nom                                       NULL ?   Type
 ----------------------------------------- -------- --------------
 TELEPHONE                                          VARCHAR2(24)
 FAX                                                VARCHAR2(24)
 MAIL                                               VARCHAR2(24)

SQL> DESC T_ADRESSE
 Nom                                       NULL ?   Type
 ----------------------------------------- -------- --------------
 ADRESSE                                            NVARCHAR2(60)
 VILLE                                              VARCHAR2(30)
 CODE_POSTAL                                        VARCHAR2(10)
 PAYS                                               VARCHAR2(15)
 TELEPHONE                                          T_TELEPHONE

SQL> DESC T_PERSONNE
 Nom                                       NULL ?   Type
 ----------------------------------------- -------- --------------
 NOM                                                NVARCHAR2(40)
 PRENOM                                             NVARCHAR2(30)
 DATE_NAISSANCE                                     DATE
 ADRESSE                                            T_ADRESSE
```

Dans l'exemple ci-dessus, vous pouvez voir la création de trois types d'objets « **T_PERSONNE** », « **T_ADRESSE** » et « **T_TELEPHONE** ». La classe « **T_PERSONNE** » est composée d'une classe adresse « **T_ADRESSE** » qui à son tour est composée d'une classe « **T_TELEPHONE** ».

Initialisation d'objets

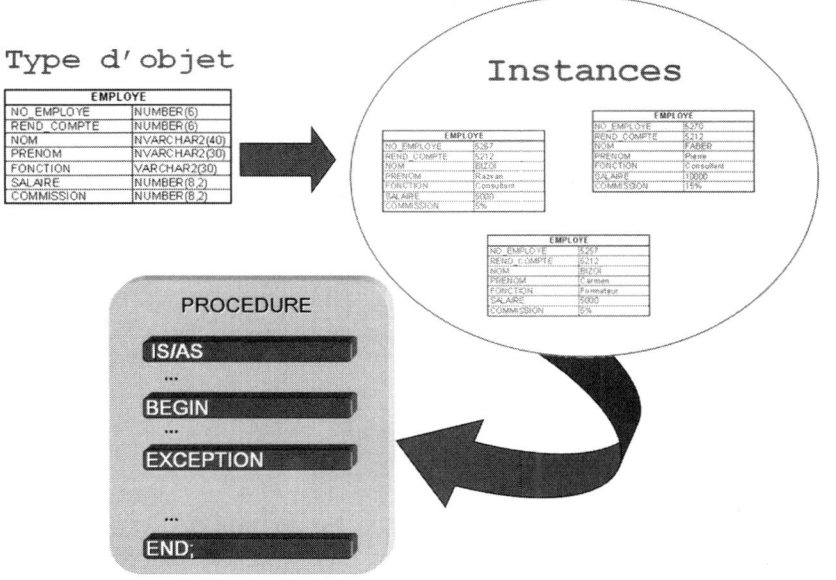

Comme toute autre variable PL/SQL, un objet est déclaré simplement en le plaçant syntaxiquement après son type dans la section déclarative du bloc, comme cela :

NOM_VARIABLE_INSTANCE NOM_TYPE_OBJET;

Selon les règles du PL/SQL, une instance d'objet déclarée de cette manière est initialisée avec la valeur « **NULL** », auquel cas l'objet entier est « **NULL** », mais pas nécessairement ses attributs. Il est toutefois illégal de se référer aux attributs de l'objet.

```
SQL> DECLARE
  2      personne T_PERSONNE;
  3  BEGIN
  4      DBMS_OUTPUT.PUT_LINE('Le nom est :'||personne.NOM);
  5  END;
  6  /
Le nom est :

Procédure PL/SQL terminée avec succès.

SQL> DECLARE
  2      personne T_PERSONNE;
  3  BEGIN
  4      personne.NOM := 'BIZOÏ';
  5  END;
  6  /
DECLARE
*
ERREUR à la ligne 1 :
ORA-06530: Référence à un élément composite non initialisé de
ORA-06512: à ligne 4
```

Instanciation d'objets

Les objets sont instanciés avec un constructeur. Un constructeur est une fonction qui retourne un objet initialisé et reçoit comme arguments les valeurs des attributs de l'objet. Pour chaque type d'objet, Oracle prédéfinit un constructeur par défaut avec le même nom que le type et admet en argument autant de valeurs que le type possède d'attributs.

```
SQL> DECLARE
  2     personne1 T_PERSONNE;
  3     personne2 T_PERSONNE := T_PERSONNE( 'BIZOÏ','Isabelle',
  4                                         '14/10/1965',NULL);
  5  BEGIN
  6     personne1 := T_PERSONNE( 'BIZOÏ','Razvan','03/02/1965',NULL);
  7     DBMS_OUTPUT.PUT_LINE('Le prénom est :'||personne1.PRENOM);
  8     DBMS_OUTPUT.PUT_LINE('Le prénom est :'||personne2.PRENOM);
  9  END;
 10  /
Le prénom est :Razvan
Le prénom est :Isabelle

Procédure PL/SQL terminée avec succès.
```

Les instances peuvent avoir les mêmes valeurs pour les attributs ne sont pas pour autant le même objet. L'objet est une unité atomique formée de l'union d'un état, d'un comportement et d'une identité.

```
SQL> DECLARE
  2     personne1 T_PERSONNE;
  3  BEGIN
  4    DECLARE
  5      personne2 T_PERSONNE := T_PERSONNE( 'BIZOÏ','Isabelle',
  6                                          '14/10/1965',NULL);
  7    BEGIN
  8      personne1 := personne2;
  9      personne2.NOM := 'DULUC';
 10      DBMS_OUTPUT.PUT_LINE('Le nom est :'||personne2.NOM);
 11    END;
 12    DBMS_OUTPUT.PUT_LINE('Le nom est :'||personne1.NOM);
 13  END;
 14  /
Le nom est :DULUC
Le nom est :BIZOÏ

Procédure PL/SQL terminée avec succès.
```

Méthodes des types d'objets

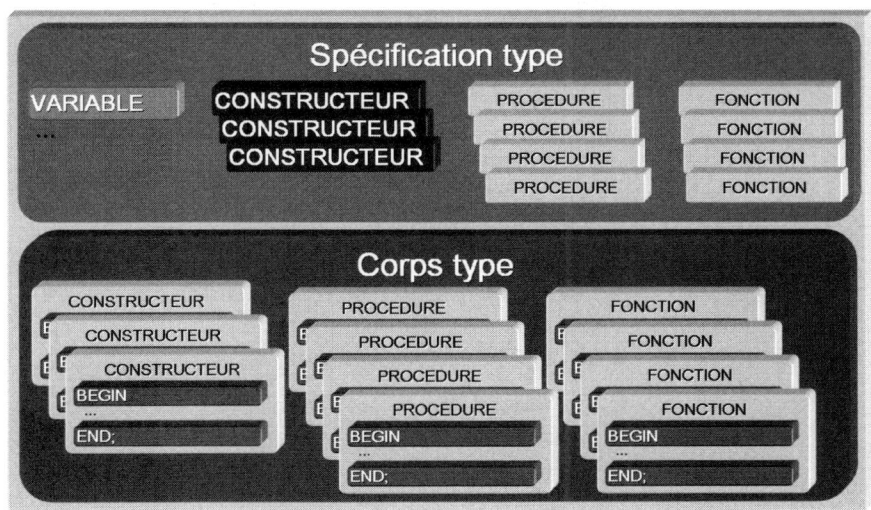

Le corps du type d'objet est optionnel. Lorsque vous déclarez le type d'objet, vous ne déclarez aucune procédure ni fonction. Le corps peut être omis.

La syntaxe de création d'un corps du type d'objet est la suivante :

```
CREATE [OR REPLACE] TYPE BODY NOM_TYPE
{IS | AS}
    [Spécifications et corps des modules]
END [NOM_TYPE];
```

```
SQL> CREATE OR REPLACE TYPE type_personne
  2  AS OBJECT
  3  (
  4      NOM                 VARCHAR2(20),
  5      PRENOM              VARCHAR2(10),
  6      DATE_NAISSANCE      DATE,
  7      CONSTRUCTOR FUNCTION type_personne( NOM  IN VARCHAR2,
  8                                          DATE_NAISSANCE IN DATE)
  9              RETURN SELF AS RESULT,
 10      CONSTRUCTOR FUNCTION type_personne( NOM  IN VARCHAR2)
 11              RETURN SELF AS RESULT,
 12      MEMBER FUNCTION age_pers RETURN NUMBER);
 13  /

Type créé.

SQL> CREATE OR REPLACE TYPE BODY type_personne
  2  AS
  3      CONSTRUCTOR FUNCTION type_personne( NOM  IN VARCHAR2,
  4                                          DATE_NAISSANCE IN DATE)
  5      RETURN SELF AS RESULT IS
  6      BEGIN
  7          SELF.NOM := NOM;
```

Module 10 : L'approche objet

```
   8          SELF.DATE_NAISSANCE := DATE_NAISSANCE;
   9          RETURN;
  10      END;
  11      CONSTRUCTOR FUNCTION type_personne( NOM   IN VARCHAR2)
  12      RETURN SELF AS RESULT IS
  13      BEGIN
  14          SELF.NOM := NOM;
  15          RETURN;
  16      END;
  17      MEMBER FUNCTION age_pers
  18      RETURN NUMBER IS
  19          age NUMBER(3);
  20      BEGIN
  21          IF SELF.DATE_NAISSANCE IS NOT NULL THEN
  22             age := trunc(( sysdate - SELF.DATE_NAISSANCE) / 365);
  23             RETURN age;
  24          ELSE
  25             RETURN 0;
  26          END IF;
  27      END age_pers;
  28  END;
  29  /

Corps de type créé.

SQL> DECLARE
   2     personne1 type_personne:=type_personne('BIZOÏ');
   3     personne2 type_personne:=type_personne('BIZOÏ','03/02/1965');
   4     personne3 type_personne:=type_personne('BIZOÏ','Razvan',
   5                                            '03/02/1965');
   6  BEGIN
   7     DBMS_OUTPUT.PUT_LINE(personne1.NOM||' '||personne1.PRENOM||
   8                          ' '||personne1.age_pers());
   9     DBMS_OUTPUT.PUT_LINE(personne2.NOM||' '||personne2.PRENOM||
  10                          ' '||personne2.age_pers());
  11     DBMS_OUTPUT.PUT_LINE(personne3.NOM||' '||personne3.PRENOM||
  12                          ' '||personne3.age_pers());
  13  END;
  14  /
BIZOÏ   0
BIZOÏ   41
BIZOÏ Razvan 41

Procédure PL/SQL terminée avec succès.
```

Dans l'exemple précédent, vous pouvez voir la création d'un type d'objet avec deux constructeurs personnalisés et une fonction qui calcule l'âge d'une personne. Dans le bloc anonyme, on instancie les objets à l'aide de ces deux constructeurs mais également à l'aide du constructeur par défaut fourni automatiquement par Oracle.

Attention

Dans un constructeur, la commande « **RETURN;** » est obligatoire, autrement une erreur est produite pendant l'exécution.

SELF

Le mot-clé « **SELF** » est automatiquement lié à l'objet instancié dans une méthode. Considérons le constructeur `type_personne`, cette méthode instancie l'objet à partir d'un ensemble d'arguments. Pour rendre plus clair le code PL/SQL, les arguments doivent avoir le même nom que les attributs ainsi le mot-clé « **SELF** » est nécessaire pour différencier les arguments et les attributs.

« **SELF** » est le premier argument de chaque méthode membre et peut être déclaré explicitement ou implicitement. Pour les fonctions membres, il est implicitement déclaré comme étant « **IN** » et, pour les procédures, il est déclaré comme étant « **IN OUT** ». Le type de « **SELF** » est le type de l'objet lui-même. Ce serait une erreur de déclarer « **SELF** » autrement que comme premier argument, puisqu'il est implicitement déclaré comme tel.

```
SQL> CREATE OR REPLACE TYPE type_personne
...
 12        CONSTRUCTOR FUNCTION type_personne( PERS IN type_personne)
 13                    RETURN SELF AS RESULT,
...
 15    /

Type créé.

SQL> CREATE OR REPLACE TYPE BODY type_personne
  2  AS
...
 17        CONSTRUCTOR FUNCTION type_personne( PERS IN type_personne)
 18        RETURN SELF AS RESULT IS
 19        BEGIN
 20            SELF := PERS;
 21            RETURN;
 22        END;
...
 34  END;
 35  /

Corps de type créé.

SQL> DECLARE
  2    personne1 type_personne:=type_personne('BIZOÏ','Razvan',
  3                                            '03/02/1965');
  4    personne2 type_personne;
  5  BEGIN
  6    personne2 := type_personne(personne1);
  7    DBMS_OUTPUT.PUT_LINE(personne1.NOM||' '||personne1.PRENOM||
  8                         ' '||personne1.age_pers());
  9    DBMS_OUTPUT.PUT_LINE(personne2.NOM||' '||personne2.PRENOM||
 10                         ' '||personne2.age_pers());
 11  END;
 12  /
BIZOÏ Razvan 41
BIZOÏ Razvan 41

Procédure PL/SQL terminée avec succès.
```

> **Attention**
>
> L'attribut « **%TYPE** » ne peut être appliqué directement à un attribut de type d'objet et doit être appliqué à la place à un attribut d'une instance du type d'objet.
>
> Il doit être appliqué à une instance et pas à un type d'objet.

```
SQL> DECLARE
  2     personne type_personne;
  3     v_pers type_personne%TYPE;
  4  BEGIN
  5     NULL;
  6  END;
  7  /
   v_pers type_personne%TYPE;
          *
ERREUR à la ligne 3 :
ORA-06550: Ligne 3, colonne 10 :
PLS-00206: %TYPE doit être appliqué à une variable, une colonne, un
champ ou un attribut, mais pas à "TYPE_PERSONNE"
ORA-06550: Ligne 3, colonne 10 :
PL/SQL: Item ignored


SQL> DECLARE
  2     personne type_personne;
  3     v_pers personne%TYPE;
  4     v_NOM personne.NOM%TYPE;
  5  BEGIN
  6     v_pers :=type_personne('BIZOÏ','Razvan','03/03/1965');
  7     DBMS_OUTPUT.PUT_LINE( v_pers.NOM||' '||v_pers.PRENOM||
  8                           ' '||v_pers.age_pers());
  9  END;
 10  /
BIZOÏ Razvan 41

Procédure PL/SQL terminée avec succès.
```

Méthode MAP et ORDER

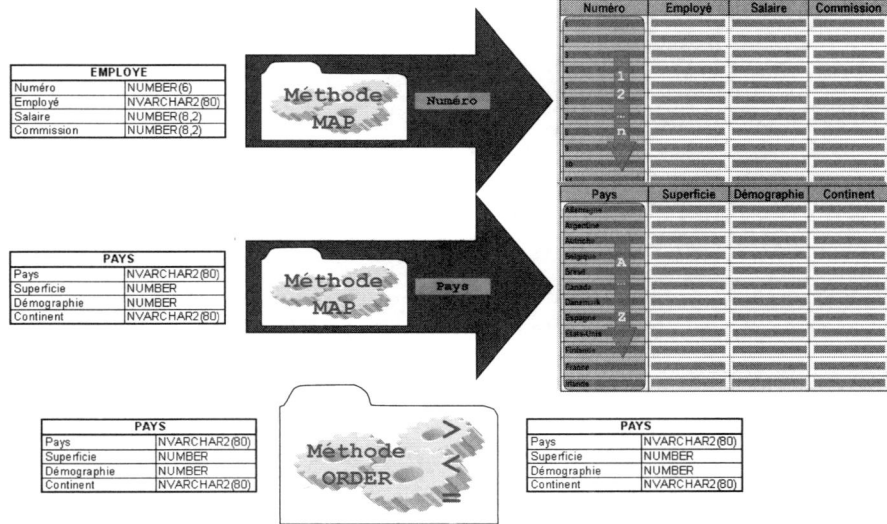

Les types prédéfinis d'Oracle possèdent tous un ordre par défaut. Dans le cas de deux variables « **VARCHAR2** », par exemple, vous pouvez déterminer si l'une est inférieure, supérieure ou égale à l'autre. Sans cela, il ne serait pas possible de trier les valeurs du type de données spécifié. En revanche, les types d'objets ne possèdent pas d'ordre implicite, seule l'égalité des objets peut être comparée.

Les méthodes « **MAP** » et « **ORDER** » permettent de remédier à cela. En outre, ces méthodes autorisent la comparaison d'objets non seulement dans PL/SQL, mais aussi dans SQL.

> **Attention**
>
> Ces méthodes peuvent aussi servir à trier des objets stockés dans la base de données, ce qui veut dire qu'elles peuvent être utilisées dans une clause « **ORDER BY** » ou dans un index.
>
> En l'absence de définition d'une méthode « **MAP** » ou « **ORDER** » pour l'objet, toute tentative de tri ou comparaison produira une erreur.

```
SQL> CREATE OR REPLACE TYPE type_personne
...
 15      MAP    MEMBER FUNCTION cle_personne RETURN VARCHAR2);
 16 /

Type créé.

SQL> CREATE OR REPLACE TYPE BODY type_personne
  2 AS
...
 35      MAP    MEMBER FUNCTION cle_personne RETURN VARCHAR2
 36      IS
 37      BEGIN
 38         RETURN SELF.NOM||SELF.PRENOM||
```

Module 10 : L'approche objet

```
39                to_char(SELF.DATE_NAISSANCE,'YYYYMMDD');
40        END cle_personne;
41   END;
42   /

Corps de type créé.

SQL> DECLARE
  2     personne1 type_personne:=type_personne('BIZOÏ','Razvan',
  3                                            '03/02/1965');
  4     personne2 type_personne:=type_personne('BIZOÏ','Razvan',
  5                                            '03/03/1965');
  6   BEGIN
  7     DBMS_OUTPUT.PUT_LINE( 'personne1 '||personne1.cle_personne);
  8     DBMS_OUTPUT.PUT_LINE( 'personne2 '||personne2.cle_personne);
  9     IF personne1 > personne1 THEN
 10       DBMS_OUTPUT.PUT_LINE( 'personne1 > personne2');
 11     ELSE
 12       DBMS_OUTPUT.PUT_LINE( 'personne1 < personne2');
 13     END IF;
 14   END;
 15   /
personne1 BIZOÏRazvan19650203
personne2 BIZOÏRazvan19650303
personne1 < personne2

Procédure PL/SQL terminée avec succès.
```

Attention

Vous pouvez créer une méthode « **MAP** » ou « **ORDER** » pour un type d'objets donné, mais pas les deux à la fois.

Ainsi une méthode « **MAP** » sera plus efficace pour trier d'importants groupes d'objets, puisqu'elle convertit l'ensemble d'objets en un type plus simple, qui sont alors triés directement. Avec la méthode « **ORDER** », seuls deux objets peuvent être comparés à la fois, ce qui oblige à appeler cette méthode de façon répétée.

Vous pouvez créer une méthode « **ORDER** », qui reçoit un argument du même type que l'objet et retourne un résultat numérique contenant l'une des valeurs suivantes :

- \> 1 si l'argument est supérieur à « **SELF** ».
- < 1 si l'argument est inférieur à « **SELF** ».
- 0 si l'argument est égal à « **SELF** ».

Nous pouvons, par exemple, créer une méthode « **ORDER** » qui trie les personnes par leur date de naissance, comme illustré ci-dessous.

```
SQL> CREATE OR REPLACE TYPE type_personne
...
 15        ORDER MEMBER FUNCTION comparaison_personne
 16                  (aSELF IN type_personne ) RETURN NUMBER);
 17   /
```

```
Type créé.

SQL> CREATE OR REPLACE TYPE BODY type_personne
  2  AS
...
 35      ORDER MEMBER FUNCTION comparaison_personne
 36                      (aSELF IN type_personne )
 37      RETURN NUMBER
 38      IS
 39      BEGIN
 40        CASE
 41          WHEN aSELF.DATE_NAISSANCE =  SELF.DATE_NAISSANCE THEN
 42              RETURN 0;
 43          WHEN aSELF.DATE_NAISSANCE >  SELF.DATE_NAISSANCE THEN
 44              RETURN 1;
 45          ELSE
 46              RETURN -1;
 47        END CASE;
 48      END comparaison_personne;
 49  END;
 50  /

Corps de type créé.

SQL> DECLARE
  2     personne1 type_personne:=type_personne('BIZOÏ','Razvan',
  3                                             '03/02/1965');
  4     personne2 type_personne:=type_personne('BIZOÏ','Razvan',
  5                                             '03/03/1965');
  6  BEGIN
  7    IF personne1 > personne1 THEN
  8       DBMS_OUTPUT.PUT_LINE( 'personne1 > personne2');
  9    ELSE
 10       DBMS_OUTPUT.PUT_LINE( 'personne1 < personne2');
 11    END IF;
 12  END;
 13  /
personne1 < personne2

Procédure PL/SQL terminée avec succès.
```

Méthodes statiques

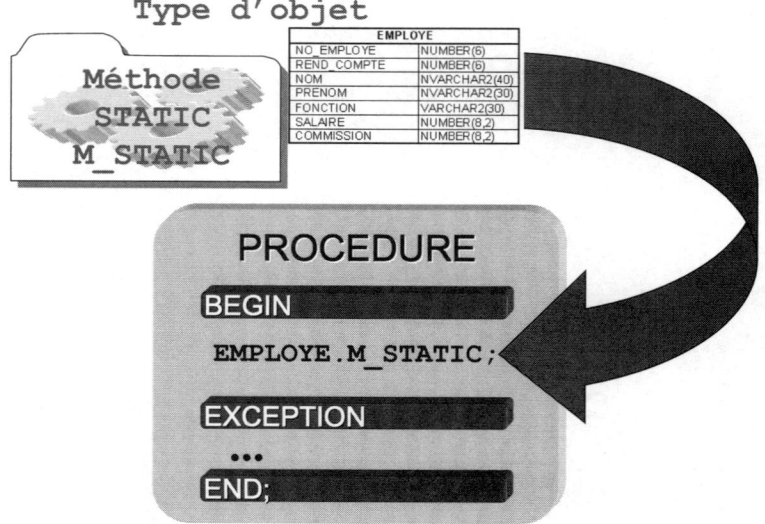

Une méthode statique est déclarée avec le mot-clé « **STATIC** » plutôt qu'avec le mot-clé « **MEMBER** ». Contrairement aux méthodes non statiques, une méthode statique est invoquée sur le type d'objet lui-même, plutôt que sur une instance de ce type.

La syntaxe utilisée pour l'appel d'une méthode de type « **STATIC** » est :

```
nom_type_objet.nom_méthode
```

```
SQL> CREATE OR REPLACE TYPE type_personne
...
  4      STATIC PROCEDURE ObtenirInfoClasse);
  5  /

Type créé.

SQL> CREATE OR REPLACE TYPE BODY type_personne
  2  AS
  3      STATIC PROCEDURE ObtenirInfoClasse IS
  4      BEGIN
  5          DBMS_OUTPUT.PUT_LINE( 'La classe est type_personne');
  6      END;
  7  END;
  8  /

Corps de type créé.

SQL> BEGIN
  2    type_personne.ObtenirInfoClasse;
  3  END;
  4  /
```

```
La classe est type_personne

Procédure PL/SQL terminée avec succès.
```

> **Attention**
>
> Etant donné qu'une méthode statique ne reçoit pas d'instance d'objet, elle ne peut se référer à aucun des attributs de l'objet courant. Elle peut toutefois se référer aux attributs d'un nouvel objet ou d'un objet qui serait passé comme argument. De la même manière, « **SELF** » ne peut être passé explicitement à une méthode statique.

Une méthode de type « **STATIC** » peut être invoquée indépendamment de tout objet instancié, elle a un comportement très proche des fonctions et procédures classiques.

Héritage

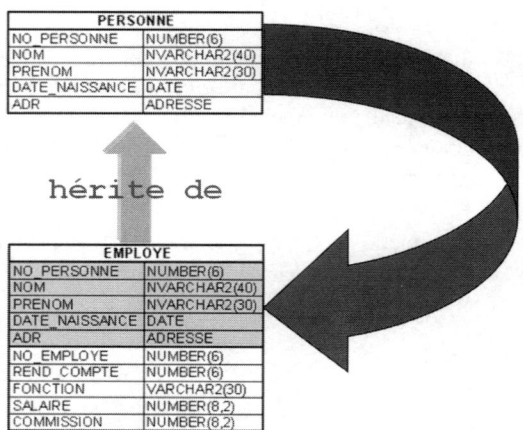

Les types d'objets enfants héritent des caractéristiques de leurs types d'objets parents ; les attributs et les opérations déclarés dans le type d'objet parent, sont accessibles dans le type d'objet enfant, comme s'ils avaient été déclarés localement.

```
SQL> CREATE OR REPLACE TYPE    T_ADRESSE
  2  IS OBJECT
  3  (      ADRESSE             NVARCHAR2(60),
  4         VILLE               VARCHAR2(30),
  5         CODE_POSTAL         VARCHAR2(10),
  6         PAYS                VARCHAR2(15));
  7  /

Type créé.

SQL> CREATE OR REPLACE TYPE    T_PERSONNE
  2  IS OBJECT
  3  (      NOM                 NVARCHAR2(40),
  4         PRENOM              NVARCHAR2(30),
  5         DATE_NAISSANCE      DATE,
  6         ADRESSE             T_ADRESSE)
  7  NOT INSTANTIABLE NOT FINAL;
  8  /

Type créé.

SQL> CREATE OR REPLACE TYPE    T_EMPLOYE
  2  UNDER T_PERSONNE
  3  (      NO_EMPLOYE          NUMBER(6),
  4         REND_COMPTE         NUMBER(6),
  5         FONCTION            VARCHAR2(30),
  6         SALAIRE             NUMBER(8,2)
```

```
  7  )NOT FINAL;
  8  /
```

Type créé.

```
SQL> CREATE OR REPLACE TYPE    T_MANAGER
  2  UNDER T_EMPLOYE
  3  (       DEPARTEMENT        NVARCHAR2(30),
  4          COMMISSION         NUMBER(8,2)
  5  )FINAL;
  6  /
```

Type créé.

Le type T_PERSONNE « a un » type T_ADRESSE, la relation entre ces deux types est une composition. Le type T_EMPLOYE « est un » type T_PERSONNE il s'agit dans ce cas d'un héritage ainsi qu'entre le type T_EMPLOYE et le type T_MANAGER.

Le type T_MANAGER « est un » type T_EMPLOYE mais le type T_EMPLOYE « est un » type T_PERSONNE également. Ainsi le type T_MANAGER « est un » type T_PERSONNE.

```
SQL> DECLARE
  2      manager T_MANAGER := T_MANAGER( 'BIZOÏ', 'Razvan',
  3          '03/02/1965', T_ADRESSE('44, rue Mélanie','Strasbourg',
  4              67200,'FRANCE'), 1, 1, 'Consultant',2000,
  5              'Formation', 3.5);
  6      employe T_EMPLOYE;
  7  BEGIN
  8    employe := manager;
  9    DBMS_OUTPUT.PUT_LINE( employe.NOM||' '||employe.PRENOM||
 10        ' '||employe.DATE_NAISSANCE||' '||employe.FONCTION
 11        ||' '||manager.DEPARTEMENT);
 12
 13  END;
 14  /
BIZOÏ Razvan 03/02/65 Consultant Formation

Procédure PL/SQL terminée avec succès.
```

Comme on l'a vu précédemment, le type T_MANAGER « est un » type T_EMPLOYE ainsi l'instance employe peut recevoir les informations correspondantes stockées dans l'instance manager.

Attention

La relation entre deux types parent enfant est unidirectionnelle le type enfant « est un » type parent.

La réciproque n'est pas valable. Ainsi le type T_MANAGER « est un » type T_EMPLOYE mais le type T_EMPLOYE n'est pas un type T_MANAGER.

```
SQL> DECLARE
  2      employe T_EMPLOYE := T_EMPLOYE( 'BIZOÏ', 'Razvan',
  3          '03/02/1965', T_ADRESSE('44, rue Mélanie','Strasbourg',
  4              67200,'FRANCE'), 1, 1, 'Consultant',2000);
  5      manager T_MANAGER ;
```

```
  6    BEGIN
  7      manager := employe;
  8    END;
  9  /
manager := employe;
            *
ERREUR à la ligne 7 :
ORA-06550: Ligne 7, colonne 14 :
PLS-00382: expression du mauvais type
ORA-06550: Ligne 7, colonne 3 :
PL/SQL: Statement ignored
```

Attention

Les directives « **FINAL** » et « **NOT FINAL** » permettent de définir si le type peut être l'ancêtre, pour un autre type.

Si un type est définit comme « **FINAL** » il ne peut plus servir dans un héritage. Il faut faire attention car c'est la valeur par défaut.

```
SQL> CREATE OR REPLACE TYPE T_DIRECTEUR
  2  UNDER T_MANAGER ( SITE  NVARCHAR2(30) ) FINAL;
  3  /

Avertissement : Type créé avec erreurs de compilation.

SQL> SHOW ERRORS
Erreurs pour TYPE T_DIRECTEUR :

LINE/COL ERROR
-------- --------------------------------------------------------------
-
1/1      PLS-00590: tentative de création d'un sous-type sous un
type FINAL
```

Les directives « **INSTANTIABLE** » et « **NOT INSTANTIABLE** » renseignent la capacité d'instanciation d'un type. Il est possible de définir un type comme un objet générique, comme une classe abstraite, qui va être spécialisée dans ces enfants.

Attention

Le type défini « **NOT INSTANTIABLE** » ne peut pas servir à créer un objet, il est forcement un type dédié à être un ancêtre.

Ainsi un type « **NOT INSTANTIABLE** » ne peut pas être défini « **FINAL** ».

Deux catégories de types existent, les types « **NOT INSTANTIABLE** » similaires aux classes abstraites et les types « **INSTANTIABLE** » qui sont définis pour créer des objets. La syntaxe de déclaration de ces types est :

... [NOT] INSTANTIABLE [NOT] FINAL ;

```
SQL> DECLARE
  2      personne T_PERSONNE := T_PERSONNE( 'BIZOÏ', 'Razvan',
  3                                          NULL, NULL);
  4  BEGIN
  5    NULL;
  6  END;
  7  /
    personne T_PERSONNE := T_PERSONNE( 'BIZOÏ', 'Razvan',
                           *
ERREUR à la ligne 2 :
ORA-06550: Ligne 2, colonne 28 :
PLS-00713: tentative d'instanciation d'un type NOT INSTANTIABLE
ORA-06550: Ligne 2, colonne 14 :
PL/SQL: Item ignored
```

Le type T_PERSONNE est un type générique, il est déclaré comme « **NOT INSTANTIABLE** » ainsi il ne peut pas être utilisé pour la déclaration des variables qui sont instanciées.

Redéfinition des méthodes

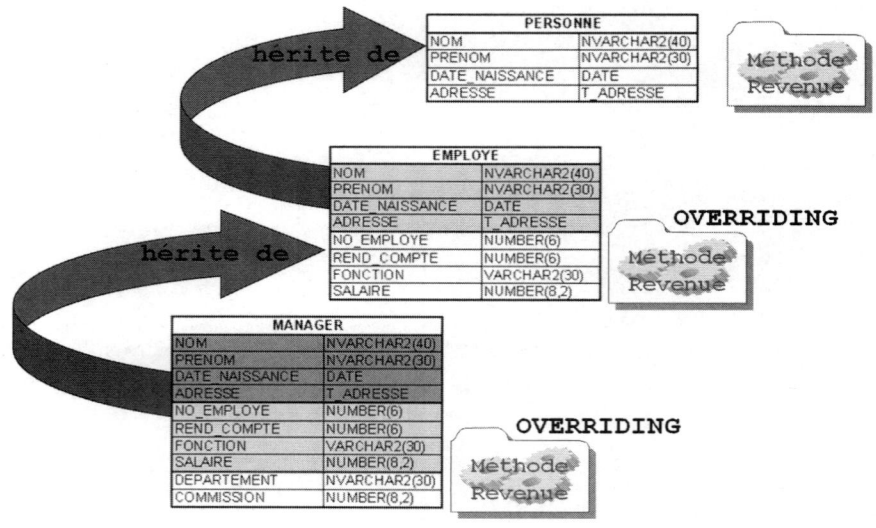

Il est possible de redéfinir dans un type enfant, une méthode héritée. C'est une forme de surcharge d'une méthode qui permet d'adapter le traitement aux spécificités des enfants.

La méthode redéfinie doit conserver le nom, le nombre et type des arguments dans chaque type enfant où elle apparaît. Dans la définition du type, la directive « **OVERRIDING** » précède la déclaration de la méthode redéfinie.

```
SQL> CREATE OR REPLACE TYPE      T_PERSONNE
  2  IS OBJECT
  3     (      NOM               NVARCHAR2(40),
  4            PRENOM            NVARCHAR2(30),
  5            DATE_NAISSANCE    DATE,
  6            ADRESSE           T_ADRESSE
  7  )NOT INSTANTIABLE NOT FINAL;
  8  /

Type créé.

SQL> CREATE OR REPLACE TYPE      T_EMPLOYE
  2  UNDER T_PERSONNE
  3     (      NO_EMPLOYE        NUMBER(6),
  4            REND_COMPTE       NUMBER(6),
  5            FONCTION          VARCHAR2(30),
  6            SALAIRE           NUMBER(8,2),
  7            MEMBER FUNCTION revenu RETURN NUMBER,
  8            MEMBER FUNCTION InfoClasse RETURN VARCHAR2
  9  )NOT FINAL;
 10  /

Type créé.
```

```sql
SQL> CREATE OR REPLACE TYPE    T_MANAGER
  2  UNDER T_EMPLOYE
  3  (       DEPARTEMENT     NVARCHAR2(30),
  4          COMMISSION      NUMBER(8,2),
  5          OVERRIDING MEMBER FUNCTION revenu RETURN NUMBER,
  6          OVERRIDING MEMBER FUNCTION InfoClasse RETURN VARCHAR2
  7  ) NOT FINAL;
  8  /
```

Type créé.

```sql
SQL> CREATE OR REPLACE TYPE    T_DIRECTEUR
  2  UNDER T_MANAGER
  3  (       SITE            NVARCHAR2(30) ,
  4          OVERRIDING MEMBER FUNCTION InfoClasse RETURN VARCHAR2
  5  ) FINAL;
  6  /
```

Type créé.

```sql
SQL> CREATE OR REPLACE TYPE BODY T_EMPLOYE
  2  AS
  3      MEMBER FUNCTION revenu RETURN NUMBER IS
  4      BEGIN
  5          RETURN NVL(SALAIRE,0);
  6      END revenu;
  7      MEMBER FUNCTION InfoClasse RETURN VARCHAR2 IS
  8      BEGIN
  9          RETURN 'Le type est T_EMPLOYE';
 10      END InfoClasse;
 11  END;
 12  /
```

Corps de type créé.

```sql
SQL> CREATE OR REPLACE TYPE BODY T_MANAGER
  2  AS
  3      OVERRIDING MEMBER FUNCTION revenu RETURN NUMBER IS
  4      BEGIN
  5        RETURN NVL(SALAIRE,0)+(NVL(SALAIRE,0)*NVL(COMMISSION,0));
  6      END revenu;
  7      OVERRIDING MEMBER FUNCTION InfoClasse RETURN VARCHAR2 IS
  8      BEGIN
  9          RETURN 'Le type est T_MANAGER';
 10      END InfoClasse;
 11  END;
 12  /
```

Corps de type créé.

```sql
SQL> CREATE OR REPLACE TYPE BODY T_DIRECTEUR
  2  AS
  3      OVERRIDING MEMBER FUNCTION InfoClasse RETURN VARCHAR2 IS
  4      BEGIN
```

```
    5        RETURN 'Le type est T_DIRECTEUR';
    6      END InfoClasse;
    7  END;
    8  /
```
Corps de type créé.

Chaque fois qu'une méthode de l'ancêtre doit être surchargée dans un des enfants, la directive « **OVERRIDING** » précède la déclaration de la méthode. Autrement tout type objet hérite des méthodes de ses ancêtres sans aucune autre précision.

```
SQL> DECLARE
  2    TYPE t_emp IS TABLE OF T_EMPLOYE INDEX BY BINARY_INTEGER;
  3    employes t_emp;
  4  BEGIN
  5    employes(1) := T_EMPLOYE('BIZOÏ','Razvan','03/02/1965',
  6                    T_ADRESSE('44, rue Mélanie','Strasbourg',
  7                    67200,'FRANCE'), 1, 1, 'Consultant',2000);
  8
  9    employes(2) := T_MANAGER('DULUC','Isabelle','03/02/1965',
 10                    T_ADRESSE('44, rue Mélanie','Strasbourg',
 11                    67200,'FRANCE'), 1, 1, 'Consultant',2000,
 12                    'Formation', 3.5);
 13    employes(3) := T_DIRECTEUR('FABER','Pierre','03/02/1965',
 14                    T_ADRESSE('44, rue Mélanie','Strasbourg',
 15                    67200,'FRANCE'), 1, 1, 'Consultant',4000,
 16                    'Formation', 3.5,'Strasbourg');
 17    FOR indx IN 1..3 LOOP
 18      DBMS_OUTPUT.put_line ( employes(indx).InfoClasse||
 19         ' Revenue de '||employes(indx).NOM||' '||
 20         employes(indx).PRENOM||' = '|| employes(indx).revenu);
 21    END LOOP;
 22  END;
 23  /
Le type est T_EMPLOYE Revenue de BIZOÏ Razvan = 2000
Le type est T_MANAGER Revenue de DULUC Isabelle = 9000
Le type est T_DIRECTEUR Revenue de FABER Pierre = 18000

Procédure PL/SQL terminée avec succès.
```

Les trois instances des objets de type T_EMPLOYE, T_MANAGER, et T_DIRECTEUR sont stockés dans le tableau des objets de type T_EMPLOYE. Chaque instance garde toutes les informations concernant son type d'origine, ainsi à l'exécution la méthode InfoClasse, chaque instance retourne son propre type. Egalement pour le calcul des revenus de l'employé, manager ou directeur, chaque instance exécute sa propre méthode de calcul du revenu.

Les tableaux imbriqués

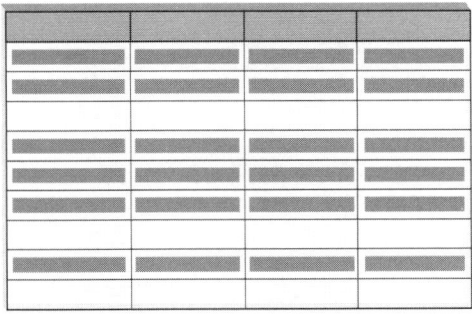

Les tableaux imbriqués sont des collections non ordonnées et qui ne sont pas limitées en taille. Ils sont disponibles en PL/SQL et ils peuvent également être stockés dans les tables de base de données donc manipulés directement à l'aide de SQL.

Vous pouvez déclarer un type de tableau imbriqué en utilisant la syntaxe suivante :

TYPE NOM_TYPE IS TABLE OF ELEMENT_TYPE [NOT NULL];

La seule différence syntaxique entre les tableaux associatifs et les tableaux imbriqués est la présence ou l'absence de clause « **INDEX BY** ... ». Si cette clause n'est pas présente, alors le type est un type de tableau imbriqué. Si cette clause est présente, alors le type est un type de tableau associatif.

Lorsqu'un tableau imbriqué est déclaré mais ne contient encore aucun élément, il est initialisé pour être automatiquement « **NULL** », comme un type d'objet.

Aussi, pour initialiser un tableau imbriqué, il faut utiliser le constructeur. Tout comme un constructeur de type d'objet, le constructeur d'une table imbriquée a le même nom que le type de la table.

```
SQL> DECLARE
  2    TYPE t_num IS TABLE OF NUMBER;
  3    num t_num;
  4  BEGIN
  5    num(1) := 1;
  6  END;
  7  /
DECLARE
*
ERREUR à la ligne 1 :
```

Module 10 : L'approche objet

```
ORA-06531: Référence à un ensemble non initialisé
ORA-06512: à ligne 5

SQL> DECLARE
  2    TYPE t_num IS TABLE OF NUMBER;
  3    num t_num:= t_num(1, -2, 256);
  4  BEGIN
  5    num(1) := 256;
  6  END;
  7  /

Procédure PL/SQL terminée avec succès.
```

> **Attention**
>
> S'il s'agit d'un tableau imbriqué avec des éléments de type objet, il est obligatoire, pour ajouter un élément, d'utiliser le constructeur du type de l'élément.
>
> Il est également possible d'affecter un élément dès la déclaration de la variable tableau, utilisant le constructeur du tableau avec un nombre d'arguments qui correspond à celui du constructeur des éléments du tableau.

```
SQL> DECLARE
  2     TYPE t_employes IS TABLE OF T_EMPLOYE;
  3     employes t_employes  := t_employes (
  4         T_EMPLOYE( 'BIZOÏ', 'Razvan',
  5         '03/02/1965', T_ADRESSE('44, rue Mélanie',
  6         'Strasbourg',67200,'FRANCE'), 1, 1, 'Consultant',2000),
  7         T_MANAGER( 'DULUC', 'Isabelle',
  8         '03/02/1965', T_ADRESSE('44, rue Mélanie',
  9         'Strasbourg',67200,'FRANCE'), 1, 1, 'Consultant',2000,
 10         'Formation', 3.5),
 11         T_DIRECTEUR( 'FABER', 'Pierre',
 12         '03/02/1965', T_ADRESSE('44, rue Mélanie',
 13         'Strasbourg',67200,'FRANCE'), 1, 1, 'Consultant',4000,
 14         'Formation', 3.5,'Strasbourg'));
 15  BEGIN
 16    FOR indx IN employes.FIRST .. employes.LAST
 17    LOOP
 18       DBMS_OUTPUT.put_line ( employes(indx).InfoClasse||
 19         ' Revenue de '||employes(indx).NOM||' '||
 20         employes(indx).PRENOM||' = '|| employes(indx).revenu);
 21    END LOOP;
 22  END;
 23  /
Le type est T_EMPLOYE Revenue de BIZOÏ Razvan = 2000
Le type est T_MANAGER Revenue de DULUC Isabelle = 9000
Le type est T_DIRECTEUR Revenue de FABER Pierre = 18000

Procédure PL/SQL terminée avec succès.

SQL> DECLARE
  2     TYPE t_adreses IS TABLE OF T_ADRESSE;
```

```
  3      adreses t_adreses ;
  4  BEGIN
  5      adreses := t_adreses (
  6      T_ADRESSE('44, rue Mélanie','Strasbourg',67200,'FRANCE'),
  7      T_ADRESSE('14, rue Claudel','Strasbourg',67000,'FRANCE'));
  8      FOR indx IN adreses.FIRST .. adreses.LAST
  9      LOOP
 10         dbms_output.put_line ( adreses(indx).ADRESSE);
 11      END LOOP;
 12  END;
 13  /
44, rue Mélanie
14, rue Claudel

Procédure PL/SQL terminée avec succès.
```

Attention

Si vous utilisez deux fois de suite le constructeur du tableau avec un nombre d'arguments qui correspond à celui du constructeur des éléments du tableau, vous écrasez la liste des objets déjà existante.

Ainsi il faut tester si le tableau a été initialisé avant d'utiliser le constructeur dans un bloc PL/SQL.

```
SQL> DECLARE
  2      TYPE t_adreses IS TABLE OF T_ADRESSE;
  3      adreses t_adreses ;
  4  BEGIN
  5      adreses  := t_adreses (
  6      T_ADRESSE('44, rue Mélanie','Strasbourg',67200,'FRANCE'));
  7      adreses  := t_adreses (
  8      T_ADRESSE('14, rue Claudel','Strasbourg',67000,'FRANCE'));
  9      FOR indx IN adreses.FIRST .. adreses.LAST
 10      LOOP
 11         dbms_output.put_line ( adreses(indx).ADRESSE);
 12      END LOOP;
 13  END;
 14  /
14, rue Claudel

Procédure PL/SQL terminée avec succès.

SQL> DECLARE
  2      TYPE t_adreses IS TABLE OF T_ADRESSE;
  3      adreses t_adreses ;
  4  BEGIN
  5      adreses  := t_adreses (
  6      T_ADRESSE('44, rue Mélanie','Strasbourg',67200,'FRANCE'));
  7      if adreses IS NULL then
  8          adreses  := t_adreses ( T_ADRESSE('14, rue Claudel',
  9                                 'Strasbourg',67000,'FRANCE'));
 10      else
```

```
 11        adreses.EXTEND;
 12        adreses(adreses.LAST) := T_ADRESSE('14, rue Claudel',
 13                                 'Strasbourg',67000,'FRANCE');
 14    end if;
 15    FOR indx IN adreses.FIRST .. adreses.LAST
 16    LOOP
 17       dbms_output.put_line ( adreses(indx).ADRESSE);
 18    END LOOP;
 19  END;
 20  /
44, rue Mélanie
14, rue Claudel

Procédure PL/SQL terminée avec succès.
```

EXTEND

C'est une méthode utilisée pour ajouter des éléments à la fin d'un tableau imbriqué ou d'un tableau pré-dimensionné « **VARRAY** ». La syntaxe d'accès à la méthode « **EXTEND** » comporte trois formes :

EXTEND(nombre_elements := 1)

EXTEND(nombre_elements)

EXTEND(nombre_elements, element_copie)

nombre_elements   Le nombre d'éléments qu'il faut ajouter à la fin d'une collection.

element_copie   Le nombre d'éléments qu'il faut ajouter à la fin d'une collection.

```
SQL> DECLARE
  2     TYPE t_employes IS TABLE OF T_EMPLOYE;
  3     employes t_employes  := t_employes (
  4        T_EMPLOYE( 'BIZOÏ', 'Razvan',
  5        '03/02/1965', T_ADRESSE('44, rue Mélanie',
  6        'Strasbourg',67200,'FRANCE'), 1, 1, 'Consultant',2000),
  7        T_MANAGER( 'DULUC', 'Isabelle',
  8        '03/02/1965', T_ADRESSE('44, rue Mélanie',
  9        'Strasbourg',67200,'FRANCE'), 1, 1, 'Consultant',2000,
 10        'Formation', 3.5),
 11        T_DIRECTEUR( 'FABER', 'Pierre',
 12        '03/02/1965', T_ADRESSE('44, rue Mélanie',
 13        'Strasbourg',67200,'FRANCE'), 1, 1, 'Consultant',4000,
 14        'Formation', 3.5,'Strasbourg'));
 15  BEGIN
 16    employes.EXTEND;
 17    employes(employes.LAST) := T_EMPLOYE( 'DULUC','Vincent',
 18        '03/02/1965',T_ADRESSE('44, rue Mélanie','Strasbourg',
 19                  67200,'FRANCE'), 1, 1, 'Formateur',2000);
 20    employes.EXTEND(2,1);
 21    FOR indx IN
 22        employes.FIRST ..
 23        employes.LAST
 24    LOOP
 25       DBMS_OUTPUT.put_line ( employes(indx).InfoClasse||
```

```
26              ' Revenue de '||employes(indx).NOM||' '||
27             employes(indx).PRENOM||' = '|| employes(indx).revenu);
28      END LOOP;
29  END;
30  /
Le type est T_EMPLOYE Revenue de BIZOÏ Razvan = 2000
Le type est T_MANAGER Revenue de DULUC Isabelle = 9000
Le type est T_DIRECTEUR Revenue de FABER Pierre = 18000
Le type est T_EMPLOYE Revenue de DULUC Vincent = 2000
Le type est T_EMPLOYE Revenue de BIZOÏ Razvan = 2000
Le type est T_EMPLOYE Revenue de BIZOÏ Razvan = 2000

Procédure PL/SQL terminée avec succès.
```

Note

Les tableaux imbriqués se comportent comme une table de base de données ayant deux colonnes : la clé et la valeur. Les éléments peuvent être supprimés du milieu d'un tableau imbriqué, laissant un tableau inégalement rempli ayant comme les tableaux associatifs des clés non séquentielles, les tableaux imbriqués doivent néanmoins être créés avec des clés séquentielles.

NEXT et PRIOR

Les méthodes « **NEXT** » et « **PRIOR** » sont utilisées pour incrémenter et décrémenter la clé d'une collection avec la syntaxe suivante :

```
cle_suivante     := NEXT(element)
cle_precedente   := PRIOR(element)
element                     L'élément à partir duquel il faut ajouter, incrémenter ou
                            décrémenter la clé d'une collection.
```

Attention

La clé de l'élément suivant ou précédent est retournée à partir de l'élément fourni en argument. S'il n'existe pas l'élément prochain ou l'élément précédent, les méthodes « **NEXT** » ou « **PRIOR** » retourneront « **NULL** ».

```
SQL> DECLARE
...
15      v_indx INTEGER;
16  BEGIN
...
23      v_indx := employes.FIRST;
24      WHILE v_indx <= employes.LAST
25      LOOP
26          DBMS_OUTPUT.put_line ( employes(v_indx).InfoClasse||
27              ' Revenue de '||employes(v_indx).NOM||' '||
28              employes(v_indx).PRENOM||' = '||
29              employes(v_indx).revenu);
```

```
30          v_indx := employes.NEXT(v_indx);
31      END LOOP;
32  END;
33  /
Le type est T_EMPLOYE Revenue de BIZOÏ Razvan = 2000
Le type est T_MANAGER Revenue de DULUC Isabelle = 9000
Le type est T_DIRECTEUR Revenue de FABER Pierre = 18000
Le type est T_EMPLOYE Revenue de DULUC Vincent = 2000
Le type est T_EMPLOYE Revenue de BIZOÏ Razvan = 2000
Le type est T_EMPLOYE Revenue de BIZOÏ Razvan = 2000

Procédure PL/SQL terminée avec succès.
```

Stockage d'un type objet

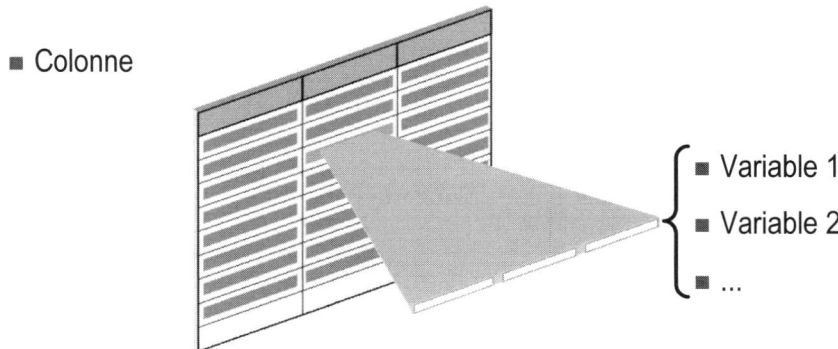

- Colonne
- Variable 1
- Variable 2
- ...

Dans un contexte de bases de données, un type abstrait de données peut être perçu comme :

- Une nouvelle gamme de colonnes définie par l'utilisateur qui enrichit celle existante. Les types peuvent se combiner entre eux pour en construire d'autres.
- Une structure de données partagée qui permet qu'un type puisse être utilisé par une ou plusieurs tables.

Un type abstrait de données peut être stocké dans une table de deux manières :

- Les objets colonne qui sont stockés en tant que colonne structurée dans une table relationnelle.
- Les objets enregistrements qui sont stockés en tant que ligne d'une table objet. À ce titre, ils possèdent un identificateur unique appelé **OID** (**O**bject **ID**entifier). Ces objets peuvent être indexés et partitionnés.

Vous pouvez créer une table relationnelle et stocker des types objets utilisateur dans une des ces colonnes.

La syntaxe de création d'une table relationnelle est la suivante :

```
CREATE TABLE [SCHEMA.]NOM_TABLE
( NOM TYPE_PERSO [DEFAULT EXPRESSION]
   [,...] )
...
```

```
SQL> CREATE OR REPLACE TYPE type_adresse
  2    IS OBJECT (
  3       NORUE            VARCHAR2(60),
  4       VILLE            VARCHAR2(15),
  5       CODE_POSTAL      VARCHAR2(10),
  6       PAYS             VARCHAR2(15))
  7  /

Type créé.
```

```
SQL> CREATE OR REPLACE TYPE type_personne
  2  IS OBJECT
  3  (
  4     NOM                VARCHAR2(20),
  5     PRENOM             VARCHAR2(10),
  6     DATE_NAISSANCE     DATE,
  9     adresse            type_adresse)
  7  /

Type créé.

SQL> CREATE TABLE EMPLOYES(
  2       NO_EMPLOYE       NUMBER(6)      ,
  3       EMPLOYE          type_personne,
  4       FONCTION         VARCHAR2(30)   ,
  5       DATE_EMBAUCHE    DATE           ,
  6       SALAIRE          NUMBER(8, 2) )
  7  /

Table créée.

SQL> INSERT INTO EMPLOYES
  2  VALUES ( 1, TYPE_PERSONNE( 'BIZOÏ','Razvan','10/12/1964',
  3              TYPE_ADRESSE('44,rue Mélanie','STRASBOURG',
  4                            '67000','FRANCE')),
  5         'Consultant Oracle',
  6          SYSDATE, 2000);

1 ligne créée.
```

Vous pouvez interroger la vue du dictionnaire de données « **DBA_TYPES** » pour récupérer les informations sur les types d'objets de votre base.

```
SQL> DESC DBA_TYPES
Nom                                        NULL ?    Type
------------------------------------------ --------- ---------------
OWNER                                                VARCHAR2(30)
TYPE_NAME                                  NOT NULL  VARCHAR2(30)
TYPE_OID                                   NOT NULL  RAW(16)
TYPECODE                                             VARCHAR2(30)
ATTRIBUTES                                           NUMBER
METHODS                                              NUMBER
PREDEFINED                                           VARCHAR2(3)
INCOMPLETE                                           VARCHAR2(3)
FINAL                                                VARCHAR2(3)
INSTANTIABLE                                         VARCHAR2(3)
SUPERTYPE_OWNER                                      VARCHAR2(30)
SUPERTYPE_NAME                                       VARCHAR2(30)
LOCAL_ATTRIBUTES                                     NUMBER
LOCAL_METHODS                                        NUMBER
TYPEID                                               RAW(16)

SQL> SELECT TYPE_NAME, ATTRIBUTES FROM DBA_TYPES
  2  WHERE TYPE_NAME LIKE 'TYPE%';
```

```
TYPE_NAME                          ATTRIBUTES
--------------------------------   ----------
TYPE_ADRESSE                                4
TYPE_PERSONNE                               4

SQL> DESC TYPE_ADRESSE
 Nom                                          NULL ?   Type
 -----------------------------------------    ------   ----------------
 NORUE                                                 VARCHAR2(60)
 VILLE                                                 VARCHAR2(15)
 CODE_POSTAL                                           VARCHAR2(10)
 PAYS                                                  VARCHAR2(15)

SQL> DESC TYPE_PERSONNE
 Nom                                          NULL ?   Type
 -----------------------------------------    ------   ----------------
 NOM                                                   VARCHAR2(20)
 PRENOM                                                VARCHAR2(10)
 DATE_NAISSANCE                                        DATE
 ADRESSE                                               TYPE_ADRESSE
```

Vous pouvez définir pour chaque colonne de type objet utilisateur une valeur par défaut.

```
SQL> CREATE OR REPLACE TYPE type_personne
  2  AS OBJECT
  3  (
  4     NOM                VARCHAR2(20),
  5     PRENOM             VARCHAR2(10),
  6     DATE_NAISSANCE     DATE,
  7  CONSTRUCTOR FUNCTION type_personne ( NOM  IN VARCHAR2,
  8                                       DATE_NAISSANCE IN DATE)
  9     RETURN SELF AS RESULT,
 10  CONSTRUCTOR FUNCTION type_personne ( NOM  IN VARCHAR2)
 11     RETURN SELF AS RESULT,
 12  MEMBER FUNCTION age_pers RETURN NUMBER)
 13  /

Type créé.

SQL> CREATE OR REPLACE TYPE BODY type_personne
  2  AS
  3     CONSTRUCTOR FUNCTION type_personne ( NOM  IN VARCHAR2,
  4                                          DATE_NAISSANCE IN DATE)
  5     RETURN SELF AS RESULT IS
  6     BEGIN
  7        SELF.NOM := NOM;
  8        SELF.DATE_NAISSANCE := DATE_NAISSANCE;
  9        RETURN;
 10     END;
 11     CONSTRUCTOR FUNCTION type_personne ( NOM  IN VARCHAR2)
 12        RETURN SELF AS RESULT IS
 13     BEGIN
 14        SELF.NOM := NOM;       RETURN;
```

```
15      END;
16      MEMBER FUNCTION age_pers RETURN NUMBER IS
17          age NUMBER(3);
18      BEGIN
19          age := trunc( ( sysdate - SELF.DATE_NAISSANCE) / 365);
20          RETURN age;
21      END age_pers;
22  END;
23  /
```

Corps de type créé.

```
SQL> CREATE TABLE EMPLOYES(
  2      NO_EMPLOYE              NUMBER(6)         ,
  3      EMPLOYE                 type_personne
  4          DEFAULT TYPE_PERSONNE( 'BIZOÏ','Razvan','10/12/1964'),
  5      FONCTION                VARCHAR2(30)  ,
  6      DATE_EMBAUCHE           DATE              ,
  7      SALAIRE                 NUMBER(8, 2) )
  8  /
```

Table créée.

```
SQL> INSERT INTO EMPLOYES
  2    ( NO_EMPLOYE, FONCTION, DATE_EMBAUCHE, SALAIRE)
  3       VALUES ( 1,'Consultant Oracle',SYSDATE, 2000);
```

1 ligne créée.

```
SQL> DESC TYPE_PERSONNE
 Nom                                    NULL ?   Type
 -------------------------------------- -------- ---------------------
 NOM                                             VARCHAR2(20)
 PRENOM                                          VARCHAR2(10)
 DATE_NAISSANCE                                  DATE

METHOD
------
 FINAL CONSTRUCTOR FUNCTION TYPE_PERSONNE RETURNS SELF AS RESULT
 Nom d'argument                 Type                    E/S par défaut ?
 ------------------------------ ----------------------- ------ --------
 NOM                            VARCHAR2                IN
 DATE_NAISSANCE                 DATE                    IN

METHOD
------
 FINAL CONSTRUCTOR FUNCTION TYPE_PERSONNE RETURNS SELF AS RESULT
 Nom d'argument                 Type                    E/S par défaut ?
 ------------------------------ ----------------------- ------ --------
 NOM                            VARCHAR2                IN

METHOD
------
 MEMBER FUNCTION AGE_PERS RETURNS NUMBER
```

Module 10 : L'approche objet

Attention

Pour accéder aux attributs des objets dans une instruction SQL, il est obligatoire d'utiliser un alias pour le nom de la table.

De même, pour accéder aux méthodes, il faut utiliser un alias pour le nom de la table et utiliser toujours les parenthèses même s'il s'agit d'une fonction sans aucun argument.

```
SQL> SELECT * FROM EMPLOYES;

NO_EMPLOYE
----------
EMPLOYE(NOM, PRENOM, DATE_NAISSANCE)
--------------------------------------------------------
FONCTION                        DATE_EMB   SALAIRE
------------------------------  --------   ----------
         1
TYPE_PERSONNE('BIZOÏ', 'Razvan', '10/12/64')
Consultant Oracle               07/07/06       2000

SQL> SELECT EMPLOYE.AGE_PERS() FROM EMPLOYES;
SELECT EMPLOYE.AGE_PERS() FROM EMPLOYES
       *
ERREUR à la ligne 1 :
ORA-00904: "EMPLOYE"."AGE_PERS" : identificateur non valide

SQL> SELECT EMP.EMPLOYE.AGE_PERS() FROM EMPLOYES EMP;

S.EMPLOYE.AGE_PERS()
--------------------
                  41

SQL> SELECT EMP.EMPLOYE.DATE_NAISSANCE FROM EMPLOYES EMP;

EMPLOYE.
--------
10/12/64
```

Table objet

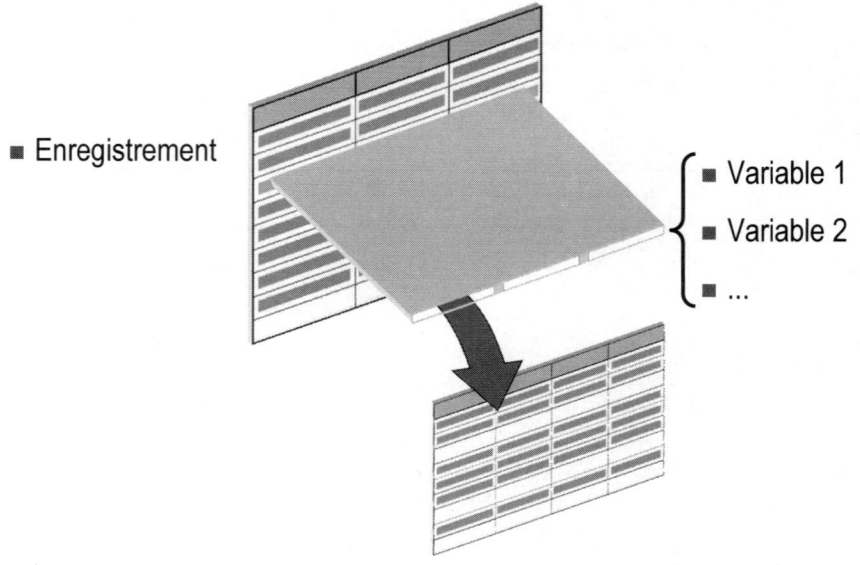

La méthode la plus simple de stocker des types objets est de créer une table qui reprend la description d'un objet ainsi chaque enregistrement est un objet de type respectif.

La syntaxe simplifiée de création d'une table relationnelle est la suivante :

```
CREATE TABLE [SCHEMA.]NOM_TABLE OF [SCHEMA.]NOM_TYPE
( NOM TYPE_PERSO [DEFAULT EXPRESSION]
  [,...] )
[OBJECT IDENTIFIER IS { SYSTEM GENERATED | PRIMARY KEY}]
NESTED TABLE NOM_TABLEAU STORE AS NOM_COLONNE[,...]
...
```

OBJECT IDENTIFIER	Indique la méthode de génération d'identifiant unique **OID** (**O**bject **ID**entifier).
SYSTEM GENERATED	Oracle prend en charge automatiquement la création d'un **OID** (**O**bject **ID**entifier) codé sur 16 bytes. C'est l'option par défaut.
PRIMARY KEY	Indique que l'identifiant unique **OID** (**O**bject **ID**entifier) est basé sur la clé primaire.

```
SQL> CREATE OR REPLACE TYPE type_personne
  2  AS OBJECT (
  3      NO_EMP           NUMBER(2),
  4      NOM              VARCHAR2(20),
  5      PRENOM           VARCHAR2(10),
  6      DATE_NAISSANCE   DATE,
  7  CONSTRUCTOR FUNCTION type_personne ( NO_EMP  NUMBER,
  8                                       NOM  IN VARCHAR2,
  9                                       DATE_NAISSANCE IN DATE)
 10      RETURN SELF AS RESULT,
 11  MEMBER FUNCTION age_pers RETURN NUMBER)
 12  /
```

Type créé.

```
SQL> CREATE OR REPLACE TYPE BODY type_personne
  2  AS
  3    CONSTRUCTOR FUNCTION type_personne ( NO_EMP   NUMBER,
  4                                         NOM   IN VARCHAR2,
  5                                         DATE_NAISSANCE IN DATE)
  6    RETURN SELF AS RESULT IS
  7    BEGIN
  8       SELF.NOM := NOM;
  9       SELF.DATE_NAISSANCE := DATE_NAISSANCE;
 10       RETURN;
 11    END;
 12    MEMBER FUNCTION age_pers RETURN NUMBER IS
 13       age NUMBER(3);
 14    BEGIN
 15       age := trunc( ( sysdate - SELF.DATE_NAISSANCE) / 365);
 16       RETURN age;
 17    END age_pers;
 18  END;
 19  /
```

Corps de type créé.

```
SQL> CREATE TABLE EMPLOYES OF type_personne ;
```

Table créée.

```
SQL> DESC EMPLOYES
Nom                                         NULL ?    Type
-----------------------------------------   --------  ---------------
NO_EMP                                                NUMBER(2)
NOM                                                   VARCHAR2(20)
PRENOM                                                VARCHAR2(10)
DATE_NAISSANCE                                        DATE

SQL> SELECT OBJECT_ID_TYPE, TABLE_TYPE_OWNER, TABLE_TYPE
  2  FROM DBA_OBJECT_TABLES
  3  WHERE TABLE_NAME LIKE 'EMPLOYES';

OBJECT_ID_TYPE      TABLE_TYPE_OWNER               TABLE_TYPE
----------------    ----------------------------   ---------------
SYSTEM GENERATED    STAGIAIRE                      TYPE_PERSONNE
```

Vous pouvez interroger la vue du dictionnaire de données « **DBA_OBJECT_TABLES** » pour récupérer les informations sur les tables objets.

Il est possible de définir une clé primaire pour gérer les enregistrements de la table. Pour plus de détails sur la syntaxe voir plus loin dans le module.

```
SQL> CREATE TABLE EMPLOYES OF type_personne
  2  (CONSTRAINT PK_EMPLOYE PRIMARY KEY (NO_EMP))
  3  OBJECT IDENTIFIER IS PRIMARY KEY;
```

Table créée.

```
SQL> SELECT OBJECT_ID_TYPE, TABLE_TYPE_OWNER, TABLE_TYPE
  2  FROM DBA_OBJECT_TABLES
  3  WHERE TABLE_NAME LIKE 'EMPLOYES';

OBJECT_ID_TYPE    TABLE_TYPE_OWNER                TABLE_TYPE
----------------  ------------------------------  --------------
USER-DEFINED      STAGIAIRE                       TYPE_PERSONNE

SQL> INSERT INTO EMPLOYES
  2  VALUES ( 1,'BIZOÏ','Razvan','10/12/1965');

1 ligne créée.

SQL> INSERT INTO EMPLOYES
  2  VALUES ( 1,'BIZOÏ','Razvan','10/12/1965');
INSERT INTO EMPLOYES
*
ERREUR à la ligne 1 :
ORA-00001: violation de contrainte unique (SYS.PK_EMPLOYE)

SQL> INSERT INTO EMPLOYES
  2  VALUES ( 2,'DULUC','Isabelle','10/12/1965');

1 ligne créée.
```

Si vous voulez insérer des objets qui contiennent des tableaux imbriqués il faut faire attention de prendre en compte la description de chaque tableau imbriqué pour indiquer l'alias de la colonne correspondante.

```
SQL> CREATE OR REPLACE TYPE T_ADRESSE IS OBJECT (
  2             ADRESSE            NVARCHAR2(60),
  3             VILLE              VARCHAR2(30));
  4  /

Type créé.

SQL> CREATE OR REPLACE TYPE T_LISTE_ADRESSES IS TABLE OF T_ADRESSE;
  2  /

Type créé.

SQL> CREATE OR REPLACE TYPE T_PERSONNE IS OBJECT(
  2             NOM                NVARCHAR2(40),
  3             PRENOM             NVARCHAR2(30),
  4             LISTE_ADRESSES     T_LISTE_ADRESSES)
  5  /

Type créé.

SQL> CREATE TABLE PERSONNE_OBJ OF T_PERSONNE
  2  NESTED TABLE LISTE_ADRESSES STORE AS ADRESSES;

Table créée.

SQL> DECLARE
```

```
 2    V_PERSONNE1 T_PERSONNE :=
 3           T_PERSONNE( 'BIZOÏ', 'Razvan',
 4             T_LISTE_ADRESSES(
 5               T_ADRESSE('44, rue Mélanie','Strasbourg'),
 6               T_ADRESSE('14, rue Claudel','Strasbourg')));
 7    V_PERSONNE2 T_PERSONNE;
 8  BEGIN
 9    V_PERSONNE2 :=
10           T_PERSONNE( 'DULUC','Isabelle',
11             T_LISTE_ADRESSES(
12               T_ADRESSE('44, rue Mélanie','Strasbourg'),
13               T_ADRESSE('14, rue Claudel','Strasbourg')));
14    INSERT INTO PERSONNE_OBJ VALUES   V_PERSONNE1;
15    INSERT INTO PERSONNE_OBJ VALUES   V_PERSONNE2;
16  END;
17  /
```

Procédure PL/SQL terminée avec succès.

SQL> **SELECT * FROM PERSONNE_OBJ;**

```
NOM
-----------------------------------------
PRENOM
-------------------------------
LISTE_ADRESSES(ADRESSE, VILLE)
----------------------------------------------------------------
BIZOÏ
Razvan
T_LISTE_ADRESSES(T_ADRESSE('44, rue Mélanie', 'Strasbourg'),
T_ADRESSE('14, rue Claudel', 'Strasbourg'))

DULUC
Isabelle

NOM
-----------------------------------------
PRENOM
-------------------------------
LISTE_ADRESSES(ADRESSE, VILLE)
----------------------------------------------------------------
T_LISTE_ADRESSES(T_ADRESSE('44, rue Mélanie', 'Strasbourg'),
T_ADRESSE('14, rue Claudel', 'Strasbourg'))
```

Opérateurs et prédicats

- VALUE
- REF
- DEREF
- DANGLING

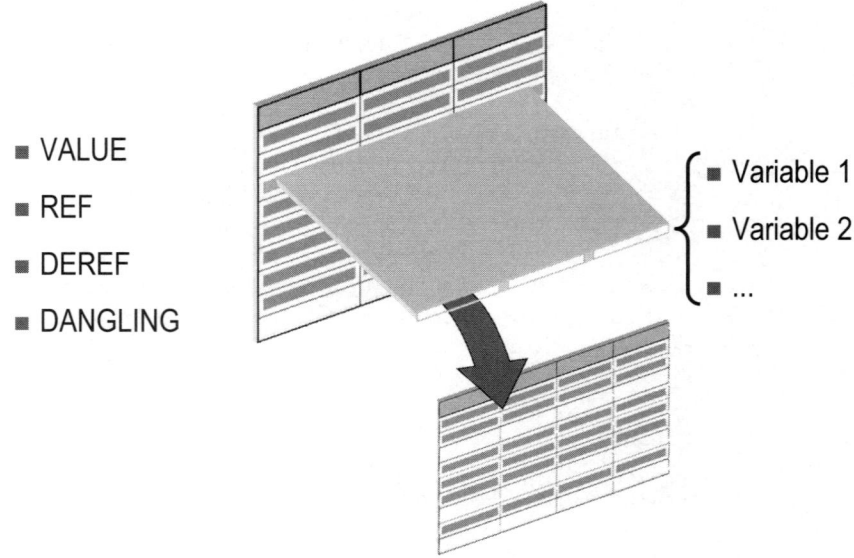

- Variable 1
- Variable 2
- ...

SQL définit des opérateurs qui peuvent manipuler les objets et les références d'objets. Notez bien que si tous ces opérateurs « **VALUE** », « **REF** », « **DEREF** » et « **IS DANGLING** » peuvent être spécifiés uniquement dans les instructions SQL, ils ne peuvent l'être dans des instructions PL/SQL.

VALUE

Vous pouvez utiliser la directive « **VALUE** » pour récupérer l'objet de l'enregistrement pour la table que représente l'argument de la directive. Attention il s'agit d'un alias de table.

```
SQL> SELECT VALUE(E), NOM, PRENOM FROM EMPLOYES E;

VALUE(E)(NO_EMP, NOM, PRENOM, DATE_NAISSANCE)
-------------------------------------------------
NOM                   PRENOM
--------------------  ----------
TYPE_PERSONNE(1, 'BIZOÏ', 'Razvan', '10/12/65')
BIZOÏ                 Razvan

TYPE_PERSONNE(2, 'DULUC', 'Isabelle', '10/12/65')
DULUC                 Isabelle
```

La directive « **VALUE** » peut être utilisée également dans la clause « **WHERE** » pour effectuer une comparaison avec la valeur de retour d'une sous-requête ou d'une variable PL/SQL

```
SQL> SELECT VALUE(E), NOM, PRENOM FROM EMPLOYES E
  2  WHERE VALUE(E) = ( SELECT VALUE(E1) FROM EMPLOYES E1
  3                     WHERE NO_EMP = 2);

VALUE(E)(NO_EMP, NOM, PRENOM, DATE_NAISSANCE)
-------------------------------------------------
```

```
NOM                  PRENOM
-------------------- ----------
TYPE_PERSONNE(2, 'DULUC', 'Isabelle', '10/12/65')
DULUC                Isabelle
```

REF

Vous pouvez utiliser la directive « **REF** » pour récupérer la référence de chaque objet stocké dans la table. Rappelez-vous que chaque enregistrement est une instance du type d'objet utilisé pour la création de la table. La référence d'un objet peut être utilisée pour des jointures entre les tables au même titre que les contraintes d'intégrités référentielles.

```
SQL> SELECT REF(E), NOM, PRENOM FROM EMPLOYES E;

REF(E)
-----------------------------------------------------------------
NOM                  PRENOM
-------------------- ----------
00004A038A004675B57AFAC9E24692A8576E9B2B92C84000000014260100010010
0290000000000090602002A00078401FE0000000A02C102000000000000000000
000000000000000000000
BIZOÏ                Razvan

00004A038A004675B57AFAC9E24692A8576E9B2B92C84000000014260100010010
0290000000000090602002A00078401FE0000000A02C103000000000000000000
000000000000000000000
DULUC                Isabelle
```

DEREF

La directive « **DEREF** » vous permet de retrouver l'objet de l'enregistrement pour la table correspondant à la référence donné comme argument.

```
SQL> DECLARE
  2      v_pers TYPE_PERSONNE;
  3  BEGIN
  4      SELECT DEREF(REF(EMP)) INTO v_pers FROM EMPLOYES EMP
  5      WHERE NO_EMP = 1;
  6      DBMS_OUTPUT.PUT_LINE(v_pers.NOM||' '||v_pers.PRENOM||' '||
  7                           v_pers.DATE_NAISSANCE);
  8  END;
  9  /
BIZOÏ Razvan 10/12/65

Procédure PL/SQL terminée avec succès.
```

IS DANGLING

Le prédicat « **IS DANGLING** » détermine si une référence d'objet pointe ou non vers un objet valide. Si l'objet sur lequel pointe une référence est supprimé, la référence est dite invalide puisqu'elle pointe désormais sur un objet non existant. Il est illicite de supprimer une référence invalide.

Rappelez vous les directives « **VALUE** », « **REF** », « **DEREF** » et le prédicat « **IS DANGLING** » peuvent être spécifiés uniquement dans les instructions SQL, ils ne peuvent l'être dans des instructions PL/SQL.

```
SQL> DECLARE
  2      v_pers TYPE_PERSONNE;
  3  BEGIN
  4      SELECT REF(EMP) INTO v_ref FROM EMPLOYES EMP WHERE NO_EMP=1;
  5      DELETE FROM EMPLOYES WHERE NO_EMP = 1;
  6      IF v_ref IS DANGLING THEN
  7          DBMS_OUTPUT.PUT_LINE('1');
  8      ELSE
  9          DBMS_OUTPUT.PUT_LINE('2');
 10      END if;
 11  END;
 12  /
    IF v_ref IS DANGLING THEN
        *
ERREUR à la ligne 6 :
ORA-06550: Ligne 6, colonne 7 :
PLS-00204: fonction ou pseudo-colonne 'IS DANGLING' peut être
utilisée uniquement dans instruction SQL

SQL> DECLARE
  2      v_ref REF TYPE_PERSONNE;
  3      v_result   VARCHAR2(50);
  4  BEGIN
  5      SELECT REF(EMP) INTO v_ref FROM EMPLOYES EMP WHERE NO_EMP=1;
  6      DELETE FROM EMPLOYES WHERE NO_EMP = 1;
  7      SELECT 'Référence est supprimé' INTO v_result FROM DUAL
  8      WHERE v_ref IS DANGLING;
  9      DBMS_OUTPUT.PUT_LINE(v_result);
 10  END;
 11  /
Référence est supprimé

Procédure PL/SQL terminée avec succès.
```

Atelier

- Les types d'objet
- Le stockage de types d'objet

 Durée : 60 minutes

Questions

10-1. Quels sont les déclencheurs qui peuvent être compilés ?

    A. CREATE OR REPLACE TYPE T1 IS OBJECT
       (a1 CLIENTS.TELEPHONE%TYPE, a2 VARCHAR2(24));

    B. CREATE OR REPLACE TYPE T1 IS OBJECT
       (a1 NUMBER(1), a2 ROWID);

    C. CREATE OR REPLACE TYPE T1 IS OBJECT
       (a1 NUMBER(1));

    D. CREATE OR REPLACE TYPE T1 IS OBJECT
       (a1 LONG, a2 VARCHAR2(24));

    E. CREATE OR REPLACE TYPE T1 IS OBJECT
       (a1 NUMBER(1), a2 BOOLEAN);

    F. CREATE OR REPLACE TYPE T1 IS OBJECT
       (a1 NUMBER(1), a2 VARCHAR2(24));

```
SQL> CREATE OR REPLACE TYPE T1 IS OBJECT
  2  ( a1 NUMBER(1), a2 NUMBER(1),
  3    CONSTRUCTOR FUNCTION T1( a1 NUMBER) RETURN SELF AS RESULT,
  4    MEMBER PROCEDURE m1);
  5  /

Type créé.

SQL> CREATE OR REPLACE TYPE BODY T1
  2  AS
  3    CONSTRUCTOR FUNCTION T1( a1 NUMBER) RETURN SELF AS RESULT IS
  4    BEGIN
  5        SELF.a1 := a1;SELF.a2 := a2; RETURN;
```

Module 10 : L'approche objet

```
 6      END T1;
 7
 8      MEMBER PROCEDURE m1 IS
 9      BEGIN
10        dbms_output.put_line('Objet T1 a1 :'||a1||' a2 :'||a2);
11      END m1;
12    END;
13    /
```

Corps de type créé.

10-2. Pour l'objet T1 créé avec la syntaxe précédente, quels sont les blocs qui peuvent être compilés ?

A. DECLARE v1 T1; BEGIN v1.a1 := 1; v1.m1;END;

B. DECLARE v1 T1; BEGIN v1.m1; END;

C. DECLARE v1 T1 := T1(1,2); BEGIN v1.m1;END;

D. DECLARE v1 T1 := T1(1); BEGIN v1.m1;END;

E. DECLARE v1 T1; BEGIN v1 := T1(1,2);v1.m1;END;

F. DECLARE v1 T1; BEGIN v1 := T1(1);v1.m1;END;

G. DECLARE v1 T1; BEGIN v1 := T1(1,2,3);v1.m1;END;

10-3. Pour les mêmes choix que la question précédente, quels sont les blocs qui affichent la chaîne suivante 'Objet T1 a1 :1 a2 :1' ?

10-4. Pour les mêmes choix que la question précédente, quels sont les blocs qui affichent la chaîne suivante 'Objet T1 a1 :1 a2 :2' ?

Exercice n°1   Les types d'objet

Créez un type 'DetCommObj' qui reprend à partir de la description de la table DETAILS_COMMANDES les colonnes suivantes :

- REF_PRODUIT
- PRIX_UNITAIRE
- QUANTITE
- REMISE

Créez un type de tableau imbriqué 't_DetCommObj' qui stocke des objets de type 'DetCommObj'.

Créez un objet 'CommandeObj' qui reprend la description complète de la table COMMANDES. L'objet doit contenir également un attribut de type tableau imbriqué 't_DetCommObj'.

Créer un constructeur 'CommandeObj' pour permettre l'initialisation de l'objet uniquement avec les informations sur le numéro de commande, code client et numéro de l'employé. La date de la commande si elle n'est pas renseignée est la date du jour. Pour la date de l'envoi et les frais de port, il faut donner la possibilité de les renseigner si non les deux auront la valeur « **NULL** ».

Créez une méthode 'AjoutDeProduit' qui insère un détail de commande dans le tableau imbriqué.

Créez une méthode `MontantCommande` qui renvoie le montant de la commande.

Créez une méthode `EnvoisDeCommande` qui effectue la modification des unités en stock et des unités commandées, retirez des unités en stocks toutes les quantités de produits de la commande. S'il n'y a pas assez d'unités en stock, commandez la différence, en modifiant la valeur des unités commandées.

Pour finir, créez une méthode `AfficheCommande` qui effectue l'affichage de l'ensemble des informations stockées dans l'objet.

Exercice n°2   Le stockage de types d'objet

Pour pouvoir stocker des enregistrements de type `CommandeObj` dans une table, vous devez créer la méthode « **MAP** » qui retourne la clé de la commande en occurrence NO_COMMANDE.

Créez une table `TCommandeObj` qui reprend entièrement la description de l'objet, n'oubliez pas de mentionner l'alias pour le tableau imbriqué et la clé primaire qui reprend la colonne NO_COMMANDE.

Ecrivez un bloc PL/SQL qui permet de lire tous les enregistrements des tables COMMANDES et DETAIL_COMMANDES et les insère dans la nouvelle table `TCommandeObj`.

- *DBMS_OUTPUT*
- *DBMS_JOB*
- *DBMS_METADATA*
- *UTL_FILE*

11

Les packages intégrés

Objectifs

A la fin de ce module, vous serez à même d'effectuer les tâches suivantes :
- Envoyer des informations entre les blocs de la même session.
- Paramétrer le tampon de SQL*Plus.
- Créer des fichiers physiques sur le serveur lire et écrire dedans.
- Lancer des travaux pour une exécution répétitive.
- Récupérer les descriptions des objets de la base en SQL ou XML.

Contenu

Les packages intégrés	Entrées et Sorties
DBMS_OUTPUT	DBMS_JOB
Objet Répertoire	DBMS_METADATA
Ouverture et fermeture de fichiers	Atelier

Les packages intégrés

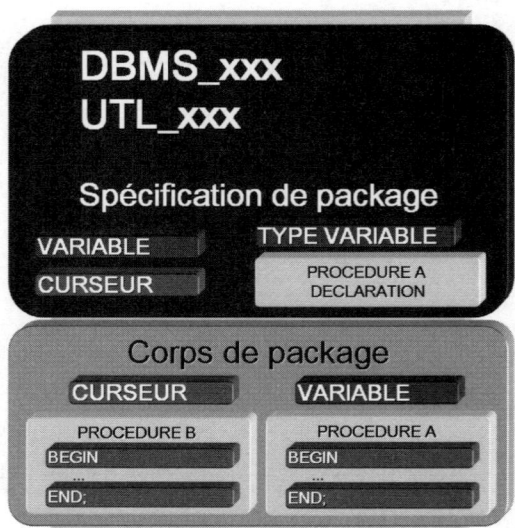

Les bases de données Oracle sont livrées avec des packages spécifiques qui les aident à construire des applications. Il permet d'afficher ou de transmettre des informations entre les programmes, de réaliser des opérations telles que soumettre des travaux, lire et écrire dans des fichiers du système d'exploitation ou encore créer des tables ou des utilisateurs de vos bases de données.

Tous les packages intégrés appartiennent à l'utilisateur de base de données « **SYS** ». Des synonymes publics ont toutefois été définis pour chacun d'eux, signifiant qu'ils peuvent être appelés sans qu'il soit nécessaire de préfixer leur nom avec « **SYS** ». La permission « **EXECUTE** » sur les packages est nécessaire aux utilisateurs autres que « **SYS** » pour pouvoir appeler les procédures et fonctions qu'ils contiennent.

Les packages fournis par Oracle permettent de tirer directement avantage de leurs fonctionnalités lorsque l'on crée des applications, ou bien de s'en inspirer afin de créer nos propres procédures stockées. On rencontre trop souvent le cas d'applications complexes qui ne font que reconstruire des fonctions déjà présentes en standard dans ces packages.

Chacun des packages est décrit dans les sections suivantes, avec pour certains une présentation de leurs procédures et fonctions.

DBMS_OUTPUT

- ENABLE
- DISABLE
- PUT
- PUT_LINE
- NEW_LINE
- GET_LINE
- GET_LINES

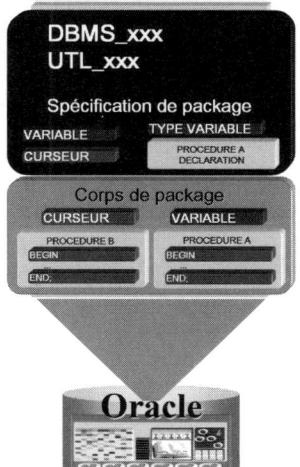

Le package « **DBMS_OUTPUT** » gère les entrées et les sorties de blocs ou sous-programmes PL/SQL. On a utilisé ce package pour l'instant pour les affichages mais il ne contient pas de réel mécanisme de sortie, il se contente d'implémenter une structure de données du type premier entré, premier sorti. Rappelez-vous : la commande « **SET SERVEROUTPUT ON** » de SQL*Plus configure le tampon interne. Un grand nombre de produits tiers, parmi lesquels figurent les outils de développement, sont dotés d'une option dont le rôle est de permettre l'affichage des données issues de « **DBMS_OUTPUT** ». SQL*Plus utilise cette option pour afficher automatiquement le tampon interne lorsque le traitement d'un bloc PL/SQL se termine.

Le package « **DBMS_OUTPUT** » peut être « **EXECUTE** » par n'importe quel utilisateur Oracle.

ENABLE et DISABLE

La méthode « **ENABLE** » permet de configurer le tampon interne. La méthode « **DISABLE** » provoque la purge du contenu du tampon.

La syntaxe d'appel de ces méthodes est :

```
DBMS_OUTPUT.ENABLE( taille_tampon);
DBMS_OUTPUT.DISABLE;
```

taille_tampon   La taille initiale du tampon interne. Par défaut, elle est de 20 000 bytes et elle n'a pas de limite. La taille maximale d'une ligne dans le tampon est limitée à 32 767 bytes.

```
SQL> SET SERVEROUTPUT OFF
SQL> BEGIN
  2    DBMS_OUTPUT.PUT_LINE( ' Vous ne verrez pas cette ligne !');
  3    DBMS_OUTPUT.DISABLE;
  4    DBMS_OUTPUT.ENABLE;
  5    DBMS_OUTPUT.PUT_LINE( ' Vous verrez cette ligne !');
```

```
      6  END;
      7  /

Procédure PL/SQL terminée avec succès.

SQL> SET SERVEROUTPUT ON
SQL> /
Vous verrez cette ligne !

Procédure PL/SQL terminée avec succès.

SQL> SET SERVEROUTPUT OFF
SQL> BEGIN
     2      DBMS_OUTPUT.ENABLE;
     3  END;
     4  /

Procédure PL/SQL terminée avec succès.

SQL> BEGIN
     2      DBMS_OUTPUT.PUT_LINE( ' Vous verrez cette ligne !');
     3  END;
     4  /

Procédure PL/SQL terminée avec succès.

SQL> /

Procédure PL/SQL terminée avec succès.

SQL> /

Procédure PL/SQL terminée avec succès.

SQL> SET SERVEROUTPUT ON
SQL> /
Vous verrez cette ligne !
Vous verrez cette ligne !
Vous verrez cette ligne !
Vous verrez cette ligne !

Procédure PL/SQL terminée avec succès.
```

Chaque fois que le paramètre « **SET SERVEROUTPUT** » est activé, SQL*Plus affiche automatiquement le tampon interne lorsque le traitement d'un bloc PL/SQL se termine. Si le paramètre « **SET SERVEROUTPUT** » est désactivé, SQL*Plus n'affiche plus les informations du tampon interne lorsque le traitement d'un bloc PL/SQL se termine, mais ils ne sont pas pour autant perdus.

PUT, PUT_LINE et NEW_LINE

Les méthodes « **PUT** » et « **PUT_LINE** » permettent de placer leurs arguments dans le tampon interne. La méthode « **PUT_LINE** » ajoute un caractère « **NEW_LINE** » après son argument, indiquant la fin de la ligne. Le tampon est organisé en lignes dont chacune peut comprendre un nombre maximal de 32 767 bytes. La méthode « **NEW_LINE** » place un caractère de nouvelle ligne dans le tampon, signalant la fin de la ligne.

Les arguments de « **PUT** » et « **PUT_LINE** » sont des types « **VARCHAR2** » ou « **NUMBER** ». Attention le type « **NUMBER** » est obsolète dans les versions suivantes.

GET_LINE

La méthode « **GET_LINE** » permet d'extraire une ligne à partir du tampon interne. La syntaxe d'appel de cette méthode est :

DBMS_OUTPUT.GET_LINE(ligne, état);

`ligne`	L'argument servant au retour d'une ligne du tampon. La taille maximum d'une ligne dans le tampon est limitée à 32 767 bytes. Il faut prendre soin que la variable de type « **VARCHAR2** » ait une taille suffisante pour recevoir la ligne.
`état`	L'état indique la bonne récupération de la ligne. En cas de récupération de la ligne, état est égal à 0 ; il prend la valeur 1 lorsqu'il ne reste plus de lignes dans le tampon.

GET_LINES

La méthode « **GET_LINES** » permet d'extraire toutes les lignes à partir du tampon interne. La syntaxe d'appel de cette méthode est :

DBMS_OUTPUT.GET_LINE(lignes, nombre_lignes);

`lignes`	Un tableau des chaînes de caractères pour recevoir les lignes du tampon. Vous pouvez utiliser le type prédéfinit « **DBMSOUTPUT_LINESARRAY** » spécialement livré par Oracle.
`nombre_lignes`	C'est un argument de type « **IN OUT** ». L'argument indique le nombre de lignes qui doit être récupéré du tampon. Il retourne le nombre de lignes récupéré.

```
SQL> SET SERVEROUTPUT OFF
SQL> DESC DBMSOUTPUT_LINESARRAY
 DBMSOUTPUT_LINESARRAY VARRAY(2147483647) OF VARCHAR2(32767)

SQL> BEGIN
  2      DBMS_OUTPUT.ENABLE;
  3      for i in 1..10
  4      loop
  5          DBMS_OUTPUT.PUT(i);
  6      end loop;
  7      DBMS_OUTPUT.NEW_LINE;
  8
  9      for i in 1..10
 10      loop
 11          DBMS_OUTPUT.PUT_LINE( ' Vous verrez cette ligne !');
 12      end loop;
 13  END;
```

Module 11 : Les packages intégrés

```
 14  /

Procédure PL/SQL terminée avec succès.

SQL> DECLARE
  2     lignes DBMSOUTPUT_LINESARRAY;
  3     nombre NUMBER := 11;
  4  BEGIN
  5     DBMS_OUTPUT.GET_LINES( lignes, nombre);
  6     DBMS_OUTPUT.DISABLE;
  7     DBMS_OUTPUT.ENABLE;
  8     for i in 1..nombre
  9     loop
 10        DBMS_OUTPUT.PUT_LINE( 'Lingne '||i||' :'||lignes(i));
 11      end loop;
 12  END;
 13  /

Procédure PL/SQL terminée avec succès.

SQL> SET SERVEROUTPUT ON
SQL> BEGIN
  2     NULL;
  3  END;
  4  /
Lingne 1 :12345678910
Lingne 2 : Vous verrez cette ligne !
Lingne 3 : Vous verrez cette ligne !
Lingne 4 : Vous verrez cette ligne !
Lingne 5 : Vous verrez cette ligne !
Lingne 6 : Vous verrez cette ligne !
Lingne 7 : Vous verrez cette ligne !
Lingne 8 : Vous verrez cette ligne !
Lingne 9 : Vous verrez cette ligne !
Lingne 10 : Vous verrez cette ligne !
Lingne 11 : Vous verrez cette ligne !
```

Note

Le bloc final montre le fonctionnement de SQL*Plus, chaque fois que le paramètre « **SET SERVEROUTPUT** » est activé, il affiche automatiquement le tampon interne lorsque le traitement d'un bloc PL/SQL se termine.

Attention si le « **SET SERVEROUTPUT** » est activé, on ne peut pas passer des informations entre plusieurs blocs comme dans l'exemple précédent.

Objet Répertoire

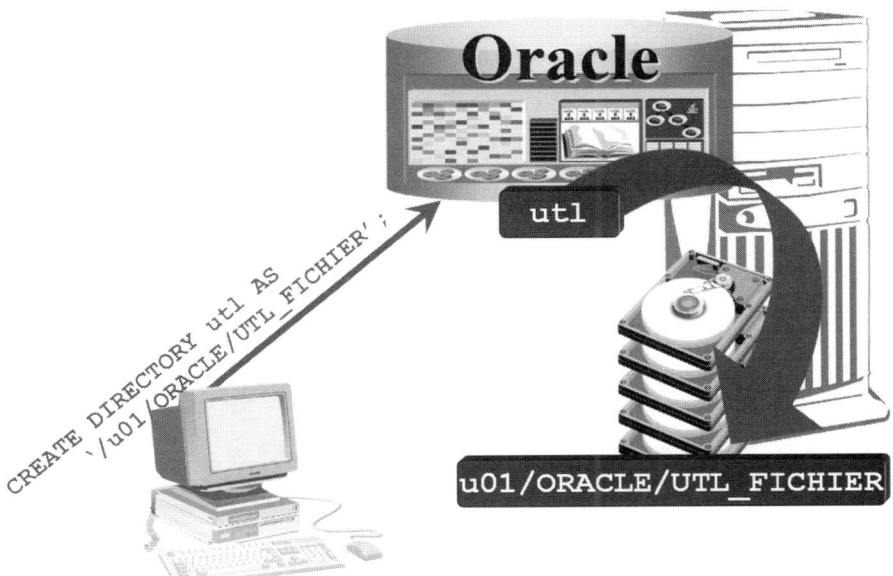

Les objets répertoire permettent d'interfacer l'outil de programmation avec le système d'exploitation pour toutes les opérations de lecture écriture dans les fichiers. Un objet répertoire spécifie un alias pour un répertoire sur le système de fichiers du serveur. Vous pouvez utiliser des noms de répertoires pour vous référer à des fichiers dans votre code PL/SQL.

Tous les répertoires sont créés dans un seul espace de nom, et n'appartiennent à aucun schéma individuel. Lorsque vous créez un répertoire, vous recevez automatiquement les privilèges d'objet « **READ** » et « **WRITE** » sur cet objet et pouvez assigner ce privilège à d'autres utilisateurs et rôles.

Oracle ne vérifie pas si le répertoire que vous spécifiez existe réellement. Par conséquent, veillez à spécifier un répertoire valide sur votre système d'exploitation.

Vous pouvez créer un objet de type répertoire à l'aide de la syntaxe suivante :

CREATE DIRECTORY nom_repertoire AS repertoire;

nom_repertoire   Le nom de l'objet répertoire.

repertoire   Une constante chaîne de caractère qui représente un répertoire physique sur un des disques de la machine qui héberge la base. La description du répertoire doit être conforme au système d'exploitation du serveur et elle doit être une description complète.

```
SQL> CREATE DIRECTORY utl_exemple AS 'D:\UTL_FILE_FICHIERS';

Répertoire créé.

SQL> GRANT READ,WRITE ON DIRECTORY utl_exemple TO PUBLIC;

Autorisation de privilèges (GRANT) acceptée.
```

Ouverture et fermeture de fichiers

UTL_FILE

- FOPEN
- IS_OPEN
- FCLOSE
- FCLOSE_ALL

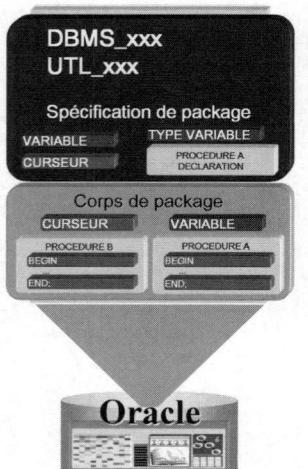

Le package « **UTL_FILE** » permet de créer, lire et écrire dans des fichiers situés sur le serveur hébergeant la base. Il est alors aisé pour les clients distants de créer des fichiers contenant des données en provenance de la base ou encore de récupérer des informations situées dans des fichiers. Une autre utilisation possible consiste à insérer des balises HTML pour créer des pages Web incorporant des données de la base de données.

Dans les versions antérieures, vous pouvez utiliser le paramètre système « **UTL_FILE_DIR** » pour indiquer l'emplacement du répertoire dans lequel les fichiers sont manipulés. Dans la version Oracle 10g, il est plus simple et flexible de créer des objets de type répertoire pour définir ce répertoire.

FOPEN

La méthode ouvre « **FOPEN** », un fichier en vue d'opérations en entrée ou en sortie. Un fichier donné ne peut être ouvert que pour un type d'opération à la fois, entrée ou sortie. La syntaxe d'utilisation de cette méthode est :

```
var_fichier := UTL_FILE.FOPEN( nom_repertoire,nom_fichier
                    ,mode_ouverture, taille_ligne) ;
```

nom_repertoire	Le nom de l'objet répertoire.
nom_fichier	Le nom du fichier à ouvrir.
mode_ouverture	Le mode de l'ouverture du fichier, les valeurs acceptées sont :

'**r**' ou '**rb**' Le ficher est ouvert pour la lecture du texte,
'**w**' ou '**wb**' Le ficher est créé pour l'écriture du texte.
'**a**' ou '**ab**' Ajout de texte à la fin du fichier. Si le fichier n'existe pas alors il est créé comme en mode '**w**'. Le complément '**xb**' indique que le fichier est ouvert en mode binaire.

`taille_ligne`	Le nombre maximal des caractères pour chaque ligne, c'est une valeur de type « **BINARY_INTEGER** ».
`var_fichier`	Une variable de type « **UTL_FILE.FILE_TYPE** », utilisée dans PL/SQL pour identifier le fichier.

> **Note**
>
> Toutes les opérations de « **UTL_FILE** » requièrent l'emploi d'une variable de type « **UTL_FILE.FILE_TYPE** », utilisée dans PL/SQL pour identifier le fichier. Notez bien que toutes les variables de type « **UTL_FILE.FILE_TYPE** », sont retournées par la méthode « **FOPEN** » et passées comme arguments de type « **IN** » aux autres méthodes du package « **UTL_FILE** ».

« **FOPEN** » peut produire l'une de ces exceptions :

- « **INVALID_PATH** » Le répertoire ou le nom de fichier est non valide ou non accessible.
- « **INVALID_MODE** » Une chaîne non valide est spécifiée pour le mode d'ouverture du fichier.
- « **INVALID_OPERATION** » Le fichier n'a pu être ouvert comme demandé, les permissions de niveau système d'exploitation pouvant être mises en cause.
- « **INVALID_MAXLINESIZE** » La taille maximale de ligne spécifiée est trop grande ou trop petite.

FCLOSE

La méthode « **FCLOSE** » prend en charge la fermeture d'un fichier au terme des opérations de lecture ou d'écriture, libérant les ressources utilisées par « **UTL_FILE** ». L'unique argument est une variable de type « **UTL_FILE.FILE_TYPE** ». Toutes les modifications en suspens non encore écrites dans le fichier sont traitées avant sa fermeture.

FCLOSE_ALL

Cette méthode assure la fermeture de tous les fichiers ouverts et devrait servir de procédure de libération d'urgence lorsqu'un programme PL/SQL se termine par une exception.

IS_OPEN

Cette méthode est une fonction booléenne qui retourne « **TRUE** » si le fichier spécifié est ouvert, autrement elle retourne « **FALSE** ». L'unique argument est une variable de type « **UTL_FILE.FILE_TYPE** ».

```
SQL> CREATE OR REPLACE DIRECTORY utl_exemple
  2                          AS 'D:\UTL_FILE_FICHIERS';

Répertoire créé.

SQL> GRANT READ,WRITE ON DIRECTORY utl_exemple TO PUBLIC;

Autorisation de privilèges (GRANT) acceptée.
```

Module 11 : Les packages intégrés

```
SQL> HOST DIR D:\UTL_FILE_FICHIERS
 Le volume dans le lecteur D s'appelle D0101
 Le numéro de série du volume est 0050-009C

 Répertoire de D:\UTL_FILE_FICHIERS

08/07/2006  20:39    <REP>          .
08/07/2006  20:39    <REP>          ..
               0 fichier(s)                0 octets
               2 Rép(s)     7 619 846 144 octets libres

SQL> DECLARE
  2    v_nom_rep    VARCHAR2(255):= 'UTL_EXEMPLE';
  3    v_nom_fic    VARCHAR2(255):= 'F_EXEMPLE.TXT';
  4    v_fichier UTL_FILE.FILE_TYPE;
  5  BEGIN
  6    v_fichier := UTL_FILE.FOPEN( v_nom_rep, v_nom_fic,'W');
  7    if UTL_FILE.IS_OPEN(v_fichier) then
  8       UTL_FILE.FCLOSE(v_fichier);
  9    end if;
 10  END;
 11  /

Procédure PL/SQL terminée avec succès.

SQL> HOST DIR D:\UTL_FILE_FICHIERS
 Le volume dans le lecteur D s'appelle D0101
 Le numéro de série du volume est 0050-009C

 Répertoire de D:\UTL_FILE_FICHIERS

08/07/2006  20:39    <REP>          .
08/07/2006  20:39    <REP>          ..
08/07/2006  20:39                 0 F_EXEMPLE.TXT
               1 fichier(s)                0 octets
               2 Rép(s)     7 619 846 144 octets libres
```

Attention

N'utilisez pas pour l'appel de la méthode d'ouverture de fichier « **FOPEN** » pour le nom du répertoire ou le nom du fichier des constantes de chaîne de caractères, elles gèrent des erreurs d'interprétation.

Entrées et Sorties

UTL_FILE

- PUT
- PUT_LINE
- PUTF
- NEW_LINE
- FFLUSH
- GET_LINE

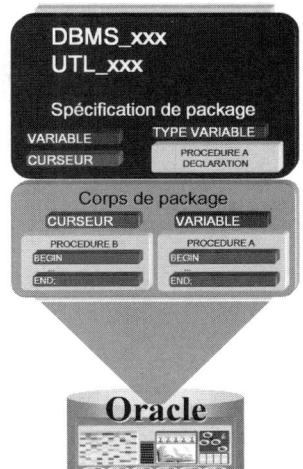

L'envoi de données en sortie dans un fichier peut être réalisé au moyen de cinq procédures avec un comportement très semblable à celui de leurs équivalents du package « **DBMS_OUTPUT** ». La taille maximale d'un enregistrement en sortie est comme pour le tampon limité à 32 767 bytes (à moins qu'une valeur différente soit spécifiée avec FOPEN).

PUT

Le rôle de la méthode « **PUT** » est d'envoyer la chaîne spécifiée vers le fichier spécifié dont l'ouverture devra avoir été effectuée en mode écriture `'w'`. Elle n'ajoute pas de caractère de changement de ligne dans le fichier.

```
UTL_FILE.PUT( var_fichier, tampon);
```

NEW_LINE

La méthode « **NEW_LINE** » écrit un ou plusieurs caractères de terminaison de ligne dans le fichier spécifié.

```
NEW_LINE( var_fichier, lignes);
```

`lignes`   Nombre de caractères de terminaison de ligne à générer en sortie. La valeur par défaut : 1, génère un seul caractère de changement de ligne.

PUT_LINE

Cette méthode envoie la chaîne spécifiée vers le fichier spécifié, dont l'ouverture doit avoir été effectuée en mode écriture `'w'`, et insère le caractère de changement de ligne spécifique à la plate-forme.

PUTF

La méthode « **PUTF** » est semblable à « **PUT** », à la différence qu'elle autorise le formatage de la chaîne en sortie.

UTL_FILE.PUTF(var_fichier, format, argument1[,…]) ;

lignes Une chaîne de formatage contenant du texte normal et pouvant contenir les séquences spéciales **'%s'** et **'\n'**.

argument1 Un ensemble de maximum cinq argument optionnels possibles. Chaque argument remplace la séquence de formatage **'%s'** correspondante. Si les séquences **'%s'** sont en plus grand nombre que les arguments, une chaîne vide remplacera chaque séquence de formatage à laquelle ne correspond aucun argument.

FFLUSH

Les données envoyées en sortie ne sont pas écrites directement, elles sont normalement placées dans un tampon. Lorsque ce dernier est plein, son contenu est alors directement écrit dans le fichier spécifié. La méthode « **FFLUSH** » permet de forcer l'écriture immédiate des données du tampon dans le fichier spécifié. La fermeture d'un fichier déclenche automatiquement l'écriture du tampon.

GET_LINE

Cette méthode est utilisée pour lire des données dans un fichier. Une ligne de texte est lue dans le fichier spécifié, puis retournée dans l'argument tampon, le caractère de changement de ligne n'étant pas inclus dans la chaîne de retour.

UTL_FILE.PUTF(var_fichier, tampon) ;

La lecture d'une ligne vide retournera une chaîne vide « **NULL** ». La lecture de la dernière ligne du fichier produit l'exception « **NO_DATA_FOUND** ».

```
SQL> SET SERVEROUTPUT ON
SQL> DECLARE
  2    v_nom_rep    VARCHAR2(255):= 'UTL_EXEMPLE';
  3    v_nom_fic    VARCHAR2(255):= 'F_EXEMPLE.TXT';
  4    v_tampon     VARCHAR2(32766);
  5    v_fichier UTL_FILE.FILE_TYPE;
  6  BEGIN
  7    v_fichier := UTL_FILE.FOPEN( v_nom_rep, v_nom_fic,'W');
  8    if UTL_FILE.IS_OPEN(v_fichier) then
  9      for r_emp in ( SELECT NOM, PRENOM, FONCTION FROM EMPLOYES)
 10      loop
 11       UTL_FILE.PUTF( v_fichier, 'L''employe %s %s est %s \n',
 12                     r_emp.NOM, r_emp.PRENOM, r_emp.FONCTION);
 13      end loop;
 14      for r_cat in( SELECT NOM_CATEGORIE FROM CATEGORIES)
 15      loop
 16       UTL_FILE.PUT_LINE( v_fichier, r_cat.NOM_CATEGORIE);
 17      end loop;
 18      UTL_FILE.FCLOSE(v_fichier);
 19    end if;
 20    BEGIN
```

```
21        v_fichier := UTL_FILE.FOPEN( v_nom_rep, v_nom_fic,'R');
22        if UTL_FILE.IS_OPEN(v_fichier) then
23          loop
24            UTL_FILE.GET_LINE(v_fichier, v_tampon);
25            DBMS_OUTPUT.PUT_LINE( v_tampon);
26          end loop;
27        end if;
28      EXCEPTION
29        WHEN NO_DATA_FOUND THEN
30          DBMS_OUTPUT.PUT_LINE( 'Fin du fichier.');
31          UTL_FILE.FCLOSE(v_fichier);
32      END;
33    END;
34    /
L'employe Callahan Laura est Assistante commerciale
L'employe Buchanan Steven est Chef des ventes
L'employe Peacock Margaret est Représentant(e)
L'employe Leverling Janet est Représentant(e)
L'employe Davolio Nancy est Représentant(e)
L'employe Dodsworth Anne est Représentant(e)
L'employe King Robert est Représentant(e)
L'employe Suyama Michael est Représentant(e)
L'employe Fuller Andrew est Vice-Président
Boissons
Condiments
Desserts
Produits laitiers
Pâtes et céréales
Viandes
Produits secs
Poissons et fruits de mer
Fin du fichier.

Procédure PL/SQL terminée avec succès.
```

Les enregistrements de la table EMPLOYES sont insérés dans le fichier ouvert pour l'écriture. L'écriture des enregistrements est effectuée avec la méthode « **PUTF** » qui permet de formater les données. Ensuite les enregistrements de la table CATEGORIES sont insérés dans le même fichier à l'aide de la méthode « **PUT_LINE** » et le fichier est fermé. Le fichier est ouvert une nouvelle fois en lecture. La boucle va lire les lignes du fichier et la lecture de la dernière ligne du fichier produit l'exception « **NO_DATA_FOUND** ».

DBMS_JOB

- SUBMIT
- RUN
- REMOVE
- CHANGE
- WHAT
- INTERVAL
- NEXT_DATE
- USER_EXPORT
- BROKEN

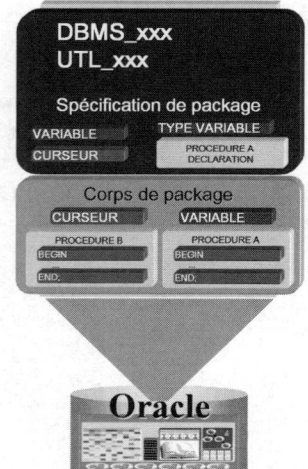

Le package « **DBMS_JOB** » permet de soumettre des travaux à une heure et une fréquence déterminée, ainsi son intérêt est d'automatiser les travaux exécutés au sein de la base Oracle.

SUBMIT

Le placement d'un travail dans une file d'attente, autrement dit sa soumission, est réalisé au moyen de la méthode « SUBMIT », avec la syntaxe suivante :

**DBMS_JOB.SUBMIT(travail, what, next_date,
                interval, analyse);**

travail	L'argument reçoit le numéro du travail. Chaque travail se voit assigner un numéro lors de sa création, qu'il conserve tant qu'il existe. Les numéros de travaux sont uniques dans une instance.
what	Le code PL/SQL qui constitue le travail. Il s'agit plutôt d'un appel à une procédure stockée.
next_date	La date de la prochaine exécution du travail.
interval	Il s'agit d'une fonction dont le rôle est de calculer l'heure de prochaine exécution du job et dont le résultat est soit une date ultérieure soit « **NULL** ».
analyse	Spécifie le moment de l'analyse du code du job. L'argument booléen spécifie que l'analyse sera effectuée lors de sa soumission si « **FALSE** », la valeur par défaut. Autrement elle ne sera effectuée que lors de sa première exécution.

```
SQL> CREATE OR REPLACE PROCEDURE LIST_TABLES
  2  AS
  3      v_nom_rep    VARCHAR2(255):= 'UTL_EXEMPLE';
  4      v_nom_fic    VARCHAR2(255):= 'F_LOG'||
  5                   TO_CHAR(SYSDATE,'YYYYMMDDHH24MISS')||'.TXT';
  6      v_select     VARCHAR2(1000);
  7      v_lignes     NUMBER;
  8      v_fichier UTL_FILE.FILE_TYPE;
  9  BEGIN
 10      v_fichier := UTL_FILE.FOPEN( v_nom_rep, v_nom_fic,'W');
 11      if UTL_FILE.IS_OPEN(v_fichier) then
 12         for r_tab in ( SELECT TABLE_NAME FROM USER_TABLES)
 13         loop
 14           v_select := 'SELECT COUNT(*) FROM '||r_tab.TABLE_NAME;
 15           EXECUTE IMMEDIATE v_select INTO v_lignes;
 16           UTL_FILE.PUTF( v_fichier,
 17                         'La table %s a %s enregistrements \n',
 18                         r_tab.TABLE_NAME, v_lignes);
 19         end loop;
 20         UTL_FILE.FCLOSE(v_fichier);
 21      end if;
 22  END;
 23  /

Procédure créée.

SQL> DECLARE
  2      v_travail_no NUMBER;
  3  BEGIN
  4      DBMS_JOB.SUBMIT( JOB       => v_travail_no,
  5                       WHAT      => 'LIST_TABLES;',
  6                       NEXT_DATE => SYSDATE,
  7                       INTERVAL  => 'SYSDATE + 1/(24*60)');
  8      COMMIT;
  9      DBMS_OUTPUT.PUT_LINE('Le numéro du travail '||v_travail_no);
 10  END;
 11  /
Le numéro du travail 65

Procédure PL/SQL terminée avec succès.

SQL> HOST DIR D:\UTL_FILE_FICHIERS
...
09/07/2006  11:00           1 216 F_LOG20060709110036.TXT
09/07/2006  11:01           1 216 F_LOG20060709110141.TXT
09/07/2006  11:02           1 216 F_LOG20060709110246.TXT
09/07/2006  11:03           1 216 F_LOG20060709110351.TXT
...
```

Le travail s'exécute avec un intervalle d'une minute. Chaque minute, il crée un fichier avec la liste des tables de l'utilisateur et le nombre d'enregistrements pour chaque table.

> **Attention**
>
> Un job, une fois soumis, sera automatiquement exécuté.
>
> Il faut valider la transaction de mise en file de travaux par un « **COMMIT** » à la fin de la procédure du job, autrement la transaction sera automatiquement annulée à l'issue de la session.

Il est possible de visualiser les travaux en cours pour l'utilisateur en interrogeant la vue du dictionnaire de données « **USER_JOBS** ».

```
SQL> SELECT JOB, NEXT_DATE, INTERVAL, WHAT FROM USER_JOBS;

     JOB NEXT_DAT    INTERVAL              WHAT
---------- ---------- -------------------- --------------------
      65 09/07/06    SYSDATE + 1/(24*60)   LIST_TABLES;
```

RUN

Cette méthode exécute un travail immédiatement. Elle nécessite un seul argument qui est le numéro du travail.

REMOVE

Cette méthode élimine un travail de la file d'attente. L'unique paramètre est le numéro du travail. Si le argument « **NEXT_DATE** » d'un travail est « **NULL** », soit parce que le travail a défini cette valeur ou bien parce que le paramètre « **INTERVAL** » possède aussi cette valeur, la suppression du job prendra effet au terme de son exécution.

BROKEN

La méthode « **BROKEN** » marque un travail comme défaillant ou non défaillant.

CHANGE

La méthode permet de modifier tout champ configurable d'un travail.

WHAT

Cette méthode permet de modifier le champ « **WHAT** » d'un travail.

NEXT_DATE

La méthode modifie le champ « **NEXT_DATE** » d'un travail.

INTERVAL

La méthode modifie le champ « **INTERVAL** » d'un travail.

DBMS_METADATA

- GET_DDL
- GET_XML
- GET_DEPENDENT_DDL
- GET_DEPENDENT_XML

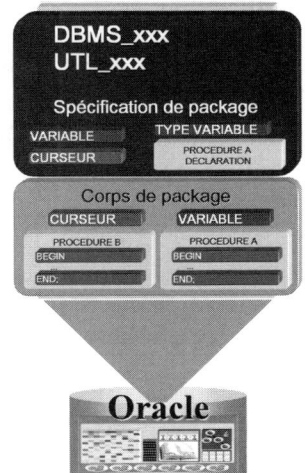

Le package « **DBMS_METADATA** » permet d'extraire depuis une base de données existante la définition de ses objets.

GET_DDL ou GET_XML

Ces deux méthodes retrouvent les descriptions des objets et les envois formatés en SQL ou XML.

GET_DDL ou

GET_XML(type_objet, nom, schema) ;

GET_DEPENDENT_DDL ou GET_DEPENDENT_XML

Ces deux méthodes retrouvent les descriptions des objets dépendant d'un objet de base et les envois formatés en SQL ou XML.

GET_DEPENDENT_DDL ou

GET_ DEPENDENT_XML(type_objet, nom, schema) ;

```
SQL> SET HEAD OFF
SQL> SET LONG 1000
SQL> SET PAGES 0
SQL> SELECT DBMS_METADATA.GET_DDL('TABLE','EMPLOYES') from dual;

  CREATE TABLE "STAGIAIRE"."EMPLOYES"
   (    "NO_EMPLOYE" NUMBER(6,0) NOT NULL ENABLE,
        "REND_COMPTE" NUMBER(6,0),
        "NOM" NVARCHAR2(40) NOT NULL ENABLE,
        "PRENOM" NVARCHAR2(30) NOT NULL ENABLE,
        "FONCTION" VARCHAR2(30) NOT NULL ENABLE,
```

```
              "TITRE" VARCHAR2(5) NOT NULL ENABLE,
              "DATE_NAISSANCE" DATE NOT NULL ENABLE,
              "DATE_EMBAUCHE" DATE DEFAULT SYSDATE NOT NULL ENABLE,
              "SALAIRE" NUMBER(8,2) NOT NULL ENABLE,
              "COMMISSION" NUMBER(8,2),
               CONSTRAINT "PK_EMPLOYES" PRIMARY KEY ("NO_EMPLOYE")
    USING INDEX PCTFREE 10 INITRANS 2 MAXTRANS 255 COMPUTE STATISTICS
    STORAGE(INITIAL 65536 NEXT 1048576 MINEXTENTS 1 MAXEXTENTS
2147483645
    PCTINCREASE 0 FREELISTS 1 FREELIST GROUPS 1 BUFFER_POOL DEFAULT)
    TABLESPACE "USERS"  ENABLE,
            CONSTRAINT "FK_EMPLOYES_EMPLOYES" FOREIGN KEY
("REND_COMPTE")
            REFERENCES "STAGIAIRE"."EMPLOYES" ("NO_EMPLOYE") ENABLE
    ) PCTFREE 10 PCTUSED 40 INITRANS 1 MAXTRANS 255 NOCOMPRESS
LOGGING
    STORAGE(INITIAL 65536 NEXT 1048576 MINEXTENTS 1 MAXEXTENTS 2147483

SQL> SELECT DBMS_METADATA.GET_XML('TABLE','EMPLOYES') from dual;

<?xml version="1.0"?><ROWSET><ROW>
  <TABLE_T>
 <VERS_MAJOR>1</VERS_MAJOR>
 <VERS_MINOR>1 </VERS_MINOR>
 <OBJ_NUM>52410</OBJ_NUM>
 <SCHEMA_OBJ>
  <OBJ_NUM>52410</OBJ_NUM>
  <DATAOBJ_NUM>52410</DATAOBJ_NUM>
  <OWNER_NUM>64</OWNER_NUM>
  <OWNER_NAME>STAGIAIRE</OWNER_NAME>
  <NAME>EMPLOYES</NAME>
  <NAMESPACE>1</NAMESPACE>
  <TYPE_NUM>2</TYPE_NUM>
  <TYPE_NAME>TABLE</TYPE_NAME>
  <CTIME>2006-04-20 09:30:17</CTIME>
  <MTIME>2006-06-17 18:03:49</MTIME>
  <STIME>2006-05-26 14:19:08</STIME>
  <STATUS>1</STATUS>
  <FLAGS>0</FLAGS>
  <SPARE1>6</SPARE1>
  <SPARE2>3</SPARE2>
 </SCHEMA_OBJ>
 <STORAGE>
  <FILE_NUM>5</FILE_NUM>
  <BLOCK_NUM>43</BLOCK_NUM>
  <TYPE_NUM>5</TYPE_NUM>
  <TS_NUM>5</TS_NUM>
  <BLOCKS>8</BLOCKS>
  <EXTENTS>1</EXTENTS>
  <INIEXTS>8</INIEXTS>
  <MINEXTS>1</MINEXTS>
  ...
```

Atelier

- DBMS_OUTPUT
- UTL_FILE
- DBMS_JOB
- DBMS_METADATA

 Durée : 15 minutes

Exercice n°1   DBMS_OUTPUT

Créez deux blocs PL/SQL et en utilisant les propriétés du paramètre `SERVEROUTPUT`, le premier bloc retrouve le nom du premier produit et l'insère le tampon interne et le deuxième bloc utilise ce nom pour augmenter de 10% les unités en stock.

Exercice n°2   UTL_FILE

Créez un répertoire `'UTL_FILE_REPERTOIRE'`, l'objet de correspondance avec un répertoire physique sur le disque du serveur.

Créez un fichier et stockez tous les enregistrements des clients.

Attention si vous travaillez avec ORACLE XE, vous devez d'abord exécuter les commandes suivantes :

```
'SQLPLUS / AS SYSDBA'
@%ORACLE_HOME%\RDBMS\Admin\utlfile.sql
```

Exercice n°3   DBMS_JOB

Placez les deux procédures de mise à jour du modèle étoile dans la file d'attente des travaux. La fréquence d'exécution de ces deux traitements doit être hebdomadaire.

Exercice n°3   DBMS_METADATA

Créez un script dynamique qui recense la structure du schéma stagiaire.

Index

!
!=(différent de) 4-3

%
%FOUND 5-15
%ISOPEN 5-15
%NOTFOUND 5-15
%ROWCOUNT 5-15
%ROWTYPE 2-33, 5-8, 8-14, 9-15
%TYPE 2-32, 10-18

/
/(barre oblique) 1-7

~
~=(différent de) 4-3

<
<(inférieur à) 4-3
<=(inférieur ou égal) 4-3
<>(différent de) 4-3

=
=(égal) 4-3
=>(association par nom) 5-10

>
>=(supérieur ou égal) 4-3

A
ACESS_INTO_NULL 6-8
AFTER 9-4, 9-6, 9-11, 9-15
ALTER
    PACKAGE 8-24
AND 4-3

AS 7-13, 8-4, 8-9, 10-11, 10-15
Attribut 10-8
AUTONOMOUS_TRANSACTION 1-8, 9-24

B
BEFORE 9-4, 9-6, 9-11, 9-15
BEGIN 1-6, 5-9, 6-5, 7-13, 8-10
BETWEEN 4-3
Bloc
    Anonyme 7-2
    Déclaration 7-3
    En-tête 7-3
    Exception 7-3
    Exécution 7-3
    Fonction 7-2
    Package 7-2
    Procédure 7-2
BOOLEAN 2-8
BULK COLLECT 3-4, 3-19, 3-23

C
CALL 7-14
CASE 4-7, 4-9
CASE_NOT_FOUND 6-8
Classe 10-7
COLECTION_IS_NULL 6-8
COMMIT 1-8, 5-27, 7-13
COMPILE 8-24
CONSTANT 2-10
CONSTRUCTOR 10-11, 10-14
COUNT 2-31
CREATE
    DIRECTORY 11-7
    FUNCTION 7-16
    PACKAGE 8-4
    PACKAGE BODY 8-9, 8-21
    PROCEDURE 7-12
    TABLE 10-37
    TABLE OF 10-42
    TRIGGER 9-4
    TYPE 10-10
    TYPE BODY 10-15
CURRENT OF 5-31

Index

CURSOR 5-7, 5-26
CURSOR_ALREADY_OPEN 6-8

D

DBMS_JOB
    BROKEN 11-16
    CHANGE 11-16
    INTERVAL 11-16
    NEXT_DATE 11-16
    REMOVE 11-16
    RUN 11-16
    SUBMIT 11-14
    WHAT 11-16
DBMS_METADATA
    GET_DDL 11-17
    GET_DEPENDENT_DDL 11-17
    GET_DEPENDENT_XML 11-17
    GET_XML 11-17
DBMS_OUTPUT
    DISABLE 11-3
    ENABLE 11-3
    GET_LINE 11-5
    GET_LINES 11-5
    NEW_LINE 11-4
    PUT 11-4
    PUT_LINE 1-10, 11-4
DBMS_STANDARD 6-17
DECLARE 1-6, 5-7, 6-5, 7-13
DEFAULT 7-33
DELETE 2-31, 3-11, 3-12, 3-15, 5-31, 9-21
DELETING 9-21
DEREF 10-47
DISTINCT 9-26
DROP
    FUNCTION 7-23
    PACKAGE 8-25
    PROCEDURE 7-23
DUP_VAL_ON_INDEX 6-9

E

ELSE 4-8
END 1-6, 7-14
EXCEPTION 1-7, 6-5, 6-15, 7-13
EXCEPTION_INIT 1-8, 6-4, 6-13
EXECUTE IMMEDIATE 3-19
EXISTS 2-31, 6-8
EXIT 4-11
EXTEND 10-34

F

FETCH 5-12, 5-13, 5-27
FINAL 10-11, 10-26
FIRST 2-31, 10-32
Fonction Bloc Fonction 7-2
FOR 4-14, 5-22
FOR UPDATE 5-26
FOR UPDATE OF 5-29
FORALL 4-16

FUNCTION 7-10, 7-11, 10-11

G

GROUP BY 9-26

H

Héritage 10-9

I

IF-THEN 4-4
IF-THEN-ELSE 4-3, 4-5
IF-THEN-ELSIF 4-5
IN OUT 3-20, 3-22, 5-36, 7-12, 7-26, 7-30, 7-31
IN 3-20, 3-22, 4-3, 5-36, 7-12, 7-26, 7-28, 7-31
INDEX BY 2-26, 2-30
INSERT 3-7, 3-12, 3-14, 9-21
INSERTING 9-21
Instance 10-7
Instanciation 10-14
INSTANTIABLE 10-26
INSTEAD OF 9-4, 9-26
INTERSECT 5-7
INTO 3-2, 3-19, 3-23, 5-12
INVALID_CURSOR 6-9
INVALID_NUMBER 6-9
IS DANGLING 10-47
IS NULL 4-3
IS_ 7-13, 8-4, 8-9, 10-11, 10-15

L

LAST 2-31, 10-32
LIKE 4-3
LOGIN_DENIED 6-9
LOOP 4-11, 5-22

M

MAP 10-19
MEMBER 10-11
MESSAGE 6-17
Méthode 10-8
MINUS 5-7, 9-26

N

NEW 9-14, 9-15, 9-19
NEXT 2-31, 10-35
NO_DATA_FOUND 6-6, 6-9
NOCOPY 7-31
NOT 4-4
NOT FINAL 10-26
NOT INSTANTIABLE 10-26
NOT NULL 2-10, 2-23
NOT_LOGGED_ON 6-9
NOWAIT 5-26
NULL 1-7

Index

O

Objet 10-5
OF 5-26, 5-29
OLD 9-14, 9-15, 9-19
OPEN 5-9, 5-11
OPEN...FOR 5-34, 5-36
Opérateur
    BETWEEN 4-3
    IN 4-3
    IS NULL 4-3
    LIKE 4-3
    NOT 4-4
    OR 4-4
OR 4-4
ORDER 10-19
OTHERS 6-5, 6-7, 6-11
OUT 3-20, 3-22, 5-36, 7-12, 7-26, 7-29, 7-31
OVERRIDING 10-28

P

PACKAGE 7-10, 7-11
PACKAGE BODY 7-10, 7-11
PL/SQL 1-2
PRAGMA 1-7, 6-4, 6-13, 9-24
PRINT 2-14
PRIOR 2-31, 10-35
PROCEDURE 7-10, 7-11, 7-13, 10-11
PROGRAM_ERROR 6-9

R

RAISE 6-15, 6-17
RAISE_APPLICATION_ERROR 6-4, 6-17, 9-8
RAWTYPE_MISMATCH 6-9
RECORD 2-23
REF 10-47
REF CURSOR 5-33
REFERENCING 9-15
REPLACE . 7-12, 7-16, 7-24, 8-4, 8-9, 8-21, 9-4, 10-10, 10-15
RETURN 5-7, 5-8, 7-17, 7-20, 8-13, 10-16
RETURNING 3-14, 3-15
ROLLBACK 1-8, 5-27
ROW 3-10
RUN 1-7

S

SELECT
    BULK COLLECT INTO 3-4
    Curseur 5-34
    INTO 3-2, 3-4
SELF 10-11, 10-17, 10-20
SELF_IS_NULL 6-9
SET SERVEROUTPUT
    OFF 1-10, 11-3
    ON 1-10, 11-3
SHOW ERRORS 7-9
SQL dynamique 3-19

SQLCODE 6-11
SQLERRM 6-11, 6-17
STANDARD 6-8, 6-16
START WITH 9-26
STATIC 10-11
STORAGE_ERROR 6-9
SUBSCRIPT_BEYOND_COUNT 6-10
SUBTYPE 2-20

T

TABLE 2-26, 10-31
THEN 6-5
TIMEOUT_ON_RESOURCE 6-10
TOO_MANY_ROWS 6-10
TRIGGER 7-10, 7-11
TRIM 2-31
TYPE
    CURSOR 8-13
    RECORD 2-23
    REF CURSOR 5-33
    TABLE 2-26, 10-31
    VARRAY 2-30
Type de donnée
    BFILE 2-7
    BINARY_DOUBLE 2-6
    BINARY_FLOAT 2-6
    BINARY_INTEGER 2-6, 2-26
    BLOB 2-7
    CHAR 2-7
    CLOB 2-7
    DATE 2-8
    INTERVAL DAY TO SECOND 2-8
    INTERVAL YEAR TO MONTH 2-8
    Le tableau associatif 2-25, 2-26, 2-30, 10-31
    Le tableau imbriqué 2-25, 10-31
    Le tableau pré-dimensionnés 2-25, 2-30
    LONG 2-7
    LONG RAW 2-7
    NCHAR 2-7
    NCLOB 2-7
    NUMBER 2-5
    NVARCHAR2 2-7
    PLS_INTEGER 2-6, 2-26
    ROWID 2-8
    TABLE 2-26, 2-30, 10-31
    TIMESTAMP 2-8
    TIMESTAMP WITH LOCAL TIME 2-8
    TIMESTAMP WITH TIME ZONE 2-8
    UROWID 2-9
    VARCHAR2 .... 2-7, 2-27
    VARRAY 2-25, 2-30

U

UNDER 10-11
UNION 5-7, 9-26
UNION ALL 9-26
UPDATE 3-9, 3-12, 3-15, 5-31, 9-21
UPDATING 9-21
USER_ERRORS 7-9

Index

USING 3-20, 3-22, 5-36
UTL_FILE
    FCLOSE 11-9
    FCLOSE_ALL 11-9
    FFLUSH 11-12
    FILE_TYPE 11-9
    FOPEN 11-8
    GET_LINE 11-12
    IS_OPEN 11-9
    NEW_LINE 11-11
    PUT 11-11
    PUT_LINE 11-11, 11-12

V

VALUE 10-46
VALUE_ERROR 6-10
Variables de liaison 2-13

VARRAY 2-30
VIEW 7-10, 7-11
Vue du dictionnaire
    USER_ERRORS 7-10
    USER_OBJECTS 7-10
    USER_SOURCE 7-11

W

WAIT 5-27
WHEN 4-11, 6-5, 6-6, 9-4, 9-19
WHERE CURRENT OF 5-31
WHILE 4-13

Z

ZERO_DIVIDE 6-10

Imprimé en France. - JOUVE, 11, bd de Sébastopol, 75001 PARIS
N° 412488K. Dépôt légal : Novembre 2006
N° d'éditeur : 7535